# 日本人が魚を食べ続けるために

秋道智彌・角南篤

編著

西日本出版社

目次

## 第3章 魚食大国の復権のために



凡例
文中の（著者名　年号）は節末の参考文献を参照のこと。
各著者の肩書は二〇一八年一二月時点のものを示す。

はじめに

# 転換期をむかえる魚食

秋道智彌

「私たちはいつまで魚が食べられるか」。この問いかけに対して、魚食に慣れ親しんできたわれわれ日本人はおそらく二つのちがった意見をいだくのではないか。一つ目は、そんなことはあるはずないだろうという楽観論で、あまり魚食に執着しない人だけでなく魚好きの人びとがともに抱く意見である。主に魚の消費者がもつ感想であるが、政治家、市場関係者や知識人、メディアのなかにも賛同する人びとがいる。

もう一つは、魚が食べられなくなることへの不安や切迫感をこめた悲観論で、漁獲量の減少、魚価の高騰や品薄に敏感な人びとが抱く意見である。漁業の現場や魚市場の関係者の高齢化と減少が進む実態をご存じの政府関係者や研究者、一部のメディアなどがもつ意見である。

さて、こうなると読者諸氏はいずれに近いイメージをおもちだろうか。本書で魚食の問題をさまざまな切り口から論じるとして、確実に言えるのは、魚の資源をめぐってここ数十年の間に目にみえる変化が起こってきたことである。本書の各論では、魚食の過去・現在、そして未来を複眼的な思考から掘り起こしてみたい。冒頭で掲げた問いに対する回答は、随所に多様なメッセージとしてちりばめられている。なお本書の分担執筆者については、括弧内に（章、著者名）で示した。

## 魚食とは何か

魚食が人類の食性のひとつであることは間違いない。動物の食性は、草食、肉食、雑食、魚食、昆虫食、果実食、

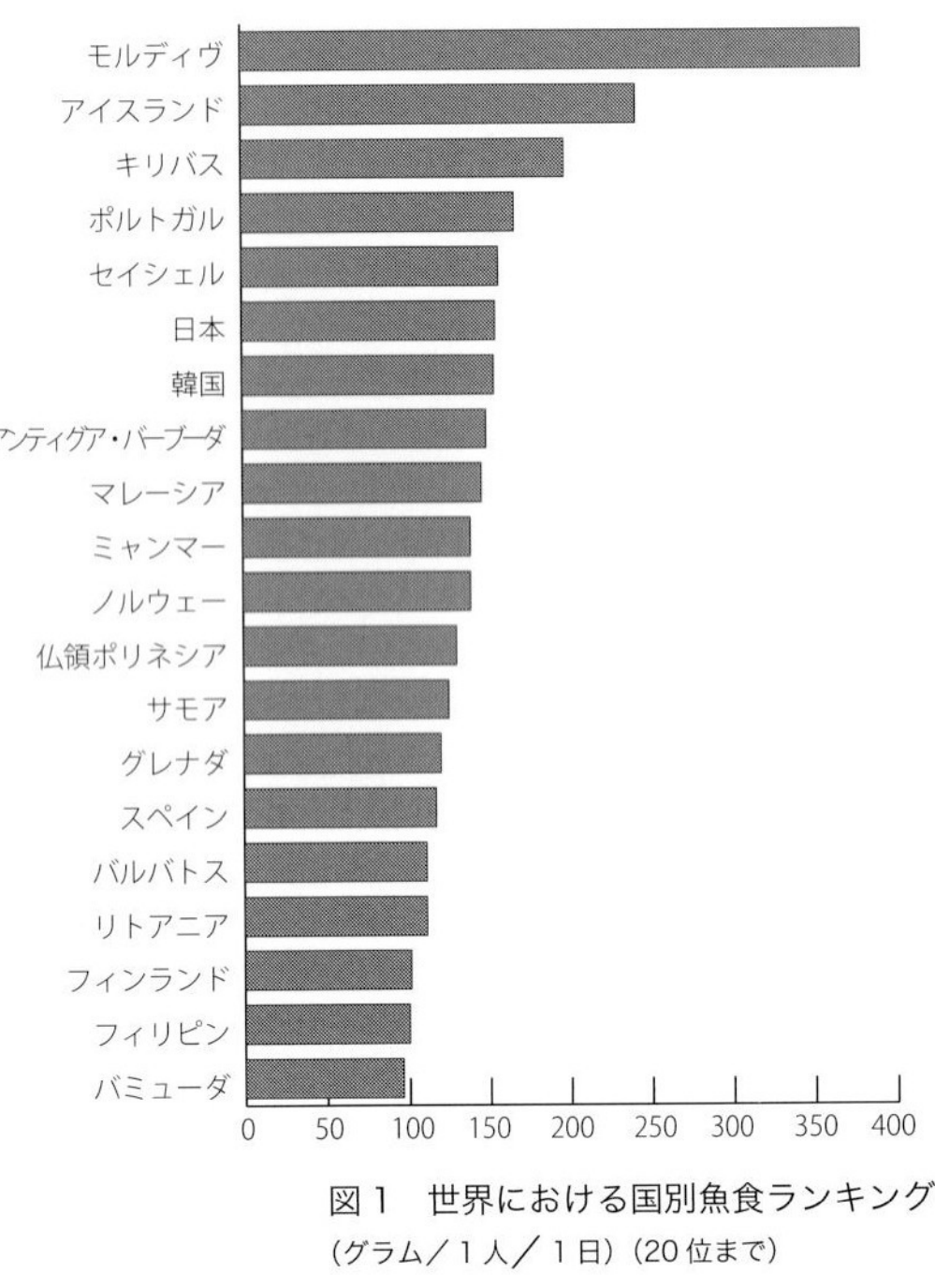

図１　世界における国別魚食ランキング
（グラム／１人／１日）（20位まで）

腐食などに類別されている。海洋生物にかぎれば、藻食、プランクトン食を加えることができる。魚食動物としてカマス、アシカなどが知られているが、魚だけを食べる例は一部で、魚をおもに食べるが魚以外の動物をも食べる種を含めて考えるのがふつうだ。

人間の場合も魚だけを食べる民族や地域は知られていない。人類は雑食動物といってよく、魚類と肉類の消費比率が目安とされることが多い。しかも、ここでは分類学上の硬骨・軟骨魚類を魚食の主要な対象とするが、魚類以外の甲殻類（エビ・カニ）、軟体動物（イカ・タコ・貝類）、ナマコ、ウニなどや、河川湖沼・汽水域の生き物も取り上げることになる。また、本書のねらいからしても、天然物だけでなく、養殖（卵のふ化から成魚まで人工飼育）と蓄養（天然幼魚を成魚まで人工飼育）の対象種も大切な課題として扱う。

## 世界の魚食民族

世界で魚を多く食べる地域や民族はどこにあるのだろうか。国連食糧農業機関（ＦＡＯ）の調査（FAOSTAT・Food Supply）によると（FAO 2018）、食用水産物の一人一日当たりの消費量は、モルディヴが第一位で三八一グラム、二位のアイスランド（二四二グラム）、三位のキリバス（一九八グラム）となっている。以下、ポルトガル、セーシェル、日本、韓国、アンティグア・バーブーダ、マレーシア、ミャンマーと続く（図1）。

一方、肉類を多く消費するのはウルグアイ、米国、キプロス、デンマークなどの欧米諸国である。ただし、北欧のアイスランド、ノルウェー、フィンランドなどの国々では魚の消費量も多い。

日本国内でみると、魚食の多少の地域差は大きい。全国九〇〇〇世帯（二人以上）を対象とした総務省家計調査（二〇〇八～二〇一〇年の平均値）によると、世帯あたりの魚介類購入量は全国平均で年間四五・一〇九キロである。魚介類消費量がもっとも多いのは青森県（七五・二六一キロ）で、毎日二〇六グラムの魚介類を食べている計算になる。一方、消費量がもっとも少ないのは沖縄県で二四・四三九キロであった。沖縄ではブタの消費が多い。沖縄の魚はまずいという風評は当たっていない。

種類別にみると、細かい地域差が顕著である。イカのほとんどはスルメイカであり、世帯あたりの消費量は島根県で一番多く（年間七三六六グラム、全国平均三二一五グラム）、全国では日本海側と東北、北海道で多い。サケの場合、青森がトップ（五九四六グラム）、ブリでは富山（七二六九グラム）、マグロで静岡（六二五九グラム）、カツオで高知（五八六三グラム）、タイで佐賀（三〇八二グラム）がそれぞれ第一位となっている。意外にも、カツオ節は沖縄でもっとも消費が多く、一七七四グラム（全国平均三〇五グラム）である。沖縄では出汁にカツオの削り節を使う。北方産のコンブもよく利用されるのは近世期以来の「コンブ・ロード」の影響である（大石　一九八七）。

## 日本における魚食の歴史

人類はいつくらいから海の魚を利用し始めたのか。二〇一六年、東南アジアのチモール島東部にあるジュリマライ遺跡の発掘から、二万二〇〇〇年前の旧石器時代人がすでに貝製の釣りばりを使い、外洋性のマグロやカツオを漁獲していたことがわかった。同年、沖縄本島南部のガンガラー窟（南城市）内のサキタリ洞遺跡から二万三〇〇〇年前の世界最古の釣りばりが出土した。旧石器時代から人類が海洋資源とかかわり、魚を食べていたことがアジアで実証された（Fujita *et al.* 2014; 山崎 二〇一六）（第1章1：藤田祐樹）。

採集・狩猟時代以来、南北に長い日本列島では、北海道から琉球列島に至るまで多様な水産生物が利用されてきた。淡水・汽水域から沿岸・沖合域、深海における採集・漁撈活動により獲得された食用種類数はたいへん多い。これらは自給用、貢納、神饌、現物納、市場商品となった。それぞれの水産生物への嗜好、旬、調理法、文化的な価値などもさまざまで、アユ、タイ、マグロ、クジラ、コイ、ハマグリなどなじみの深い食材から、有毒なフグ、ナマコ、アメフラシなどに至るまで日本人の魚食へのこだわりは世界的にみても突出した特徴がある（図2）。

世界史的にみると、中国の明代以降におけるナマコ・アワビ・フカヒレの高級食材、中世・近世ヨーロッパにおけるニシン・タラ、一九世紀以降の北米・ロシアにおけるサケ、現代東南アジアにおけるハタ類など、時代と地域により特徴的な魚食の広がりを指摘することができる（秋道 二〇一七）。

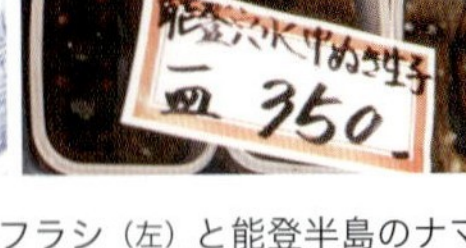


図2　日本の磯物食。隠岐諸島のアメフラシ（左）と能登半島のナマコ（右）

## 魚食文化のモデル

魚食文化は地域や時代により多様といえるが、基本的な構造を提示しておこう。日本人は生食だけにかぎらず、さまざまな調理加工法を生み出してきた。煮る、油で揚げる、焼く、燻製、発酵、干物など、多様なレシピの魚食料理が知られている。料理の三角形モデルを提起したのはフランスの人類学者レヴィ＝ストロースである（レヴィ＝ストロース 一九六八）。レヴィ＝ストロースは、「生のもの」（R）、「火にかけたもの」（H）、「腐ったもの」（S）の三極を想定し、たがいに対立関係にある図式を示した。私は「腐ったもの」が食用とされない点に着目し、代わりに「発酵したもの」（F）を入れ替えることで魚食の三角形モデルを提案した（秋道前掲書）（図3）。図には、RからH、RからF、HからFに至る中間生成物を合わせて示した。また、加熱処理には、媒体として水、空気、油を区別した玉村豊男による料理の四面体モデルが有用である（玉村 二〇一〇）（図4）。塩蔵には塩は不可欠の素材である。日本では縄文時代から製塩土器が使われたことや、褐藻（かっそう）類に海水をかけて塩を作る藻塩法が知られている。ただし、岩塩利用も世界に広く分布する（第1章コラム：長谷川正巳）。

日本では、縄文草創期の土器内部にある食物残渣の脂肪酸分析から、魚や肉と植物デンプンの「煮込み」料理のあったことが想定されている（秋道前掲書）。古代には平城京・平安京に全国から水産物が贄（にえ）や貢納品として運

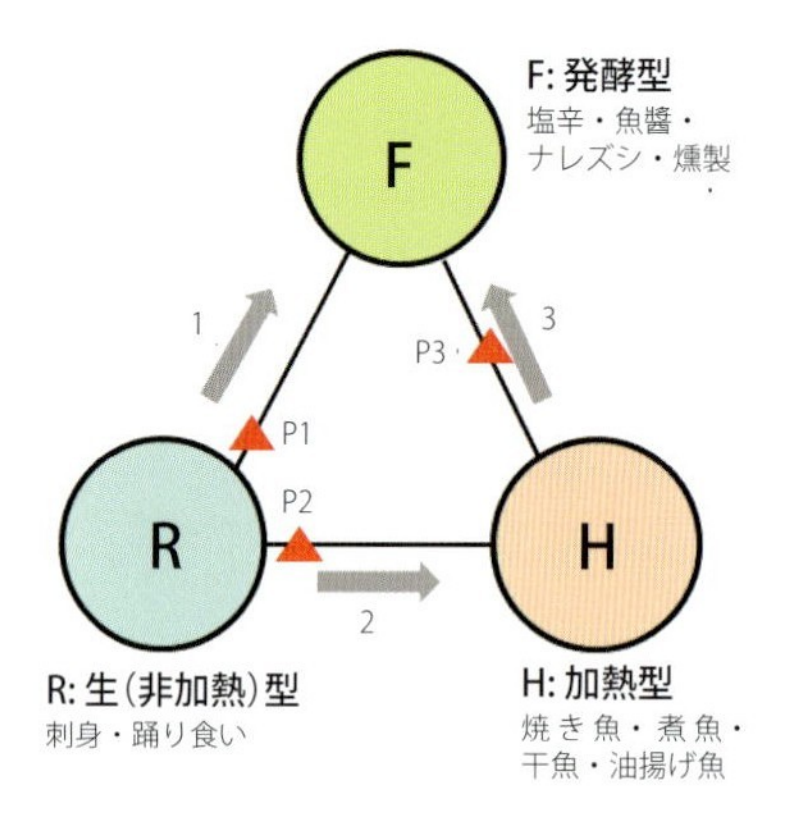


図3 魚料理の三角形モデル（レヴィ＝ストロースを元に作成）。

1, 2, 3 は、常温で塩蔵・発酵 (1)、水・油・天日などによる加熱 (2)、かび付け・塩蔵（3）をほどこす過程を指す。P1 は「早馴れズシ」、P2 は「ラープ」・「ハモ落とし」、P3 は「タイのプラ・トゥー」（グルクマ）。

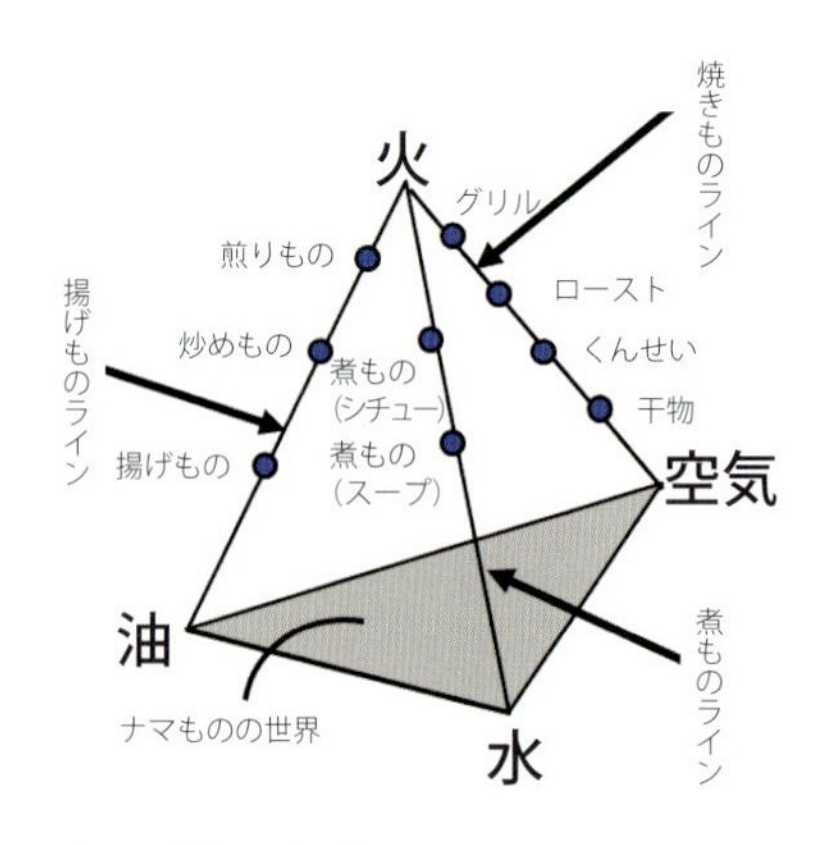


図4 料理の四面体モデル（玉村 2010 を元に作成）

ばれた。木簡や平安期の『延喜式』によると、鮨（ナレズシ）、鱠（刺身）、乾魚、火乾年魚、堅魚、煮堅魚、堅魚煎汁、佐米楚割、鮒醢、醤などが記載されている。古代から、生、加熱、発酵の三要素が含まれていることがわかる。なお、堅魚はカツオの素干し、煮堅魚は煮たカツオを干したもの、堅魚煎汁は煮堅魚の煮汁を煮詰めたものである。現代のようなカツオ節は媒乾（カビを付けた燻製品）によるもので、室町期以降のものとされている（第1章コラム：舟木良浩）。

近世期には魚介類の名前と料理法を詳細に記述した料理本も多く出版され、『料理物語』、『会席料理　細工包丁』、『鯛百珍料理秘密箱』、『海鰻百珍』、『鯨肉調味方』などがある（吉井二〇〇七）。

戦国時代まで、全国各地の海には海賊衆、水軍が勢力をもち、ふだんは漁業に従事するほか、警護、通行税の徴収、水先案内人など多様な活動をおこなっていた。秀吉による「海賊禁止令」（一五八八年）以降、武器を没収された海賊衆は大名に服属するか、漁民として全国に優れた漁法や漁船技術を伝えた。江戸期に漁業が飛躍的に発展し、多くの種類の魚介類が大坂の雑喉場、江戸・日本橋の魚市場に水産物が集荷され、都市の武家・貴族や住民層によって幅広く消費された。魚名を表す国字も江戸期に輩出した。江戸時代前期の『増続　大広益会　玉篇大全』には魚偏の漢字五七七字が収録されている。

なお、クジラは哺乳類であるが、日本では古代から「伊佐魚」、のちの「勇魚」にあるように、魚と同じ仲間とされてきた。沖縄では琉球王国時代、ジュゴンは「ざん」、「ざんぬいゆ」と称され、やはり魚の仲間とされてきた。魚の表す意味領域についての議論は日本以外の例を含めて私が試みたことがあるので参照していただきたい（秋道　前掲書）。

## 現代の魚食文化と環境問題

気候変動にともなう海水温上昇、海洋汚染、海洋酸性化、富栄養化など、海洋環境の悪化と劣化が水産資源に地球規模で悪影響を与えている。海水温上昇で暖水性のブリがオホーツク海沿岸で、クロマグロが道東沿岸のサケマス定置網で漁獲されている。サワラも日本海北部で漁獲されるように漁場が変化している。一方、冷水性のサンマは、南下する時期が遅れることとなった。カキ養殖業においても、夏季の高温でカキの産卵期が長引き、成長が遅滞することになった。

思わぬ時期に思わぬ魚種が獲れても、流通段階で生鮮品の出荷ができずに魚価に影響のでることがある。近年の集中豪雨や台風などにより、陸域からの土砂や材木などが流出し、沿岸の養殖場に被害を与えるとともに、砂泥が藻場を覆いつくし、藻場を劣化・死滅させる事態が発生している。一九六〇年代に瀬戸内海で多発した赤潮被害や、二〇〇〇年代初頭に大量の大型クラゲが漁網に入り網と漁獲物に与えた被害も記憶に新しい。

## 海の食材をめぐって

平成二五（二〇一四）年一二月四日、「和食―日本人の伝統的な食文化」がユネスコ無形文化遺産に登録された。食がグローバル化し、ファースト・フードが日常的に食べられるなかで、伝統的な日本食への評価が高まったわけである。水産業は和食に大きく貢献してきたが、昨今の水産業の低迷により和食も衰退するのではという危惧感もあっただけに喜ばしいニュースであった（第1章3：嘉山定晃）（次頁図5）。

和食は魚介類や野菜を中心に構成されてきた。なかでも、和食における水産資源の多様な利用形態は特筆すべきであろう。また、和食のベースとして出汁が広く用いられてきた。出汁は汁物、吸物、椀物をはじめ、鍋物、麺類（うどん・そば・ラーメン）、おでん、出し巻などに使われる。出汁にはコンブ、鰹節、煮干し、シイタケが主要な原料となる（秋道二〇一八）。

図5　京都の和食。婚儀の祝祭料理（左）と三段弁当（右）。ほとんどの食材は魚と野菜である。

和食とその文化面・健康面での意義が評価されたわけだが、一方で食のグローバル化が飛躍的に進展してきた。魚食に関して言えば、日本が食材となる魚介類を遠方から輸入する傾向は増大している。たとえば、世界中のマグロを輸入する日本はマグロ消費量のもっとも多い国である。世界にはマグロ資源を管理する五つの国際管理機関があり、漁獲規制をおこなっている。マグロの幼魚をまき網で捕獲し、蓄養してから日本へと輸出する産業が地中海・大西洋でおこなわれており、マグロの小型化などの事態が発生している。こうしたなかで、近畿大学によるクロマグロの完全養殖の実現は大きなインパクトを水産業界に与えた（第2章7：升間主計）。

エビ類についても、国内ではクルマエビ養殖が瀬戸内海一帯、長崎、熊本、沖縄（久米島）を中心におこなわれているが、一九八〇年代後半以降からはタイ、インド、インドからの冷凍エビ輸入（ウシエビ・バナメイエビ）が急増し、現代では輸入先国はベトナム、中国にシフトしている。タイ国のエビ養殖がさかんであった一九八〇～九〇年代、マングローブ林を破壊して造成された池でのエビ養殖は日本の営利目的の産業開発であり、現地の環境と住民の暮らしを犠牲にしたことが批判された（村井・鶴見　一九九二）。

明治二七（一八九四）年から駿河湾で開始されたサクラエビ漁の産品であるサクラエビは現在、ブランド品として全国的に知られている。だが、現在に至るまで、操業について地元漁業者を中心として困難を克服してきた努力の歴史がある。魚食のブランド品を維持するための地元漁民の奮闘を知ることは未来の魚食を支える貴重な経験となる。森・里・海の循環（森里海連環学）、海底湧水の役割などを踏まえたサクラエビ漁とその漁獲変動の歴史は好例を示してくれる（第2章6：大森信）。

アジア・太平洋では、とくに中国向けの食材としてフカひれ、ナマコ、アワビなどを採捕する漁業が広範囲でおこなわれてきた。操業のさいの入漁問題や紛争が蔓延し、乱獲したあと、漁場を転々とする収奪的な漁業が繰り返された。海産物の集荷と取引をめぐる広域的なネットワークの存在は資源の適正な管理を一国だけでおこなう限界を露呈した。本書ではナマコの乱獲と保全について浮上した「ナマコ戦争」について取り上げ、現代の海産資源利用上、回避すべき事態と今後への指針を提示しよう（第2章コラム：赤嶺淳）。

中国向けの産品であるサメとその利用について、フカヒレのみを切り取って、残りの魚体を海上投棄することへの批判が世界中から日本に向けられることがあった。その中心地である気仙沼では、サメ肉の有効利用へとシフトしている。サメの生物多様性の保全を踏まえた取組みについての論を展開しよう（第2章9：鈴木隆史）。同時に、サメ漁業における認証制の導入がもたらす経済効果について最新情報を提供したい（第2章コラム：石村学志）。

アワビは古代から神饌、貢納品として用いられてきた。全国で広範におこなわれてきたアワビ漁の主体は海士・海女による潜水漁である。アワビは高価な磯資源であり、操業規制・資源管理が徹底しておこなわれてきたが、依然として密漁が絶えない。海士・海女従事者の高齢化などもあり、現在では海女漁をユネスコの無形文化遺産として登録する動きがある。

## 変動する魚食の周縁

近年、厚生労働省の国民栄養調査（平成七～一四年）、国民健康栄養調査（平成五～二一年）によると、日本人一人当たり・一日の肉類消費量は魚を追い越した（平成一八、一九、二一年度）（図6）。平成二六（二〇一五）年には、肉の消費量は一人当たり年間三〇・七キロ、魚の消費量は二五・八キロとなっている。肉類消費量の逆転は長い日

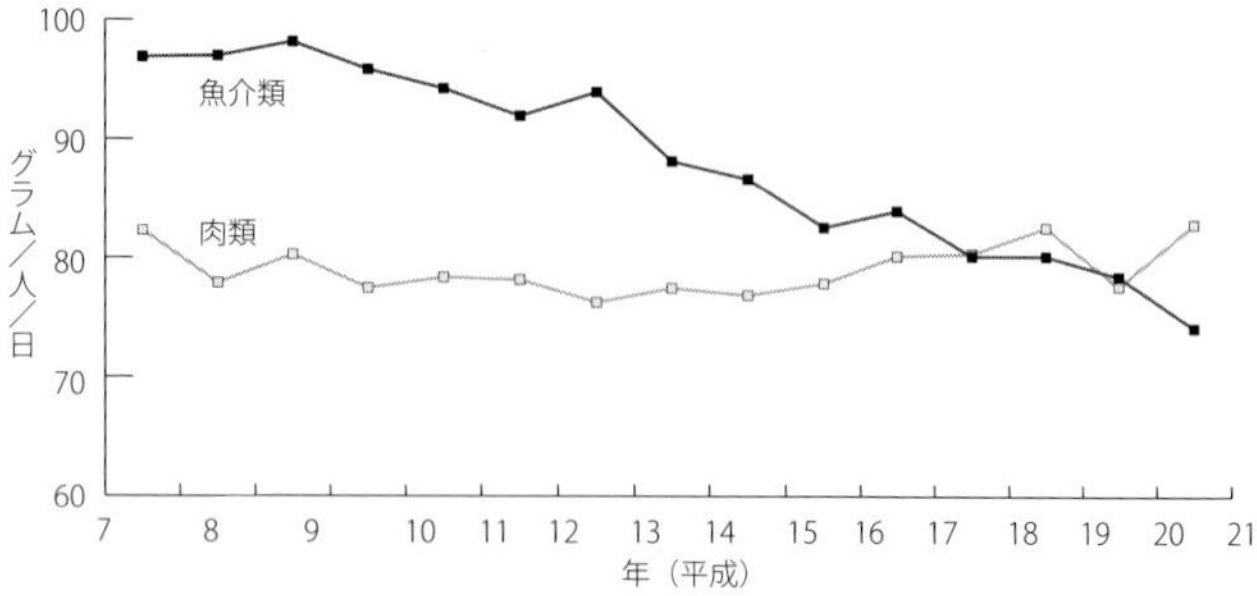

図６　国民１人１日当たりの魚介類と肉類の摂取量の変化
（厚生労働省「国民栄養調査」（平成７～14年）、「国民健康・栄養調査」（平成15～21年）を元に作成）

本人の食生活からみても、ひとつの転機とも思える。そこで、魚食をめぐる現状から、未来に向けての問題提起をしてみたい。

明治期以降、日本の漁業は沿岸域だけでなく、朝鮮半島、南洋群島、東南アジア方面での漁業が広く展開した。さらに第二次大戦以降になると、北洋から太平洋、インド洋へと漁場が拡大し、日本は世界で有数の漁獲量を誇るまでに成長を遂げた。しかし、国連の海洋法条約の成立（一九八二年）と二〇〇海里時代を向かえ、漁場の縮小化、漁獲競争の激化、環境変化、乱獲などを通じて、一二〇〇万トン以上あった漁獲量は六〇〇万トンにまで落ち込んだ。魚種別に漁獲量を制限する国際的な協定が相次いで締結され、生物多様性の保全、絶滅危惧種の保護など、水産資源を地球レベルで管理する方策も打ち出されてきた。

地球全体でなくとも、二国間、あるいはステークホールダー（利害関係者国）の間できめの細かい総量規制、個人別の割当制、漁船数の制限など、水産資源の管理は詳細かつ多方面にわたっている。

他方、規制の眼をかいくぐるように、ＩＵＵ漁業（違法・無許可・無報告）が蔓延し、しかも途上国の貧困漁民の多くがそれに手を染めている現状がある。ＦＡＯが指摘するように、生物学的に非持続的な漁法で漁獲されている水産物は一九七五年には一〇％程度であったが、二〇一五年には三三％へと増加している。とくに、ダイナマイト漁、青酸カリの使用は海底環境だけでなく、稚仔魚や微小な動物を死に至らしめる。底曳網漁は海底を撹乱し、商品価値のない魚や動物はくず魚（トラッシュ・フィッシュ）として破棄されてきた。しかし、こうしたくず魚を再加工して農業用肥料、家畜・

家禽の飼料とする工夫が推奨されている。

中国のように巨大な人口を擁するアジアの国は漁業による食料増産をもくろみ、その権益をますます増大化させる傾向にある（図7）。日本人にとり大衆魚として人気のあるサンマを中国や台湾が公海上で大量に漁獲することで日本の漁獲量は大きく後退し、魚価にも影響をあたえているのが現状である。今後、われわれは未来の世代に向けて何をなすべきかについて深く洞察することが問われることになった。以下、水産資源管理と魚食の振興について取り上げよう。

図7　禁漁期後の出漁で南シナ海より戻った漁船を浜で待ち構える仲買人（中国・海南島南部の三亜）

## 水産資源管理

漁業における規制には多様な性格のものがあり、体長制限、産卵期の禁漁などのほか、漁獲量を制限する漁獲可能量（ＴＡＣ）、個別割当量（ＩＱ）、譲渡性個別割当量（ＩＴＱ）などの指標があり、その数値目標のもつ意義と限界を例証する必要があるだろう（第2章4：高橋正征）。

水産資源学の領域では、持続的最大漁獲量に関するＭＳＹモデルがある。漁獲努力量が増加すれば漁獲量も増加する。その最大値がＭＳＹであり、それを超えると見かけ上無限の資源はやがて減少が明らかとなり、乱獲状態から資源の減少・絶滅へと至る。

ＭＳＹモデルは単純なものだけに、魚がいつまで食べられるかの一般的な議論にはそぐわないが、獲りすぎにＩＵＵ漁業の蔓延が大

図８　タイ南部のパンガー県における海中の生簀。マングローブ地帯でハタ・バラマンディなどの肉食魚を蓄養する。餌として、アジの切り身などを与える。

きな要因であることは間違いない。ＩＵＵ漁業は、流通のグローバル化、人口の爆発、貧困層の関与など、複合的な要因に応じて進んできた。しかし、国際的にも「責任ある漁業」を進め、青酸カリ・ダイナマイトなどによる破壊的漁業や密漁を含むＩＵＵ漁業の撲滅に向けて、国際的な認証制度の確立が鍵となっている（第2章5：石井幸造）。

すべての水産物はおなじメカニズムによって変動するわけではない。この点で、個別の漁業、あるいは特定資源を対象とした詳細な議論が不可欠である。漁獲量の減少からも明らかなように、天然の魚介類を食べるだけでは生産量は追いつかない。水産資源の漁獲量は時期による変動の大きいことから、安定的に魚介類を供給する養殖・蓄養漁業が広範におこなわれてきた。対象とされる魚介類はじつに多様であり、ハマチ、タイ、ギンダラ、ヒラメ、フグ（第2章コラム：安達二朗）、などの魚類だけでなく、カキ、サザエ、ホタテ、アワビなどの貝類、ワカメ、コンブ、ノリなどの海藻が対象とされている。蓄養漁業では天然の幼魚を捕獲して人工生簀で成魚まで育てる手法を、養殖は卵をふ化させ、成魚まで一貫して育てる方法を指している（図８）。

味へのこだわり、食の安全、漁業者の生活安定など、養殖・蓄養漁業には課題も多い。ヒラメ、マダイ、フグ、クルマエビなどの養殖が進められるなかで、海域ではなく陸域で人工海水を使って海産魚を育てる試みがあり、常識を破った。その例がトラフグである（第2章コラム：野口勝明）。飼料次第では無毒なトラフグを生産できるとする試みもあり、安全性を巡って養殖業者とフグ料理組合との間で意見の対立がある。

魚食の振興について、全国で多様な取組みがある。二〇一一年三月一一日に発生した東日本大震災を受けて、三陸沿岸では地域復興にとり水産物の活用は必須課題である。岩手県宮古におけるカキとニシンの例を取り上げてその現状を理解しておきたい（第2章コラム：山根幸伸）。二〇一八年の三月、津波から八年目にして福島県産の魚類がはじめてタイの日本料理店向けに輸出されることとなった。安全・安心の優先主義と経済効果、地域漁民の生活向上など、トータルな視点からの抜本的な施策が望まれる。

適正な流通と資源管理を踏まえた漁業を認証する制度が浮上している。この問題は一般に水産物の認証制度として知られている。ここでは、認証制度の問題を生産者からみた養殖水産物の認証制度を含めて議論しておきたい（第2章8：大元鈴子）。日本では認証制度は欧米諸国にくらべてまだまだ遅れており、今後の課題となることは必定である。

## 地域における魚食振興

日本各地では魚食の振興事業や取組みがある。たとえば、福井県小浜市における生涯学習としての魚食振興（第3章10：中田典子）、町が一体となった取組みをめざす大分県臼杵市（第3章13：行平真也）、おさかなマイスターによる事業（第3章コラム：大森良美）、九州の民泊を通じた魚食の提供（第3章コラム：荒木直子）、大日本水産会による魚食普及の取組み（第3章12：川越哲郎）などがある。こうした事業の主体や規模はさまざまであるが、魚食振興に関する課題は学校教育、魚市場、流通関係者、量販店、水産業の当事者、行政自治体、地方政府、国にとっても最重要の課題として位置づけることができる。今後の発展には一人一人の魚食にかかわる意識の変革がまずもって基本となる。また、魚食の振興のために地域の少生産品である「地魚」の見直しもグルメ向けとは別に、直販、ネットを活用した新しい魚食に向けての取組みとして推奨される（第3章コラム：花岡和佳男）。こうした個別の取組みは地域や参画する主体の性格によって多様化しているのが大きな特徴である。それぞれの利点を生かしつつ、日本全体としてどのようなイメージが創成されるだろうか。キーワードは地域づくりである。海とかかわる地域が未来に向けて行政、住民、来訪者が魚食を未来につなぐモデルが浮かび上がってこないだろうか（第3章13：古川恵太）。

## 魚食の未来―私たちはいつまで魚が食べられるか？

世界全体の動向とともに、日本の魚食傾向もあわせて検討しよう。国内における魚と肉の消費量は平成二二（二〇一〇）年、逆転した。これには食の欧米化・都市化、若年層の魚離れ、主婦層の魚調理の敬遠傾向などの要因が関与するが、水産業に注目すればどのようなことがみえてくるのか。

FAOの水産委員会は二〇一八年一〇日、「世界漁業・養殖業白書2018（SOFIA）」を公表した。それによると、二〇一六年の全魚介類（海藻を除く）生産量一億七〇九〇万トン中、海洋漁業七九三〇万トン（四六・四％）、淡水漁業一一六〇万トン（六・八％）に対して、養殖業は八〇〇〇万トン（四六・八％）であった。

天然の漁獲量は一九九〇年代よりほぼ同レベルで安定的に推移する一方、養殖業は一九八〇年代以降に年成長率一〇％と急増する。その後、二〇一〇〜二〇一六年には五・八％に漸減するが、今後数十年にアフリカにおける養殖業の発展が予想されており、全体として漁獲量は増加傾向にある。この先、二〇三〇年までに漁業・養殖業の漁獲量は二億トンへと増加すると予測されている。

漁業・養殖業生産量のうち食用向けの割合は増加傾向にある。二〇一一年に食用向けは一億三〇〇〇万トン（全体の八四％）であったが、二〇一六年には一億五一二〇万トン（八八・五％）に増加した。一人当たりの消費量も二〇一一年の一八・五キロから二〇・三キロに増えた。少し長く時間幅をとると、魚の消費量増加率は、一九六一年～二〇一六年の年平均で三・二％であり、同時期の人口増加率（一・六％）をも大きく上回っている。つまり、世界の人口増により、水産資源が動物性タンパク質摂取源となってきたことを示しており、世界の三二億人超が動物タンパク質の二割を魚から摂取していることになる（次頁図9）。

世界で漁業生産が増加し、魚食の傾向が上向きにあるなかで、日本の漁業生産は落ち込み、魚離れの傾向がある。世界からすると、日本の状況はむしろ例外的と映る。沿岸漁業は漁業者の高齢化と沿岸環境の劣化に呼応するかのように低迷している。陸上養殖業やウナギにかわるナマズ蒲焼の普及など新たな展開もある。他方で、世界各地からマグロを輸入し、鮨（すし）屋の売り上げが落ち込んでいるとは思えない。

以上のような状況を踏まえれば、日本人はいつまで魚を食べられるのかという問いへのこたえは二つある。総論として、日本人は引き続き、魚を食べ続けるであろうという予測である。ただし、個別にはきわめて怪しい状況もある。二〇一七年、私はサンマの塩焼きを一尾も食べることはついになかった。何が海で起こり、この先日本の魚食はどうなるのか。この問いに正確かつ真摯に答えるためには、未来予測を踏まえた議論が不可欠となる。本書には魚食をめぐる不安とためらいを払しょくする、いわばさきがけとなる意味が込められている。

「未来予測性」について、われわれは「フューチュラビリティ」の用語で提案してきた。これは国連主導の持続可能な発展（ＳＤ）の概念とはいささか異なる論拠に裏付けられている。持続可能な発展は、現状維持のまま発展することを指すとすれば、その意味は曖昧としかいいようがない。むしろ議論すべきは、未来をどう構築するかについてではなかったか。

本書では国際的に合意された持続可能な発展がもつ問題点を指摘しながら、海の未来に向けての提言を魚食に関する諸問題から解き明かすことを最大のねらいとしている。かといって、切迫した論を進めることにこだわる必要はない。変動する海の生態と経済の動向のかかわりを柔軟にとらえる順応的な観点に配慮した議論を望みた

図９　東南アジアの魚食

左上：インドネシア・メナド（サヨリ）、右上：ベトナム南部・ホーチミン（テラピア）、左下：タイ北部・メーホンソン（グルクマ）、右下：ブータン・ティンプー（インド産で種類不明）。（）内は魚種。

い。さらに、地域、国、国際間で起こっていることへの内省から、現場に即した議論をもとに新たな提案を試みる視座に立脚したい。そして、魚食の未来を自然から経済、文化、漁業権・ＩＵＵ漁業・地域振興などを含む複雑系の現象としてとらえる視点を共有したい。まとめとして、最後に筆者らの結論を述べる（あとがき：秋道智彌・角南篤）。

本書の編集段階で、海女についてご執筆いただいた鳥羽市立海の博物館の石原義剛館長がご逝去された。日本の海女文化について長年、ご尽力された石原館長のご業績をたたえるとともに、衷心よりご冥福をお祈り申し上げたい。

本シリーズは、海洋に関するさまざまな問題を議論するガイドラインを広く読者に喚起することを大きなねらいとして企画されたものである。海とヒトとのかかわりは、有史以来の長い歴史をもつ。しかも、その関係性は生業と食から社会、文化、政治、環境問題、信仰に至るまでじつに重層的である。

海はヒトに数々の恩恵をあたえてきたが、同時に由々しい災禍をもたらしてきた。局所的な不幸は過去に何度も発生したが、二一世紀に至り、海の病理は地球全体に蔓延するようになった。未曽有の海の危機がヒトそのものに襲いかかろうとしているのである。温暖化、海面水温の上昇、水産資源の減少、海洋汚染などに顕著な海の劣化を克服する知恵がいまこそ求められている。本地域の問題から地球全体までを見据え、よりよい未来に向けて有効な方策をいまこそ具体化すべき時にある。本シリーズで取り上げる諸テーマは、海とヒトとののぞましいかかわりを実現する手引きとなることを目指して選定されたものである。読者とともに地球の危機とその克服について深く考える契機としたい。

最後に、本書に収録した論文・コラムは笹川平和財団海洋政策研究所が二〇〇〇年から発行する『Ocean Newsletter』に既発表の執筆原稿を元にしたものである。この海洋に関する諸問題を総合的に議論するオピニオン誌のうち、おもに筆者が編集代表をつとめた二〇〇四〜二〇一六年度に収録されたものから、本書のテーマにそって論文・コラムを選定した。ただし、それを元にした論稿は、新規に執筆を依頼したものもあることをことわっておく。

## 参考文献


秋道智彌　二〇一七『魚と人の文明論』臨川書店

秋道智彌　二〇一八『食の冒険―フィールドから探る』昭和堂

大石圭一　一九八七『昆布の道』第一書房

玉村豊男　二〇一〇『料理の四面体』中央公論新社

村井吉敬・鶴見良行　一九九二『エビの向こうにアジアが見える』学陽書房

山崎真治　二〇一五『島に生きた旧石器人―沖縄の洞窟遺跡と人骨化石』新泉社

吉井始子編　二〇〇七『翻刻江戸時代料理本集成』(本巻一〇冊・別巻一冊) 臨川書店

レヴィ＝ストロース・C. 一九六八「料理の三角形」『レヴィ＝ストロースの世界』伊藤晃・青木保ほか訳）みすず書房
FAO. 2018. The State of World Fisheries and Aquaculture 2018 - Meeting the sustainable development goals. License: CC BY-NC-SA 3.0 IGO http://www.fao.org/3/I9540EN/i9540en.pdf.
FUJITA, Masaki *et al.* 2016. Advanced maritime adaptation in the western Pacific coastal region extends back to 35,000-30,000 years before present. PNAS 113(40).

# 第1章

# 日本の魚食をたどる

# 世界最古の釣り針が語る旧石器人の暮らし

藤田祐樹（国立科学博物館研究員）

私たちは、毎日たくさんの水産資源をいただいている。海や川の魚はもちろん、エビやカニ、タコ、イカ、貝、ウニ、ホヤ、ナマコ……店頭に並ぶ魚介類は、いずれも目に楽しく、食せば美味しい。炭火で焼いた川魚の香り、脂の載ったサンマ、甘くとろけるイカ、赤貝の歯ざわりと磯の香り、揚げニンニクとミョウガを添えたカツオ……ああ、どれも思い浮かべるだけで幸せな気分になる。

しかし、私たちがこれほど魚を好きになったのは、人類進化史七〇〇万年を振り返るとごく最近のことである。その証拠に、ヒトにもっとも近い動物である類人猿は、魚をほとんど食べない。森林に住む彼らは、もっぱら木の葉や果実を食し、稀に昆虫や他の動物の肉に手を伸ばすことはあっても、基本的に魚を捕食するということはない。

約七〇〇万年前にチンパンジーと異なる道を歩みだした私たち人類の祖先もまた、長い間、魚介類を口にしなかったようだ。アルディピテクスやアウストラロピテクスといった初期の人類祖先は、類人猿と同じく果実や根茎類を主な食料としていたと考えられている。彼らは、直立二足歩行や犬歯の縮小など類人猿と異なる際立った特徴をもつものの、身長（一メートル程度）や脳のサイズ（四〇〇～五〇〇ミリリットル）、前に突き出した顎、目の上の骨の隆起など、類人猿的な特徴も持ち合わせていた。

二四〇万～二〇〇万年前ごろになると、身長もずいぶん大きくなり（大きいものでは一七〇センチ）、脳もやや大きな（約九〇〇ミリリットル）、ホモ属の仲間が誕生する。原人とも呼ばれる彼らは、石器をつくったり火を使ったりするようになり、それらと関連して肉食を頻繁におこなうようになった。石器や、肉を石器で切り取った証拠となる動物の骨の傷は、二四〇万年前ごろには東アフリカで発見されるようになり、もっと古い約三〇〇万年前の石器も報告されている。そして、肝心の魚食も、やはり原人の時代から認められるようになる。もっとも古い魚食の証拠は、ケニアのトゥルカナ盆地にある「FwJJ」という遺跡で発見された、約一九五万年前のアフリカオオナマズの骨である（Braun *et al.* 2010）。この遺跡からは、ナマズの他に硬骨魚の骨や、ワニ、カメ、カバなど水辺に生息する動物の骨がぞくぞくと発見された。漁猟具の発見はないため、捕獲方法はわからないが、アフリカでは、乾季に干上がった川や湖沼の水たまりに潜むオオナマズをチーターが捕食するというから、特別な道具がなくともナマズを捕らえるのは難しくなかったかもしれない（少なくともカバよりは捕まえやすそうだ……）。そして、肉食を好むようになった原人にとって、ナマズや魚も、カメやワニなどとともに食欲を誘う獲物だったのだろう。インドネシアの原人も五〇万～四〇万年前には海の貝を食べ、さらにはその貝殻に刻み目をつけていたという（Joordens *et al.* 2015）。装飾品なのか別の目的なのかはわからないが、ホモ・サピエンス以前の人類がこうした象徴的行為をおこなっていたということでも、この発見は驚きである。

ずっと時代を下って約三五万～三〇万年前ごろになると、ヨーロッパやアフリカの沿岸部に暮らすネアンデルタール人やハイデルベルグ人といった旧人が、カキなどの貝類を食べていた（e.g. Erlandson 2001）。旧人は、原人に比べて脳も大きく、大型獣の狩猟を得意とし、原人よりもさらに肉食傾向が強かったと考えられている。肉食を好む旧人が、どうして沿岸部に暮らすようになったのか、理由はわからないが、沿岸部で身近にあり比較的容易に採取できるタンパク質源として、貝類を食すようになったのだろうか。とはいえ、旧人の魚介類食は、遺跡数の点でも魚種の点でも限定的で、骨に含まれるタンパク質の同位体分析結果からも、日常的な魚介類食ではなかった可能性が指摘されている（Richards *et al.* 2001）。

## ホモ・サピエンスの多様な漁猟活動

その点、世界各地でみられるホモ・サピエンスの魚介類食は、比較にならぬほど多様だし、日常的におこなわれるようになる。今から三〇～二〇万年前にアフリカで誕生したホモ・サピエンスは、熱帯、高山、極地、離島、乾燥地帯などを含むありとあらゆる環境に、文化的・行動的に適応することで移住を成功させた。その文化・行動的適応の重要な要素のひとつが、積極的な魚介類食である（e.g. Erlandson 2001; 海部 二〇一五）。ホモ・サピエンスによる魚介類食の最古の証拠は、コンゴのカタンダ遺跡で発見された九万年前の「かえし」のついた骨製の槍先とアフリカオオナマズの骨である。このナマズは、いずれも大型（三五キロ以上）で、おそらく雨季のはじめに産卵に集まる個体を狙ったと推測されている。南アフリカのブロンボス洞窟でも、約七万五〇〇〇年前の槍先とみられる複数の骨器とともに、タイやスズキの仲間などの骨がみつかった。魚骨だけなら一四万年前ごろまでさかのぼるそうで、このころからホモ・サピエンスが水産資源に親しんでいたことは間違いない。

やがて、ホモ・サピエンスが世界各地に分布を広げると、さかんな魚介類利用の証拠が（貝殻利用なども含む）、アフリカ、ユーラシア、オーストラリア、アメリカなど移住した先々でみつかるようになる。そのなかでも刺激的なのは、東ティモールのジェリマライ遺跡だろう。ここではなんと、四万年前からカツオやマグロなどの外洋性魚類を食べており、二万三〇〇〇～一万六〇〇〇年前の釣り針も発見された（O'Connor *et al.* 2011; 小野 二〇一八）。

ホモ・サピエンスの世界拡散は、人類史研究の大きな課題の一つである。その過程で海へ漕ぎ出して、面積も資源も限りある小さな陸地、すなわち島へと移住した理由は、「島国」に暮らす私たち日本人にとってとりわけ興味深い問題である（Kaifu *et al.* 2015）。同じ問題は、東南アジア島嶼域や、その先にあるオーストラリア大陸に暮らす人々にとっても重要な課題だろう。ユーラシア大陸を含む多くの大陸で繁栄する有胎盤類とは異なり、オーストラリアは有袋類が独占している。これは、多くの動物たちが海を越えて大陸間を行き来できなかったことの証であるが、その海をホモ・サピエンスは五万年前ごろに越えていった。ティモール島で発見された四万年前のマグロ・カツオ漁の証拠は、外洋漁業が渡海技術を発展させ、海を越えて人々がオーストラリアへ進出する原動力になった可能性を想起させる。

面白いことに、ジェリマライと並んで世界最古となる二万三〇〇〇年前の貝製釣針が、沖縄からも発見されている（図1）（Fujita *et al.* 2016; 沖縄県立博物館・美術館 二〇一八）。ギンダカハマという真珠層の発達する円錐形の巻貝を材料として、平坦な底面を打ち割り、砥石で磨き込んで製作された「かえし」のない単式釣り針である。同じ地層からブダイやアイゴといった海水魚と、川にすむオオウナギの骨もみつかった。

オーストラリアと同様に海を越えなければ渡来できない琉球列島でみつかった貝製釣り針や魚の骨は、ティモールの例と同様に、海や魚に親しんだ旧石器人がこの島に住んでいたことを物語っている。やはり魚食は、人々を海へと導く魅力的な要素だったのだろう。

とはいえ、旧石器人が魚を利用した証拠は内陸の遺跡からもみつかっている。すでに述べたコンゴのアフリカオオナマズ利用をはじめ、ヨーロッパでも内陸部の遺跡から一万九〇〇〇年前のマンモス牙製釣り針が報告されており、淡水魚を釣るのに用いられたと考えられている（Gramsch *et al.* 2013）。また、ヨーロッパのグリマルディ文化の遺跡では、三万年前ごろから骨の両端を尖らせた加工品がみつかっている。いわゆる「J」字型ではなく、釣り針とする説や衣服のホックとして用いたという意見もあるようだが、同時代の遺跡で魚の骨がみつかることもあるので、魚食をしていたことは疑いないだろう。

漁具については、近ごろ、韓国東部の洞窟で二万九〇〇〇年前の石錘が発見されたというニュースがあった。石錘というのは、漁猟用の網を沈めるための重り石のことだ。詳しい遺跡情報が公表されていないが、二万九〇〇〇年前の地層から一〇点の石錘が出土し、小魚の骨も一緒にみつかっているらしい。詳しい魚種や堆積層の状態、年代測定の詳細情報など、今後、発掘情報が正式に公表されるまで評価は避けたいが、更新世（約二五八万年前から約一万年前の

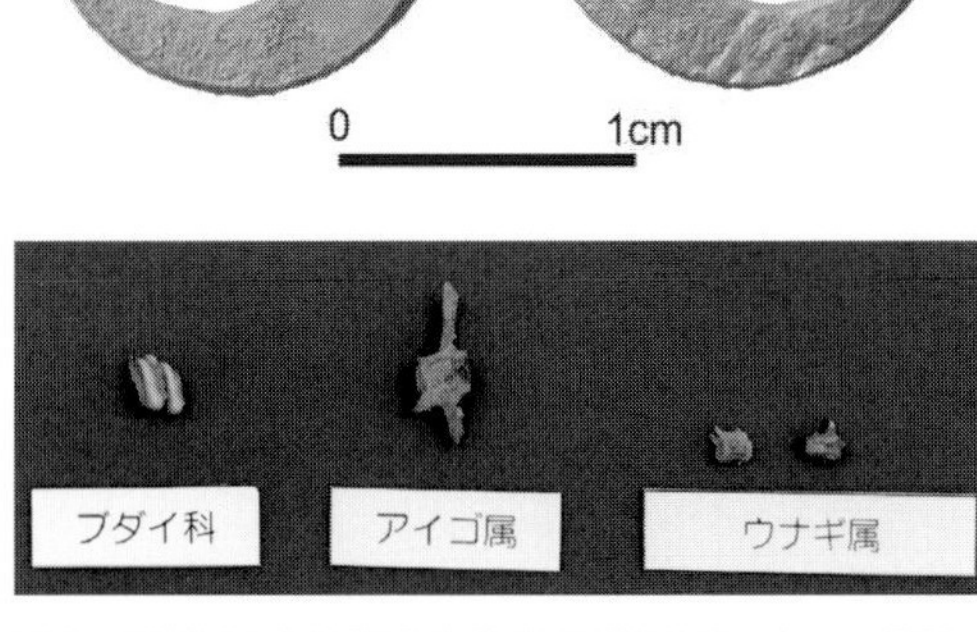


図１　世界最古の貝製釣り針（2万3000年前）と、一緒にみつかった魚の骨。

分に考えられる。

地質時代）にこうした網漁がおこなわれていた可能性は十分に考えられる。

さらに、直接的な魚類利用の証拠ではないが、中国の田園洞から出土した四万年前の人骨や、ヨーロッパで発見された三万～四万年前の人骨から抽出したコラーゲンの同位体分析で、これらの時代に淡水魚食がおこなわれた可能性が指摘されている（Richards *et al.* 2001; Hu *et al.* 2009）。具体的な魚種や漁法は不明ながら、このような同位体分析の結果は、旧石器人がある程度恒常的に魚食をおこなっていたことを示唆している。

世界各地で報告されるこうした事例をみていくと、少なくとも四万～三万年前にはヨーロッパ、東アジア、東南アジアの各地で漁猟活動はさかんにおこなわれ、三万～二万年前にはすでに各地で釣りや網漁など多様な漁猟方法が生み出されていた。各地で同時多発的にこうした漁猟活動や漁法が生まれていったと考えてもよいが、アフリカを出た最初期のホモ・サピエンスがすでにこうした技術をもっていた可能性も想定できる。魚食の証拠はより古い時代まで遡るので、個人的には後者の可能性が高いのではないかと感じているが、今後、もっと古い時代の漁猟活動の証拠が発見されるのを楽しみに待ちたい。

## 日本列島先史時代の漁猟活動

このように、旧石器人は世界拡散の最初期にはさかんに魚食をおこなっていたようだが、次は日本の事例をみてみよう。日本では何といっても縄文時代の魚介類食の証拠が豊富にあり、各地で発見される貝塚は枚挙にいとまがなく、釣り針や石錘、銛先などの漁具も紹介しきれないほど発見されている。さらに、福井県の鳥浜貝塚や北海道帯広市の大正三遺跡では、一万四〇〇〇年前の土器に付着していた脂肪分を分析した結果、初期の段階では主に魚介類を煮炊きするのに使用されたという。もっとも、日常的に食べたのか、何か特別な時にのみ調理されたのかは研究者によって意見がわかれているようだが、土器文化の発展をみれば、一万四〇〇〇年前には国内各地で魚を捕り、調理する文化が広がっていたと考えてよいだろう。

すると、魚介類食の文化はもっと古い時代に遡るに違いないが、旧石器時代の遺跡から漁具や魚骨が発見される例は皆無といってよく、なかなか当時の漁猟活動を証明することは困難であった。そうしたなかで、水産資源に依存した旧石器人の暮らしをまざまざとみせてくれたのが、沖縄のサキタリ洞遺跡だ。サキタリ洞は、沖縄島南部に位置する石灰岩鍾乳洞で、三万五〇〇〇年前ごろまで遡る堆積層が調査され、先述のとおり二万三〇〇〇年前の貝製釣り針が発見された他、二万〜二万三〇〇〇年前の貝製削り具（スクレイパー）やビーズ、一万四千年前の巻貝製ビーズなど、多様な貝製品も発見された（図2）。

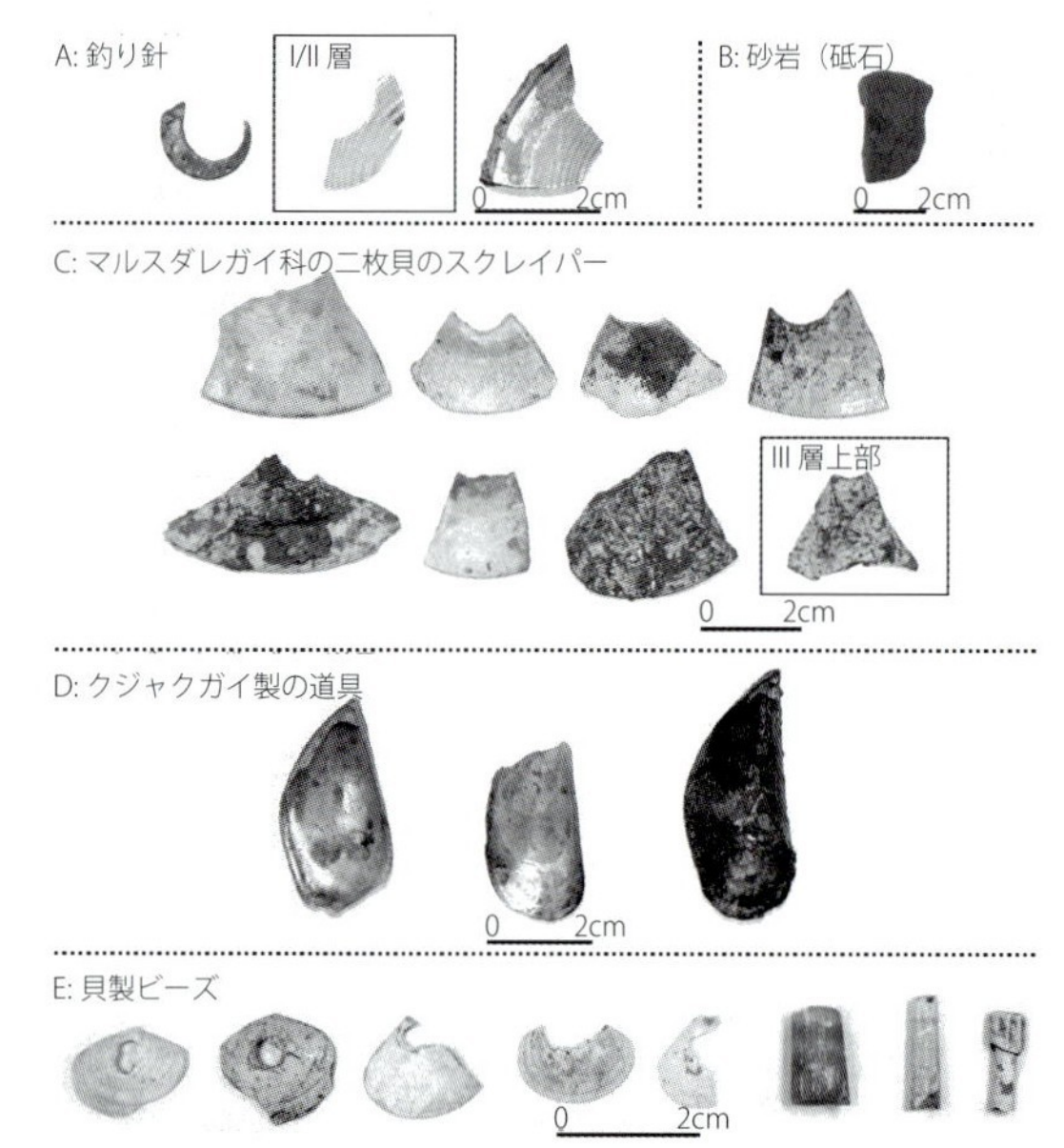


図2　沖縄旧石器人が利用した2万〜2万3000年前の多様な貝器。
（ただし「I/II 層」と記されたものはやや新しく、「III 層上部」とやや古い可能性がある。石器をほとんど使わない文化は世界的にも珍しい）

琉球列島の旧石器時代遺跡では、これまで石器の発見例は限定的で、彼らの文化や暮らしぶりはよくわかっていなかったが、サキタリ洞の成果は、島の旧石器人が貝殻を用いて豊かな道具や装飾品をつくりあげていたことを明らかにした（山崎 二〇一五）。琉球列島は、旧石器人が暮らした島としては世界でも最小級の島々で構成され、もっとも大きい沖縄島でも約一二〇〇平方キロしかない。石器の素材となる石材の分布も限られているが、旧石器人は身近で得やすい貝類を道具の素材として多用するという行動的適応によって、島での暮らしを実現してきたのだろう。

ところで、この貝製釣り針は、本当に釣り針なのか、実際に魚を釣ることはできるのかと疑念をいだく方も少なくない。私たちが釣り針と判断した理由は、素材と形態、サイズが釣り針として機能しうる人工品であり、かつ、魚の骨が一緒にみつかっているためである。だが、貝に十分な強度があるのかということや、「かえし」がないのに釣り針として使えるのかという疑問をおもちの方も少なくないようだ。

貝の強度については、ポリネシアやオーストラリア先住民の民俗事例には貝製釣り針も多く、真珠層の発達方向にさえ注意すれば問題はない。そのうえ、真珠層の輝きはルアーとしての効果も期待できるという。先史時代の事例でも、こうした地域の遺跡から出土する初期の釣り針には、骨製と並んで貝製のものがたくさんある。

また、「かえし」がない点についても、ヨーロッパや東南アジア島嶼域で発見されている旧石器時代の骨や貝製の釣り針も「かえし」はなく、日本の縄文時代遺跡出土の骨や貝でできた釣り針にも、「かえし」のないものがある。ポリネシアの先史時代遺跡でみつかる釣り針も、初期のものほど単純な形をしていて、それらには「かえし」がない。「かえし」がないとはずれやすくなるが、現代でもヘラブナ釣りは「かえし」のない釣り針を用いるし、ゲームフィッシングを楽しむ方々のなかには魚のダメージを軽減するために「かえし」を潰して使う方々もいる。こうした事例をみれば、「かえし」がなくても魚を釣り上げるには問題ない（難しくはなるかもしれないが）。

別の可能性として、アクセサリーを検討すべきかもしれないが、釣り針型のアクセサリーというものは、実際のところどのくらい存在するのだろう。インドネシアのアロ島では、一万二〇〇〇年前の埋葬人骨の首のまわりから四個の貝製釣り針がみつかった（O'Connor *et al.* 2017）。亡くなった方が首飾りとして身に付けていたもので、発見者たちはこれを実用的な釣り針と考えているが、円弧状の両端が細く尖っているため、ヒモを結んでも抜けてしまいそうに思える。こうした形態から考えると、釣り針様の装飾品の可能性も考えるべきかもしれないが、ここで注意しておきたいのは、東南アジアの島嶼域では先述の通り一万六〇〇〇〜二万三〇〇〇年前にはすでに釣り針をもっており、漁猟活動もおこなっていたという事実だ。

こうした実用的な釣り針をもつ人々が、それを装飾品として転用したという話は理解しやすい。現代でもハワイのお土産屋では骨製釣り針を模したペンダントが売られているが、ハワイを含む太平洋の島々も、もともと骨製釣り針を使っていた地域である。だが、釣り針を使っていない人々が、釣り針型のアクセサリーを開発した事例を筆者は知らない。第一、アクセサリーの先端をあれほど鋭利にするのは危険だし、衣服にひっかかって扱いにくくはないだろうか。異なる見識をおもちの方がいらしたら、ぜひ教えてほしい。

　というわけで、私たちはサキタリ洞の二万三〇〇〇年前の出土品を釣り針と判断したが、それが発見されたサキタリ洞は、海岸から雄樋川沿いに二キロほど内陸に位置し、約二万年前の地球全体が寒く海水準が低下していた時代にも海岸からは五〜六キロほどしか離れていなかったと考えられている。日帰りで海へと歩いていける距離にあり、川沿いにあるので水も得やすく、大型かつ開放的なサキタリ洞は、旧石器人の棲家として格好の場所だったことだろう。

　ここに暮らした旧石器人は、目の前を流れる雄樋川で食料をも得ていた。サキタリ洞遺跡から多量に出土した淡水性のモクズガニとカワニナ（図３）、さらに少量ながら発掘されるカエルやトカゲ、ネズミといった小型脊椎動物の骨にも、一定割合で焼け焦げた痕跡があるので、食料と考えて間違いない。魚類の骨では、先述のとおり淡水性のオオウナギ、それに海棲のブダイやアイゴ、タイの仲間などの骨が含まれていた。旧石器人の食卓を飾った動物たちの名残である。

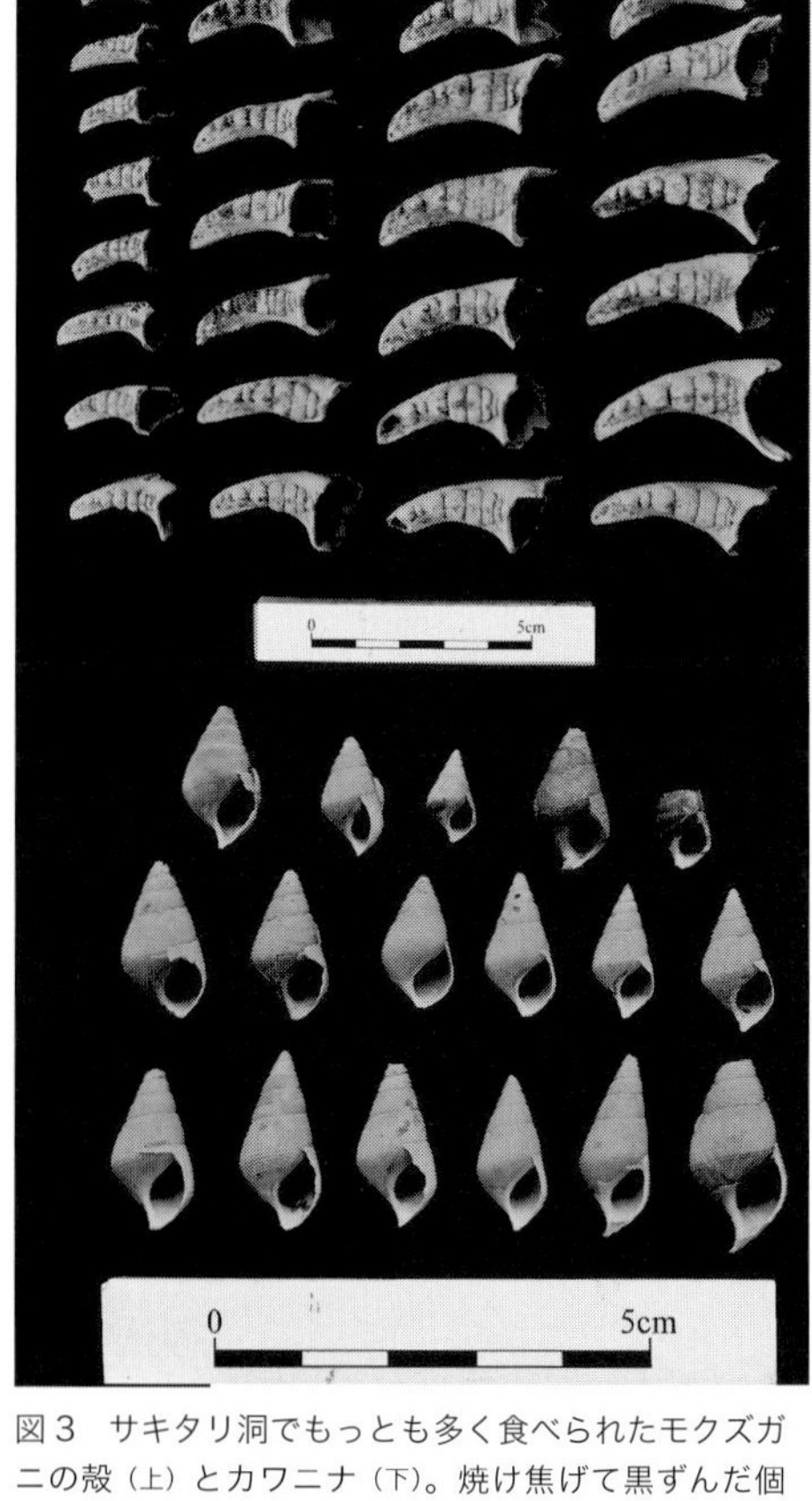


図３　サキタリ洞でもっとも多く食べられたモクズガニの殻（上）とカワニナ（下）。焼け焦げて黒ずんだ個体がみられる。

　沖縄を含む琉球列島には、現在も旧石器時代も、大型陸上動物が生息していない。現在はいくつかの島にイノシシがいて、旧石器時代には加えて数種の中型シカがいたものの、シカはヒトの渡来と前後して絶滅してしまった。もしも旧石器人の生業がゾウやシカ、イノシシといった大型・中型陸上動物の狩猟であったなら、島で食料を得続けることは難しかっただろう。だが、島を取り巻く海に食料を求めたとしたら、事情はまったく異なる。陸上動物に比べて、魚や甲殻類は一般に生息密度が高く、産卵数も多い。旧石器時代は人口密度もそれほど高くなかっただろうから、人口を支えるに十分な豊富な動物資源をみいだすことができたはずだ。実際に、サキタリ洞の旧石器人は約三万五〇〇〇年前から一万三〇〇〇年前まで、二万年以上にわたってモクズガニやカワニナを食べ続けていた。

夜行性のモクズガニを漁猟するなら、夜間がよい。現代のようにカゴ罠を用いたか、手づかみで捕まえたか定かでないが、遺跡から夜行性のオオウナギもみつかるので、夜間に食料を求めていたことは想像に難くない。同じく夜の川辺に集まる、カエル類やそれを食べにくるヘビ、夜行性のネズミなどもサキタリ洞の動物遺骸に含まれる。食料漁獲・狩猟を夜間におこなったとすれば、日中に海まで降りていき、道具製作の素材となる貝殻を拾い集め、また、海の魚たちを捕える時間はたっぷりあったことだろう。そして、もち帰った素材を加工してビーズや釣り針をつくってもよい。サキタリ洞からは釣り針の未完成品や、磨くのに用いた可能性のある砂岩片も出土しているから、この遺跡で貝の加工もおこなわれていたことは間違いない。

完成品の釣り針は、幅一四ミリと大きいため、ブダイやアイゴの口には入りそうもないが、口の大きなオオウナギなら一飲みだろう。そうすると、海の魚を釣るためにもっと小さな釣り針をつくったか、あるいは貝殻スクレイパー（削り具）で木を削って銛や弓矢をつくり、それで突いてもよいかもしれない。スクレイパーの刃部についた微細な傷は、それが木や竹などを削るのに使われたことを物語っていたから、後者の可能性も十分に考えられる。

いずれにしても、沖縄旧石器人は、間違いなく川や海の動物をよく知っていた。何しろ、彼らはモクズガニを単に食べていただけでなく、美味しい時期を選んで漁猟していたのだ。川に棲み、海で繁殖するモクズガニは、秋に産卵期を迎えると夜にいっせいに川を下って海へ向かう。このときを狙うと、成熟して身もつまったミソも豊富な大型個体を容易に捕獲できるのだ。そのため、現代でもモクズガニ漁は秋におこなわれている。サキタリ洞では、モクズガニと並んで主要な食料であるカワニナ殻の酸素同位体比によって当時の水温変化を調べた結果、カワニナの捕食された時期をも明らかにすることができた。分析に成功した二八個体のうち、約三割弱が夏、七割弱が秋であり、冬と判定されたものも一点あった。すなわち、旧石器人たちは、夏の終わりから秋の終わりまでサキタリ洞に来て、カニやカワニナを食べていたと考えられるのである。

「旬」にいただくということは、単に季節的な活動をおこなっていたというだけにとどまらない。モクズガニもカワニナも、一年を通して川に生息しているのだから、食べようと思えばいつでも捕まえられる。それを秋だけに食べるのだから、旧石器人も「モクズガニは秋に限る」と思っていたに違いない。それを踏まえてわが身を振り返れば、さまざまな魚介類が季節を問わず店頭に並ぶ現代においてすら、やはり旬の味覚は格別である。私たちは昔から、二手に川を上る若鮎や藻にすだく白魚に春を感じ、初夏の初鰹を粋と楽しみ、秋には苦くてしょっぱいサンマに熱き涙をしたたらせた。さように美味しい魚をいただくのは、もしかすると私たちホモ・サピエンスの、旧石器時代からの喜びであったのかもしれない。

私は、魚を味わうのが好きだ。生物学者のはしくれとしては恥ずべきかもしれないが、生き物としてより食べ物としての魚を愛している。だが、人類学者のはしくれである私は、それこそ島に生きるホモ・サピエンスの性であると思えてならない。人類進化の視点でみればごく最近かもしれないが、ヒトの一生で考えれば途方もない期間、私たちは魚を美味しくいただいてきた。少なくとも四〜五万年間も培ってきた私たちの味覚を、私はこれからもずっと楽しみ続けたい。そのために、私たちに何ができるのか、魚好きの一人として考えていきたい。

## 参考文献

沖縄県立博物館・美術館　二〇一八『サキタリ洞遺跡の発掘』沖縄県立博物館・美術館
小野林太郎　二〇一八『海の人類史―東南アジア・オセアニア海域の考古学（増補改訂版）』（環太平洋文明叢書五）、雄山閣
海部陽介　二〇〇五『人類がたどってきた道』NHKブックス
山崎真治　二〇一五『島に生きた旧石器人：沖縄の洞穴遺跡と人骨化石』『シリーズ遺跡を学ぶ』一〇四、新泉社

Braun, D.R., *et al.* 2010, "Early hominin diet included diverse terrestrial and aquatic animals 1.95 Ma in East Turkana, Kenya", Proceedings of the National Academy of Sciences: 201002181.

Erlandson, J. M. 2001, "The archaeology of aquatic adaptations: Paradigms for a new millennium", *Journal of Archaeological Research* 9: 287-350.

Fujita, M. *et al.* 2016, "Advanced maritime adaptation in the western Pacific coastal region extends back to 35,000–30,000 years before present", Proceedings of the National Academy of Sciences, 113, 11184-11189.

Gramsch B. *et al.* 2013, "A Palaeolithic fishhook made of ivory and the earliest fishhook trandition in Europe", *J. Archaeological Science* 40: 2458-2463.

Hu Y. *et al.* 2009, "Stable isotope dietary analysis of the Tianyuan 1 early modern human", Proceedings of the National Academy of Sciences 106.27: 10971-10974.

Joordens J.C.A. *et al.* 2015, "Homo erectus at Trinil on Java used shells for tool production and engraving", *Nature* 518.7538: 228-231.

Kaifu, Y. *et al.* 2015, "Pleistocene seafaring and colonization of the Ryukyu Islands, southwestern Japan", In: Y. Kaifu *et al.*, eds., *Emergence and Diversity of Modern Human Behavior in Paleolithic Asia*, Texas A&M University Press, College Station:345-361.

O'Connor, S. *et al.* 2011, "Pelagic Fishing at 42,000 Years Before the Present and the Maritime Skills of Modern Humans", *Science* 334: 1117-1121.

O'Connor, S. *et al.* 2017, "Fishing in life and death: Pleistocene fish-hooks from a burial context on Alor Island, Indonesia", *Antiquity* 91.360: 1451–1468

Richard M.P. *et al.* 2001, "Stable isotope evidence for increasing dietary breadth in the European mid-Upper Paleolithic", Proceedings of the National Academy of Sciences 98.11: 6528-6532.

# コラム◉受け継がれる塩づくりの歴史と文化

長谷川正巳（日本大学生産工学部応用分子化学科上席研究員）

## はじめに

「日本には岩塩、湖塩といった天然の塩資源がありませんし、高湿多雨なため海水を天日のみで蒸発させて塩（天日塩）をつくることができません……」というように、日本の塩にまつわる話というと、たいていこのような紹介から始まる。

実際、わが国において塩をつくることとは並大抵の苦労ではなく、先人たちのさまざまな工夫や革新的な技術が積み重ねられて、今日の塩づくりが築かれたといえる。

本稿では、先人たちが日本の塩づくりをどのように構築していったかを紹介する。

## わが国における塩づくりの歴史

塩は生命活動を維持する上で必要不可欠なミネラルであり、古来様々な方法で塩づくりがおこなわれてきた。わが国において記録に残る最古の塩づくりは、藻塩焼きであり、海藻を焼き、灰塩をつくるのが始まりだといわれている。

六〜七世紀になると、干した海藻を海水に浸し、これを天日干しして再び海水に浸すことで塩分濃度の高いかん水（塩水）を採り、土器で煮詰めて塩をつくったとされる。しかし、これらの方法では海水中に三％程しかない塩分を採取することは容易ではなかった。

八世紀になると、海藻にかわって塩分が付着した砂を利用して、かん水を採るようになるが、この方法が一九七〇年代初頭までおこなわれてきた塩田法による塩づくり（九世紀以降）へと変化する。

塩田法は揚浜式と入浜式の二つに分けられ、潮の干満の差が小さい地域では揚浜式が、差の大きい地域では入浜式が用いられた。

いずれの方法も砂層の中にできる毛細管によって、砂の表面に海水を導き、そこで水分を蒸発させて塩を析出させる。次に表面の砂を掻き採って、海水を注いでかん水を採り、土器や鉄器（後に平釜（ひらがま））によって煮詰めて塩をつくった。

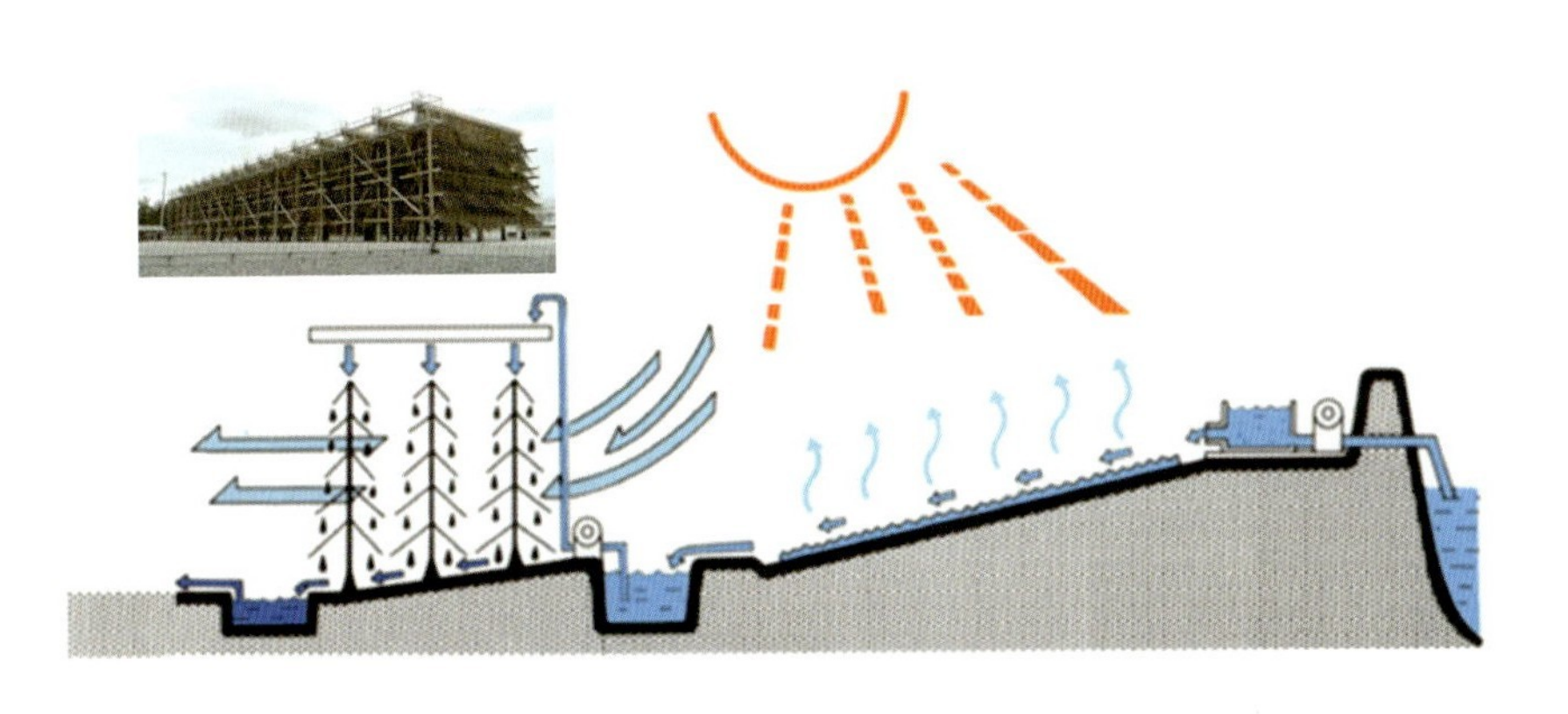

図1　流下式塩田（https://www.jti.co.jp/Culture/museum/collection/salt/s12/index.html より作成）

一九五〇年代になると流下式塩田が導入された（図1）。これは、地盤に傾斜を付け、その上に粘土を敷き、さらに小砂利を敷いた流下盤と柱に竹の小枝を吊るした枝条架からなっている。ポンプで海水を汲みあげ、流下盤を通過させた海水を枝条架に流して、太陽光と風によって水分を蒸発させる。この頃より、かん水を煮詰める方法も蒸気利用式塩釜と呼ばれるものに変化し、大気中に開放していた塩釜を密閉とし、蒸発蒸気をかん水の余熱に利用することもおこなわれた。

しかし、塩田法は、天候の影響を受けて安定的でかつ大規模な生産がおこなえなかったことや、広大な土地や多くの労働力を要することなどから、戦後間もない頃から新たな塩づくりの開発が進められた。一九四九年、日本専売公社の設立とともに小田原製塩試験場（現（公財）塩事業センター海水総合研究所）が誕生し、海外の製塩工場に負けない塩づくりの開発を目標とした。一九五五年には現在国産塩の大半を生産しているイオン交換膜法による塩づくりの開発を開始し、一九七二年には年間二〇〇万トンの生産能力をもつ七工場が本格稼働した。図2はイオン交換膜法の仕組みを示したものである。

海水中には塩やにがり成分などが、イオンの形で存在しているため、陽イオン交換膜と陰イオン交換膜を交互に配置して電圧をかければ、陽イオンはマイナス極に向かって、陰イオンはプラス極に向かって移動を始める。ナトリウムイオンのような陽イオンは陽イオン交換膜を、塩化物イオンのような陰イオンは陰イオン交換膜を透過して、イオンが集まる部屋（濃縮室）とイオンが少なくなる部屋（希釈室）に分かれ、

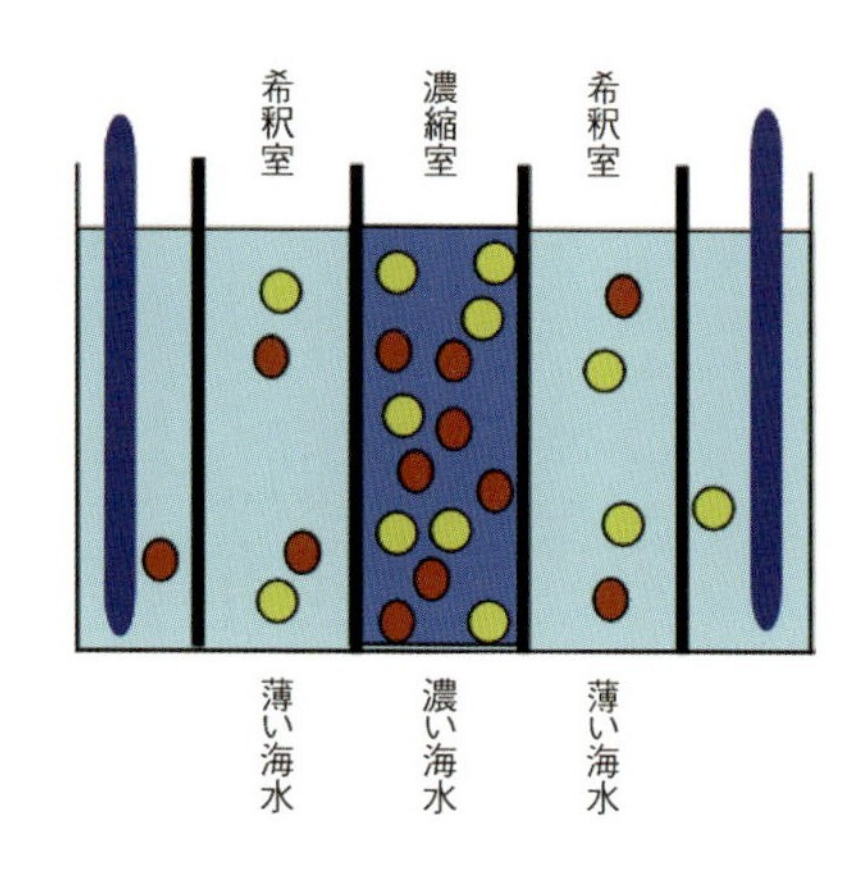


図２　イオン交換膜法の仕組み

海水を濃縮したと同じようなかん水をつくることができるのである。

　イオン交換膜法による塩づくりが実用化されると、大規模プラントの適用が可能となったため、イオン交換膜法によって得たかん水を煮詰めるため、図3のような大型の真空多重効用式晶析装置が導入された。

　この方式による年産二〇万トン規模の一工場当たりの生産量を入浜式塩田法に換算すると五〇〇〇ヘクタール規模となり、それは東京ドーム一一〇〇個分の塩田に相当する。また、労働生産性は、入浜塩田時代の一九四五年に比べて、イオン交換膜法に移行した一九八五年には一〇〇倍以上に向上した。

　これは一般の化学工業や鉄鋼業などに匹敵し、わが国の塩づくりが農業から工業へと変貌したことを示している。

## 塩の文化

　海外で利用される塩は岩塩、天日塩が主流であり、岩塩を採ることをMining（採掘）、天日塩を採ることはHarvest（収穫）という。前者は石炭や鉄鉱石などと同じ扱い、後者は畑から作物を収穫することと同じなのである。この岩塩と天日塩だけで世界の塩生産量の九九％（日本は〇・五％以下）を占め、その大半は工業用として使用される。そのため、海外では塩はあくまでもミネラルという感覚しかない。

　果たして日本はどうか？　毎年、伊勢神宮では御塩殿（みしおどの）祭、宮城県塩釜では藻塩焼き神事が執りおこなわれ、そこには塩業に関わる人びとが集う。日本では塩は大切なもの、神聖なものとしてわが国固有の塩の文化がつくりあげられている。

一九九七年に塩専売法が廃止され、誰もが自由に塩をつくり、販売することができるようになった。沖縄を例に塩づくりをおこなっている製塩所（製塩工場と同義）を紹介すると、沖縄県全体で三〇社以上の製塩所があり、これらはすべて塩づくりの方法が異なっているといっても過言ではない。

その中には前項で紹介した揚浜、入浜、流下式塩田、土鍋や鉄鍋によって海水を直接煮詰める方法など、古来おこなわれてきた塩づくりを再現したものも多くみられる。

図３　真空多重効用式晶析装置

その他、海水を霧状に噴霧して塩分を析出、乾燥させる方法や、海水淡水化で利用される逆浸透膜を使った方法など、これまでなかった塩づくりもおこなわれている。これらの塩は綺麗で美しい沖縄の海水からつくったという沖縄県の共通ブランドとして販売することが模索されている。

こうした動きにより、わが国固有の新たな塩の文化が構築されることを期待する。

# 2 海女さんは、すごい！

石原義剛（元鳥羽市立海の博物館館長）
校訂：塚本 明

## 海女とは

「海女」とは、海中を素潜りで漁をする女性をいう。水中メガネと鉛の錘（おもり）、それに足ヒレ以外は潜水用器具を一切使わず、自分の呼吸だけを頼りに潜る。ほとんどの人々が実際にみることはない海底で仕事をする海女は、これまで男漁師と同じ生業、漁業のひとつとしてしかみられず、その存在の重要性がかえりみられることはなかった。

海女は「五〇秒の勝負」といわれるように、アワビ、サザエ、ウニなどを求めて海底へ潜る時間は、長くて五〇秒である。真っ直ぐに海底へ潜り着き、獲物を探し、まっすぐに浮上する。浮上すると短い休みをはさむから、ふつう海女は一時間の操業時間内に三〇～五〇回の潜水を繰り返すことになる。

海女漁は、激しく肉体を動かす。海流や潮のある海で、手足を絶えずかきつつ潜ること自体がそうとうな重労働であるうえ、獲物を探すために海女は目をこらして四方を探す。そして海水は冷たい。五〇秒の間身体を動かし、脳を働かせ続けるので、多くのエネルギーを消費する。大きな体力の消耗がある。海女によってはひと夏に一〇キロもやせるというが、それでも海女は元気に潜り続けている。

世界中で海女は、歴史的には日本と韓国済州島にしかいなかった。現在の三重県内では、三〇〇〇年前には確実に潜水漁がおこなわれていたと推定されている。基本的な操業の方法が三〇〇〇年以上も変わらず続いているのは、奇跡的とも思われる。

三重県は日本列島でもっとも海女の数が多いが、それはひとつには海の獲物が豊かであったからである。なかでもアワビは最高の漁獲物であり、そのアワビが豊かに育つ自

海女（© 海の博物館）

ナマコをとってきた海女（© 海の博物館）

然環境に恵まれていたからだ。志摩半島を取り巻く海が、「海の森」を形成する海藻を育てる優れた環境をもっていた。そして低い海水温度とはいいながら、なんとか潜水に耐えられる範囲だったことによる。

近年の日本列島における海女の総人数は約二〇〇〇人弱であり、県別では三重県の七六一人が圧倒的に多い。ついで二〇〇〇人ほどの石川県、そして千葉県、静岡県、山口県などが続くが、数が多いだけでなく、三重県の海女は日本を代表する存在である。

## 海女の現状

三重県において海女は、志摩半島の二つの市、鳥羽市の一二地区と志摩市の一四地区に集中している。その数は二〇一四年の調査では七六一人、うち鳥羽市五〇五人、志摩市二五六人である。昭和四〇年代には四〇〇〇人近い海女が居たのだが、以後急激に減少してしまった。原因はなにより後継者難である。漁村でも高学歴化が進み、海女の子女も村を出て進学し、そのまま都会で働くようになった。海女たち自身が、海の仕事は不安定で、危険で汚いという思い込みから、自分の娘たちに陸の仕事を勧めた。その結果、新たな海女の成り手がなくなり、平均年齢は毎年一歳ずつ上がってゆき、二〇一六年にはほぼ六七歳と、高齢化がいちじるしいのである。

それに並行して、海女の主要な漁獲物だったアワビも著しく減少してしまった。昭和四〇年代中頃、三重県で七〇〇トンを記録した年が二、三年あり、いわば海女漁バブルの時代があった。これはあくまで例外で、平均すれば年間二〇〇～二五〇トンで推移していたのだが、近年では四、五〇トンまで減少した。

乱獲や密漁、地球温暖化、海の汚染など、原因はいろいろ指摘されているが、解決策の決め手はまだみつかっていない。アワビの資源を増やすために、三重県水産試験場などを中心に、稚貝を栽培して海に放流することが試みられている。年間だいたい七、八〇万個ものアワビの稚貝が放流されている。その成果はなかなかはっきりした形では出ないのだが、稚貝放流抜きでは、もう海女漁は成り立たないのかもしれない。

いま海女は、総海女数の減少により一人当たりの漁獲量をかろうじて維持し、夏のイワガキ、冬のナマコ、春のヒジキで、漁獲の金額をなんとか保っている。

## 海女の漁法と道具

海女の漁法は実に単純である。素潜りで海底へ行き、アワビやサザエ、ウニなどを獲る。道具もごく限られる。三重県ではイソノミあるいはアワビオコシと呼ぶ鉄製の鑿状の道具を、固く岩に取り付いたアワビを剥(は)がすのに使う。

磯ノミ（© 海の博物館）

単純なのだが、これには熟練のワザが必要だ。アワビと岩との間のわずかな隙間にイソノミを差し込み、傷付けないように獲らなければ、商品にならない。失敗するとアワビは岩にへばり付き、二度と獲ることはできなくなる。それ

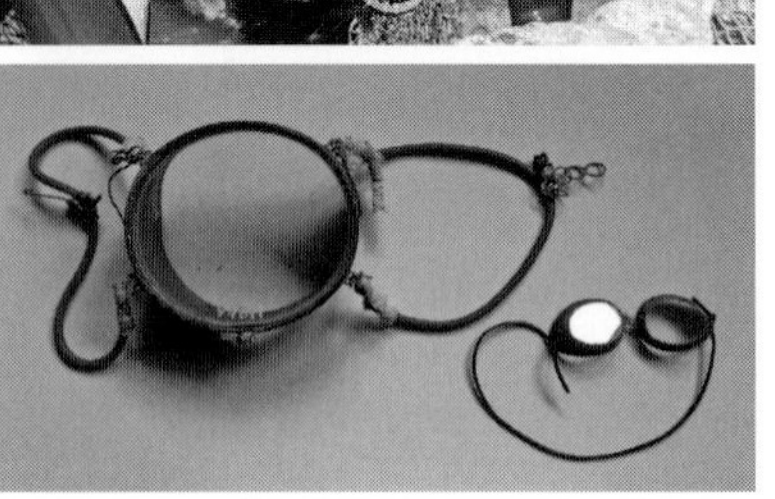

ウエットスーツを着た海女（上）と磯メガネ（下）
（© 海の博物館）

以前に、アワビをみつけることが容易ではない。潜水ができても、海女漁ができるようになるには、長い訓練が必要なのだ。

イソオケと呼ぶ桶は獲物入れだが、最近はタンポに替わった。車のタイヤ状で中央に穴が開いており、その下に網の袋が付いている。桶だと獲物が日に照らされて弱るが、海中の網中だと獲物は元気に活きる。海藻類はカマで刈り取って収穫する。

海女漁を革命的に変えた道具に、一八八〇年頃から使われだした「水中メガネ」と、一九六〇年頃からの「ウエットスーツ」、「足ヒレ」がある。水中メガネは海中での視界を大きく広げたし、ウエットスーツは海女の一番の難敵であった海水中の寒さから救ってくれた。この二つを用いる漁は乱獲になりがちだったが、便利な道具を使わずにすごすほど人間はがまんづよくなく、次第に普及した。それでも人工の潜水機器を受け入れずに素潜りを続けているところが、海女の真骨頂である。

## 海女の暮らし

海女の一年は、もちろん正月からはじまる。元旦の明け方、素っ裸になった海女が潮水に入って禊（みそぎ）をする習慣はすでに消えてない。しかし、神棚にお神酒と五穀を供え柏手を打つ祈りは欠かさない。別にあるエビス棚にも祈る。

志摩半島には「口開け」という制度がある。地区の漁業組合ごとに多少日にちは異なるが、ワカメの口が開くとか、アワビの口が開くとかいう。ただ「〇〇日から口が開く」というのと、「今日は口が開く」というのとは言葉は似ていても内容はちがう。前者は漁をはじめる最初の日をいうが、後者は漁期中で漁をしても良い日をいう。

三重県漁業調整規則により漁獲期間に決まりがあるのはアワビだけで、九月一五日から一二月三一日までは禁漁である。他のものは組合個々で漁期間を取り決めている。

九月一五日から、ナマコ漁のはじまる一一月頃までに、わずかな休みの期間がある。ナマコ漁はほぼ一二月の終りまで続く。

海女小屋でくつろぐ海女たち（© 海の博物館）

ただし、このような働き方は、専業として海女漁だけで稼いでいる場合で、そんな海女はわずかである。海女の操業日数は志摩市でほぼ一〇〇〜一三〇日、鳥羽市ではほぼ二〇〜六〇日であり、なかには一年七日しか海女漁をしない漁村もある。

漁のある日の海女は、超忙しい。漁は八時か九時にはじまるが、彼女らは早朝、畑でひと働きする。若い時は子どもらや沖に出る夫の朝飯の用意もした。漁は午前中ヒトクラ（一時間あるいは一時間半の漁）、その後昼食と休憩の昼寝をとって、午後またヒトクラの漁に出る。漁から上がると獲物を組合の市場へ運ぶ。着替えをして、それからが海女の楽しみの時間だ。火場・竈（かまど）と呼ぶ海女小屋で、食べて喋って寝る。

海女小屋は何より、海女たちのおしゃべりの場だ。今日獲ったアワビの量から昨日買った品物の値段、多い少ない、高い安いが話題になる。健康の話は真剣だ。足腰が痛い、血圧が高い、あの医者はよく診てくれるとか、村中の情報がここで共有される。だから、海女の仲間たちは老若混じって仲が良い。

海女はいう。

「海女はな、潜っとるほかは、食っとるか、喋っとるか、寝とるわな」

## 海女の信仰と祭り

志摩半島では海女の数が多いが、海女の祭りも多い。といっても、数千人、数万人の見物者を集めるような祭りはない。志摩市志摩町和具の「潮かけ祭り」、鳥羽市菅島（すがしま）の「しろんご祭り」くらいが観光的に知られているだけだ。

多くの海女の祭りは、「祀り」と書く方がふさわしい、祈りと願いの行事である。海女らは稼ぐために漁をしているのだから、当然大漁を期待して海の神様にお願いする。そのため海女の祀りは、夏漁の始まる前、六月末から七月上旬が多い。

獲物を求めて海中に潜る海女は、海が穏やかなことを願う。荒い波は、潜水を拒む。雨はそれほど邪魔ではないが、暴風や台風等の荒天で水中が暗くなると獲物をみつけ難くなってしまうし、潮の流れが急変することもある。多くの海女から、磯桶とともに数百メートルも流された経験を聞いた。そのような海の脅威から身を守ってくれるよう、海

和具の「潮かけ祭り」

菅島の「しろんご祭り」

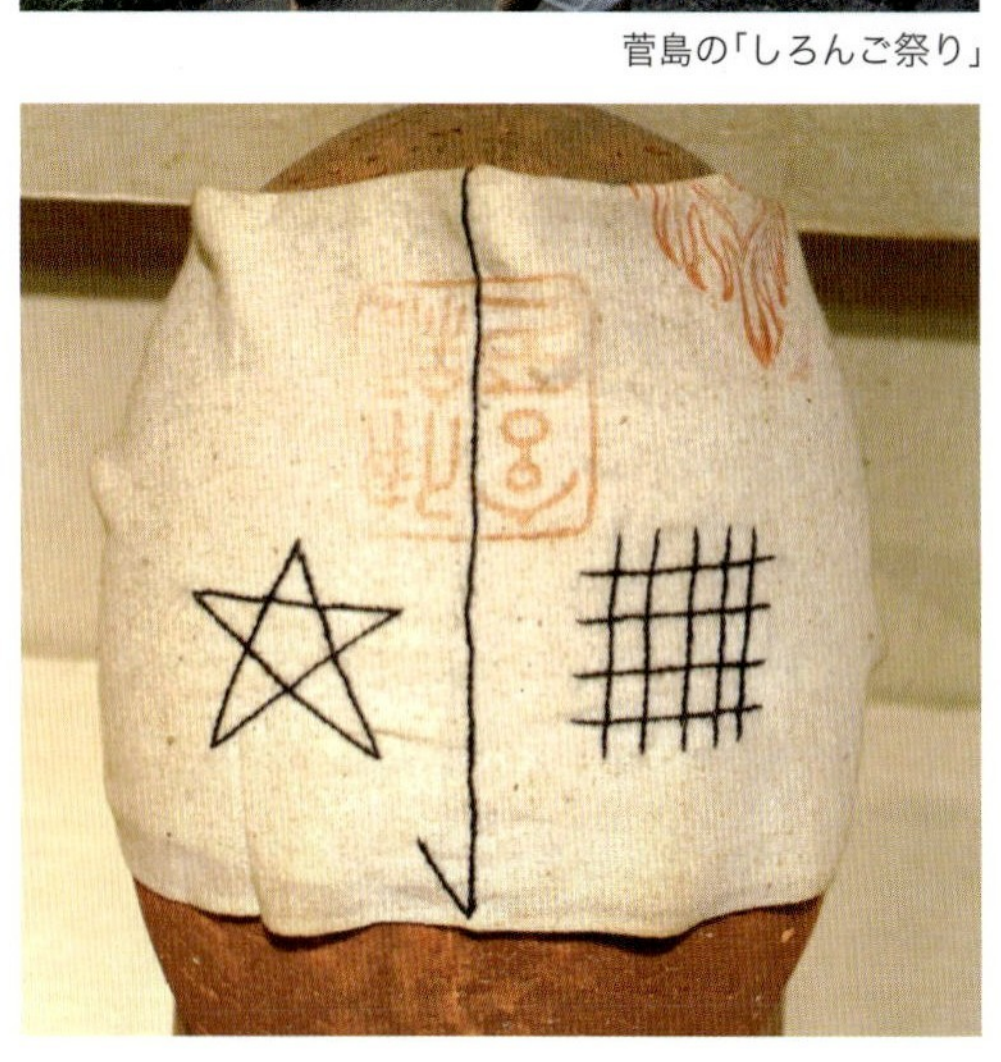

魔よけの印が入った磯テヌグイ

（© 海の博物館）

女は海神に祈る。海女は今も、海を畏怖する。

恐ろしいのは海の気象ばかりではない。磯部伊雑宮の御祭の日には、サメがお宮詣りに来るので海女は海へ入らないことになっている。漁の間にサメに襲われることを恐れてのことである。

昔は未知のものがすべて「魔物」と思えた。それらをひっくるめて「災い」と考えられた。そのため災いをもたらす「魔物」を鎮めてくれるよう海神を祀り、海神に願うため祈りを捧げ、海神を喜ばすため祀りをおこなった。海女は常に「魔物」から守る魔除けに「ドーマン・セーマン」の呪符を、海神の守り札とともに身につけている。

## 海女の歴史

海女文化のすごさは、なんといってもその歴史と継承されてきた伝統にある。大量に出土した大型のアワビ殻など、考古発掘の成果から、海女の歴史は日本列島で五〇〇〇年以上と考えられているが、その担い手が女性である確たる証拠はみつかっていない。志摩半島では、およそ三〇〇〇年以前の白浜遺跡（鳥羽市浦村）からアワビ殻とアワビを岩から剝がすためのアワビオコシという鹿角製の鑿状の道具が出ている。男性だけで潜水漁がおこなわれていたとは考えにくく、この頃から海女漁が存在したことは間違いなさそうだ。それ以降、海女は間断なく存在してきたと推測される。

文字から海女の存在が確かめられるのは、奈良時代以降である。『万葉集』のなかの山上憶良（六六〇？〜七三三？）の「沈痾自哀の文」に「潜女」を取り上げて、「女は腰に鑿籠を帯び深潭の底の潜き採る者をいふ」と、潜水する「女」が出てくる。また、「伊勢のあまの　朝な夕なに潜くといふ　鰒の貝の片思ひにして」ほか多数の歌があり、「あま」への関心も高かったようである。この歌は、アワビが二枚貝の片方しかないようにみえるため（実際にはアワビは巻貝の一種）、片思いの比喩に使われているのである。「伊勢のあま」とあるが、当時、志摩国は伊勢国の一部と認識されていた。その後の時代でも、志摩は伊勢と混同されることが多い。いずれにしても、たいていの万葉歌人は実際に海女をみてはおらず、暗喩を用いつつ、想像で詠んでいるものがほとんどである。

古代には、アワビは宮廷、貴族、伊勢神宮において高級食材あるいは神饌（しんせん）（神棚に供える供物）として重視され、アワビの獲り手である海女は大切にされた。九二七年に成立した『延喜式』には、「伊勢国供御贄潜女三十人」に「衣服料」として「稲二千七百七十三束」を与えるとした記載がある。

　平安時代、清少納言が著した『枕草子』には、海女の潜水する姿が描写されていて、今日と変わらぬ光景で、興味深い。

　清少納言は男を怒っている。

「海はなおいとゆゆしと思ふに、まいてあまのかづき入るは憂きわざなり。腰につきたる緒の絶えもしなば、いかにせんとならん。男だにせしかば、さてもありぬべきを、女はなほおぼろげの心ならじ、舟にをとこは乗りて、歌などうち謡ひて、この栲縄（たくなわ）を海に浮けてありく、あやふく

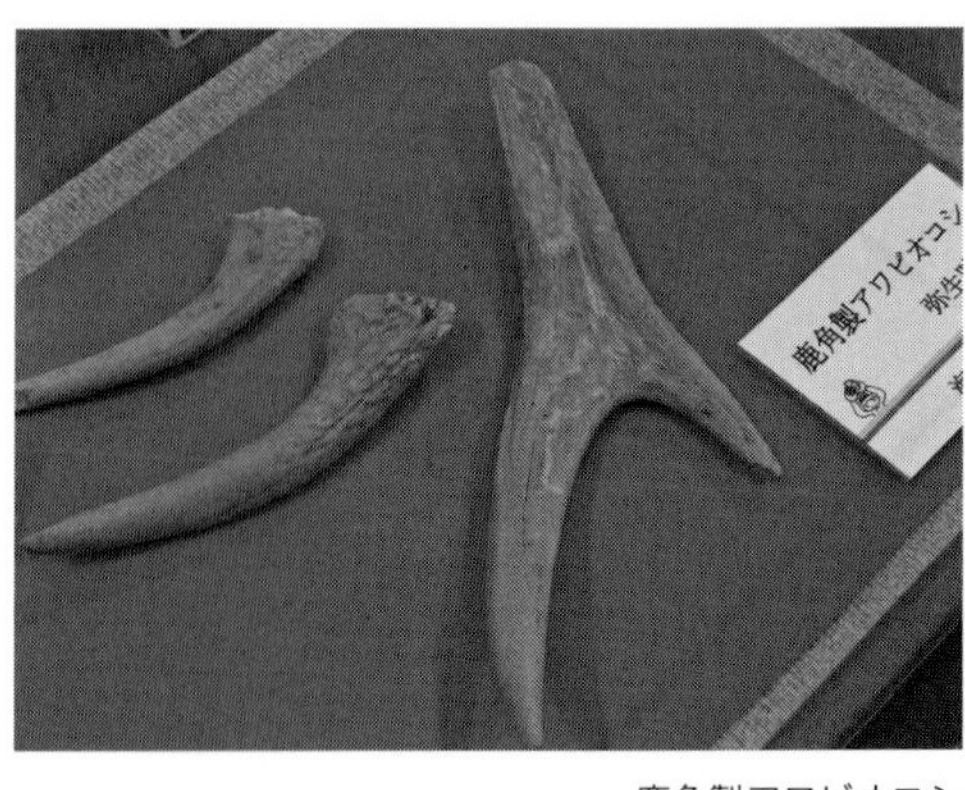

鹿角製アワビオコシ

日本山海名産図会「伊勢鰒」

三重県水産図解
（© 海の博物館）

うしろめたくあらぬにやあらん（海はそもそもが恐ろしいのに、海女が海に潜り、獲物を獲る作業は、辛い作業だ。腰に付けた命綱が切れてしまったならば、どうしたらよいのだろう。男であっても不安でならないだろうに、まして女の身でおこなうのは、さぞ心細いことであろう。それなのに舟の上の男は、海女の命綱を持ちながら鼻歌など唄っている、けしからんことだ）」といきまいている。

彼女は幼い時、父親とともに任地の周防国へ赴いた。その時に、隣国長門国で海女漁を見物したのであろうか。『枕草子』に描かれた海女の様子は臨場感にあふれ、実際にみた経験がなければ書けない内容である。貴族の娘がこのような光景を実見することは極めて稀だったと思われるだけに、興味深い文章である。

古代にも近世にも、海女の歴史を知る手がかりはあるのだから、当然、中世にも海女が存在していたのは間違いないのだが、志摩半島において、その存在を知らしてくれる地域の文書はわずかである。

一つは、『倭姫命世記』に「倭姫命は御船に乗り、御膳御贄処を定めた」「嶋国の国崎嶋に幸行し、朝御饌、夕御饌と詔して湯貴潜女等を定めた」とある。また、片田（志摩市）『三蔵寺世代相伝系譜』に海女と思われる二一歳の娘が磯で「溺死」した記事がある。

志摩半島の話ではないが『源平盛衰記』（一二三三）には、壇ノ浦で平家が滅んだ時、安徳天皇とともに海底に沈んだ宝剣を探すため「蜑（海女）」の老松若松という親娘が、義経のもとに呼ばれて海底に潜る記事がある。そのほかに『夫木和歌抄』（一三一〇）には、海人、海、磯、貝などの巻に多く「あま」が詠われている。

海女が絵に描かれるようになるのは、菱川師宣（一六一八～一六九五）の浮世絵が最初といわれる。以後はさかんになり、とくに一九世紀になると伊勢の二見が浦を背景にアワビを獲る海女が何枚も描かれる。江戸でも江の島などで船遊びする人々が海女を見物する絵が浮世絵に刷られた。好奇な見世物として海女が意識され出したことがうかがえる。貴人たちの海の遊びでは、海女の潜水漁を見物するのが定番だったらしい。

『日本山海名産図会』（一七九九）には「伊勢鰒」の図があり、あきらかに女性の海女が潜っている図がある。この構図は、浮世絵にもそのまま用いられた。他に貝原益軒『大和本草』や『訓蒙図彙』にも女性の「あま」の図があって、今日でいう図鑑にも海女が載るようになった。

志摩半島では『志陽畧誌』（一七一三）に十九ケ村に海女のいることが書かれ、『享保一一年差出帳』（一七二六）には、志摩の海女が房総半島などへ出稼ぎに行っていること、海女の季節ごとの獲物や、男の漁師との関係なども記されている。

一八八一（明治一四）年に内国勧業博覧会開催に際して三重県が作成した『三重県水産図説』と、それを基に詳細な解説を施して二年後に作られた『三重県水産図解』には、「蜑婦」の絵が計三枚載っている。この絵によってほぼ正確に、当時の海女の潜水操業や休息の様子そして立姿が描かれている。明治初年には、外国人が持ち込んだ写真機が海女を撮るようにもなった。時をおかずそれは絵葉書に印刷され、人気があったようだ。

明治政府の殖産興業を旗印とする経済政策の下、海女の遠隔地への「出稼ぎ」もさかんになった。三重県の海女は、国内では北海道から九州まで、さらに朝鮮半島や済州島、鬱陵島へ出かけるようになった。干鮑や寒天の材料となるテングサが中国向けの輸出品となり、需要が拡大したためである。出漁規模が大きくなると都会の商人らに雇われて出漁するようになるが、当初は志摩の村で船を仕立て、櫓を漕いで瀬戸内海経由で玄界灘を越えておこなった。大戦中、一時止んだ海女の「出稼ぎ」は戦後しばらく伊豆や日本海側へ出たが昭和三〇年代には止んだ。

## ユネスコ無形文化遺産への道

二〇一四年に「鳥羽・志摩の海女漁技術」が三重県の無形民俗文化財となり、二〇一七年には国の重要無形民俗文化財に格上げとなった。その先はユネスコ世界文化遺産である。その経緯を記しておこう。

二〇〇七年のことだったと思うが、韓国済州道で開かれた「韓日海女シンポジウム」に、日本の海女二人と同行して参加した。私は日本の海女の現状を話し、海女たちは操業のことや暮らし向きについて話した。その最終日に、一人の幹部と思われる先生から、韓国は海女をユネスコの（世界）無形文化遺産へ登録しようと行動を開始しているが「日本も一緒に活動しようではありませんか」と誘われた。私はそくざに同意し、ともにユネスコ無形文化遺産を目指して進もう、と表明した。ただし、日本の海女は各県ごとに分散しているので、各県の人たちの結集を図らなければならず、そのための時間が欲しいと伝えた。

二〇〇九年に第一回海女サミット「日本列島海女さん大集合」を鳥羽市の海の博物館で開き、当時日本に居た二二〇〇人の海女のうち二〇〇人以上が集まって「ユネスコ無形文化遺産」を目指して進むことを宣言した。この時には済州島の海女八人も招待した。海女さん同士の交流をはかるとともに、三重大学と連携して海女に関する学術的な報告会もおこなった。海女サミットはその後も開催を続け、すでに一〇年が経っている。

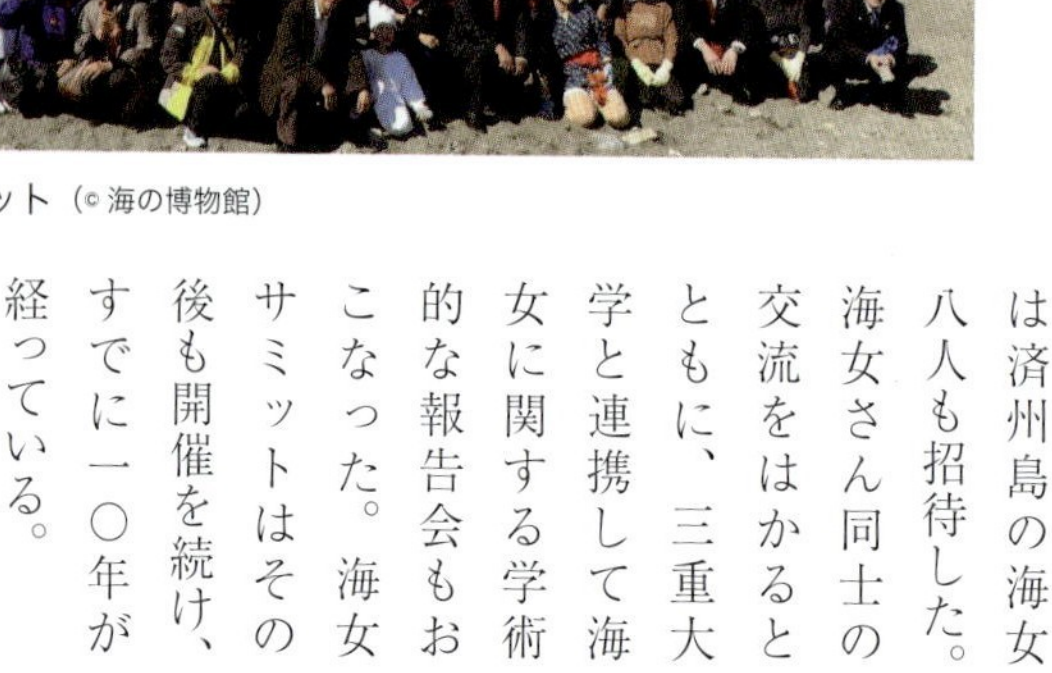
海女サミット（© 海の博物館）

二〇一六年一一月に、韓国済州島の海女が単独でユネスコ無形文化遺産に登録された。日本は国の指定をとることがユネスコ無形文化遺産へ申請する条件だったため、同時の登録はかなわなかった。だが日本も申請へのスタートラインに立っている。

海女文化振興の活動を始めた頃、よく「海女ってなにものか」と問われた。最近は「海女がどうしてユネスコ無形文化遺産になれるのか」と、問いは少し変わった。二〇一三年にNHKの連続テレビドラマ『あまちゃん』で世間に海女の存在が知られるようになった後、伊勢志摩で開催された先進国首脳会議（サミット）で「素潜りで漁をする海女」は、世界から集まったメディアの注目を浴び、一気に知名度を上げた。

## 海女のすばらしさ

海女は、どのような点でユネスコ無形文化遺産になるだけの価値を有しているのだろうか。

もっとも大事な要素は、自然との共生である。現代は高度な科学や先端技術を優先するあまり、人間の伝統技術や自然と共生した生産や暮らしを軽視する社会になっている。

同じ第一次産業でも農業、林業は人工化、機械化が進み、自然への依存の度合いを著しく少なくしている。それに対して漁業は、まだ大きく自然に頼っている。

海女は自分自身の身体を頼りに、潜水機器を使うことなく、自然を相手に仕事をしている。波浪、海流、潮の干満などの海の状況を熟知し、獲物の種類、生育度合い、棲息場所などの知識も蓄積している。そして、われわれが食物連鎖とか生態系とか呼んでいる海の動植物の複雑な相互関連性を、本能的に、あるいは経験的に知りつくし、無意識ながら守ってきた。海藻類は海女漁の重要な獲物だが、だからといって採りすぎることはない。海藻類がつくる海中林＝「海の森」が多くの魚介類の幼稚仔を育て、アワビやサザエが海藻を餌にして育っていることを、知っているのである。

海女漁の原則は、「採りすぎない」ことである。アワビは産卵できる大きさになるまで獲らないし、産卵期は漁を禁止している。アワビの餌となるアラメは刈り採りすぎない。「拾いアラメ」といって、台風等の荒波によって引きちぎられ、波打ち際へ寄せられたアラメを拾うことしか許されなかった時代もある。

貝も海藻も、獲物ごとに「口開け（操業開始日）」を設けて、漁期を制限する。一日のうちでも、時間を区切るという自己規制を課してきた。明治以降に新たに導入された水中メガネも、当初は乱獲を恐れて多くの村で使用を控えた。ウエットスーツも、一家に一着とか、ゴムの厚さを定めるなどの制限が加えられるのが一般的で、村によっては足ヒレを含めて近年まで装着を禁じていたところさえある。すべて、獲物を獲りすぎないための約束事である。このルールをお互いが確認し合って守ってきたからこそ、海女は信じられないほどの長い歴史を生き抜いてきたのだ。

漁村の暮らしは海の自然資源に頼っているかぎりで豊かであるが、ひとたび乱獲や汚染や環境変化が起こると、危機にさらされる。海女の対象とする漁獲物はすべて移動性の少ない動植物であるから、乱獲されやすい。江戸期以降、たびたび海女漁村は乱獲寸前の危機を経験してきた結果、明治以降になるとより一層厳しく、操業や漁獲法にさまざまな規制を設けて過剰な漁獲を制限してきたのだ。その結果、現在の「素潜り漁」の海女漁が、資源を長く維持するために最適な方法であることが理解されるようになってきた。そして、近年持続可能な暮らし方が求められるようになって、海女漁はあらためて脚光を浴びることとなってきた。

　現代の漁業は疲弊がはなはだしいが、あえていえば、今求められているのは目先の漁獲量の確保ではなく、「漁場」の回復であろう。そのために、まず藻場の回復が優先されなければならない。藻場こそが海の生態系ピラミッドの底辺を支えているのだ。

海女（© 海の博物館）

　どれほど魚を獲っても魚が湧くように来た、昔の夢を追ってもしかたがない。現状から再出発するしかない。持続する漁業を支えていくのは、数千年を自然体で生き抜いてきた、海女をおいてほかにいないであろう。長いあいだ歴史・文化を形作り、持続させてきた底力が、海女にはある。海女文化は、単にその希少な存在や物珍しさで、注目されるべきものではない。海女は自然の恵みを熟知している。同時に、自然の脅威も知り尽くしている。だからこそ、自然に従って、自然とともに生きるすばらしさを知っている。そして、たくましくほがらかに生きている。

　海女は総じて、底抜けに明るい。漁民に共通する性格だが、とりわけ海女は、その大声とともに小さな物ごとにこだわらず、たいていのことは笑い飛ばしてしまう。

　厳しい自然相手のなりわいだが、多くの海女は、仕事が楽しい、海が好きだ、という。八〇歳を過ぎても海に出たがる海女は、少なくない。自分の肉体を精いっぱい使い、自分で判断をし、海の中を自由に楽しんでいる。こんな働き方が、まだ現代にある。

　彼女たちは、漁の獲物が自然のもたらす結果であり、自然に逆らっても何も得られないことを、よく知っている。だから海女は怒らない。自然のもたらす結果を、素直に受け止める。恬淡（てんたん）とあるがままを受けいれている。

海女は、女性ならではの海と漁への適応力がある。近年は男海士が増えているが、出漁した一日だけをみれば海女より漁獲量は多い。しかし、一年を通してみるとけっして海女より極端に多いわけではない。海女には持続力がある。粘り強く、根気よく働き続ける。仲間同士の協調性もある。好きだから潜っていると思っている。そこには、海女であることを楽しむ気持ちが根底にある。

海女たちは個々に潜るが、実は共同体の絆の下で漁がおこなわれている。出漁日は集落の全ての海女ができる日におこなう。どこかの家で葬儀があれば、その日は休漁となる。結婚式や入学式、出産があっても、漁は休みだ。海女や海女漁は、昔も今も、漁村共同体を結束させ、維持する役割を果たしてきたのだ。

四面環海の日本列島から、海洋の文化が一つずつ消えていっている。過疎化が進む海辺の村から、伝統漁撈や祭り、習俗が消滅し続けている。最後の砦として、「海女」を守りたい。海の環境を守る旗手として、海の第一次産業を再生・復活させる担い手として、新しい役目を担う海女の復活を、支援して欲しい。

3

# 水産業の衰退は和食の衰退？

嘉山定晃（長井水産㈱代表取締役）

## はじめに

日本の領土面積は約三七・八万平方キロ、世界で一位のロシアの約一七一〇万平方キロ、二位カナダの約九九八万平方キロからはるかにはなれて六一位である。これに対し、領海および排他的経済水域（ＥＥＺ）は、一位の米国の約七六二万、二位のカナダ約七〇一万、三位インドネシア、ニュージーランド、カナダに次ぐ第六位で、総面積は約四四七万平方キロである。領土面積は六一位に対しＥＥＺと領海の面積は六位と、いかにわが国が海洋国家であるということの証でもある。この広大なわが国のＥＥＺと領海には、多くの海洋生物資源や地下資源が分布している。最近では深層水などの需要から、海水すら資源といってもよいのかもしれない。

わが国の東側に位置する北西太平洋は、世界三大漁場の一つに数えられ、栄養素を豊富に含んだ寒流の親潮が、南から流れてくる世界最大の海流である暖流の黒潮にぶつかり潮目を形成する。その潮目には動物プランクトンが大量に発生し、それを食べる小魚マイワシ、サンマ、さらにその小魚を餌とするカツオ、サバ、マグロ等の多種多様な魚が集まる。他の世界三大漁場は、高緯度に位置しているものの暖流である北大西洋海流が流れる北東大西洋海域（アイスランド沖・イギリス沖・ノルウェー沖）。メキシコ湾流とラブラドル海流がぶつかる北西大西洋海域（カナダ沖・アメリカ沖）。また、最近では南東太平洋のペルー沖も世界三大漁場にあげられている。

これらの海域に共通している点は、はっきりとした潮目が存在するか、もしくは、大陸棚に海流があたることでは湧昇流（深層から表層に湧き上がる海水の流れ）が発生する点

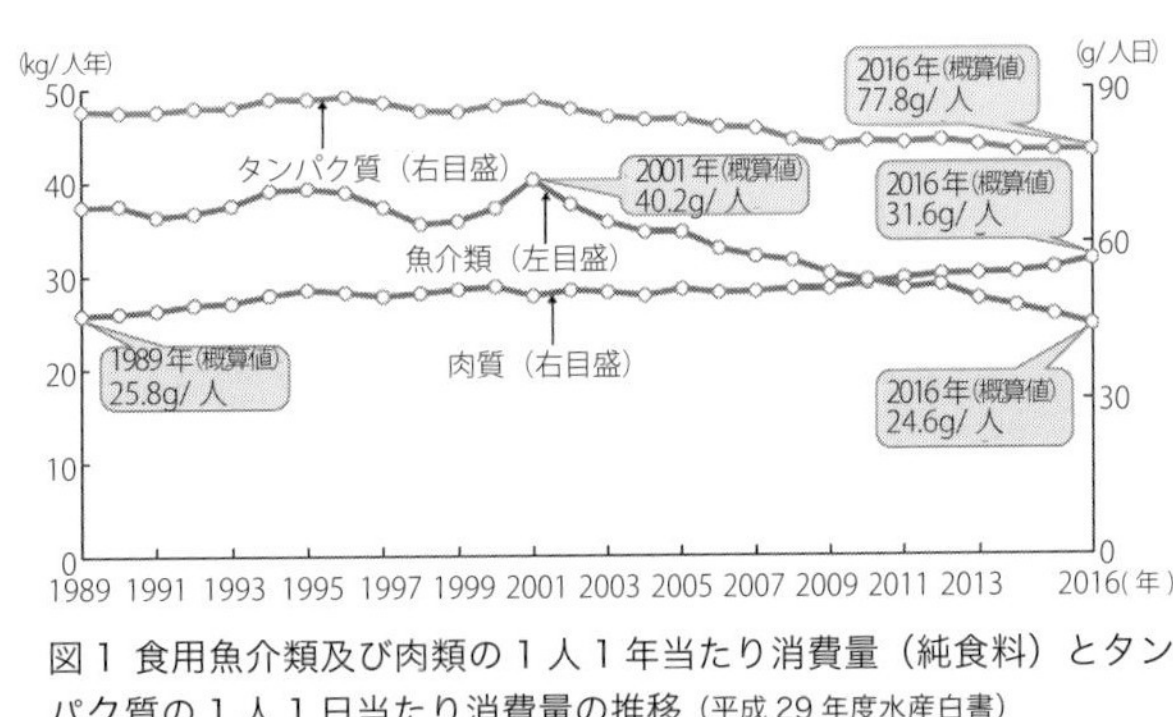

図1 食用魚介類及び肉類の1人1年当たり消費量（純食料）とタンパク質の1人1日当たり消費量の推移（平成29年度水産白書）

である。宇田道隆の潮目漁場論では、潮目には多くの魚類が集まると紹介されている。わが国の東に位置する北西太平洋には、世界最大の暖流である黒潮と寒流である親潮が接触する潮目が存在し、この海域は混合域、黒潮・親潮続流域と呼ばれ、東北沿岸海域から東経一六〇度程度の海域まで達している。さらにわが国には対馬暖流とリマン海流が接触する潮目の海である日本海も存在する。この日本海には大和堆などの堆（水深が急激に浅くなる海底地形）が存在し、湧昇流が発生することによって周年を通して多くの水産物が漁獲されている。

このように好漁場に囲まれたわが国は、温帯に位置することで四季があり、春夏秋冬、多種多様な色とりどりの魚介類が全国各地津々浦々の漁港で水揚げされている。

## 日本と世界の魚介類消費動向

前述したようにわが国は世界でもっとも水産資源に恵まれた国であり、これほど恵まれた国は他にないといってもよいと考えられる。しかしながら、一九八四年のわが国における漁業・養殖業生産量は一二八二万トンであったものが、二〇一七年には四三〇万トンにまで減少している。さらに国民一人当たりの年間魚介類消費量は、農林水産省の食料需給表によると二〇〇一年の四〇・二キロをピーク二〇〇六年には二四・六キロに減少し、二〇一一年以降、肉類の消費が魚介類を逆転している（図1）。そして、水産白書でも記載されているように子どもの頃と現在で魚介類を食べる量はどうなったかと聞くと、減ったという人が増えたという人より多くなっている。理由としては、価格の上昇、魚介類品質の悪化、調理が面倒、ゴミ捨てが困難、料理時の匂いと煙があげられている。これらの理由を一つ一つ解決していくのが魚食普及であるが、すべて解決するのは難しいと考えられる。また、年齢階層別の魚介類の一人一日あたりの摂取量によると、年齢が低くなるほど魚介類摂取量は低くなり、今後、将来的にも魚離れは進行してしまうことが予想できる（次頁図2）。

現在、海洋国家であるわが国の国民は魚よりも肉を多く食べているというような状況に陥っている。これに対し、近年、海外では魚介類の消費は増加傾向にあり、その背景には魚介類消費量の多い国ほど平均寿命が長く、わが国が世界一の長寿国になっているのも、海外の人々からしてみると、魚食が大きく影響しているのではないかと考えられはじめている。国際連合食糧農業機関（FAO）が示した年間一人当たりの魚介類消費量においても二〇〇四年六三・二キロで一位であったわが国は、二〇一三年には四八・九キロで七位となり、香港、ミャンマー、マレーシア、ポルトガル、韓国、ノルウェーに抜かれた。これらの国際動向による魚介類の需要増加のため、二〇〇六年頃から水産分野での国際市場において、日本は他国より買い負けの傾向が強くなっており、わが国の魚介類の輸入環境は著しく悪化してきている。

また、日本の和食は二〇一三年にユネスコ無形文化遺産に登録され、世界的にも注目され認知されるようになってきている。さらに海外での寿司店を含む和食レストランは二〇〇六年の二・四万店から二〇一七年には一一・八万店に増加してきている。このように、現在、世界的に人々は魚食や和食に向かっているのに対し、わが国の人々は魚食に向かっていないという現象が起きている。

極端にいうなら、目の前の海には世界が欲している豊かな水産資源がある。しかし、わが国の国民はその水産資源よりも海外の肉類を欲しているということになる。この世界と日本の動向がさらに進行すれば、現状ではわが国は水産物輸入国であるが、将来的にわが国は海外の水産物では国内市場の低迷で買い負けに陥ってしまい、海外の水産物を第一に食べることができなくなる。さらに国内の水産物においても海外の国々に市場で買い負ける可能性も高くなる。そして、水産物の輸出が増加するとともに国内の水産物の価格はさらに上昇し、わが国は水産物輸入国から水産物輸出国となる可能性が考えられる。このような状況に陥ってしまうと、国内の水産物でさえもわが国の人々が食べられなくなることも考えられる。

現在進行中の実例をいくつかあげてみると、わが国の

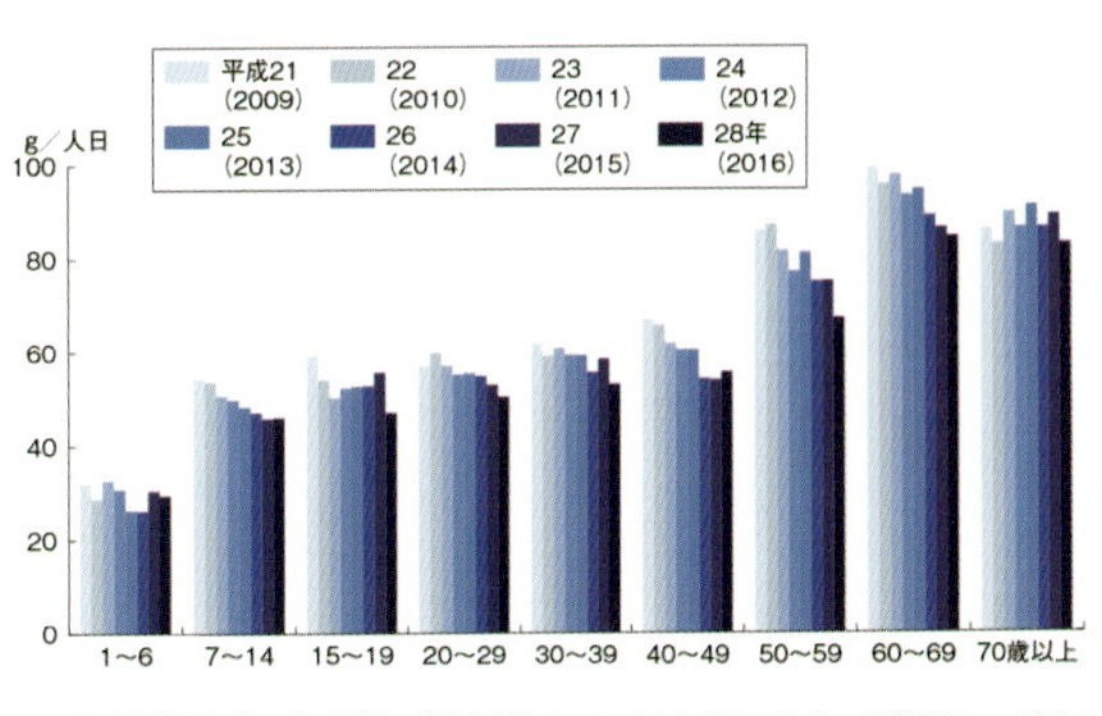


図２　年齢階層別の魚介類の摂取量（厚生労働省「国民健康・栄養調査」：グラフ水産庁作成）

水産物として輸出金額が一番多いホタテについては、現在のところ中国やアメリカ向けが六割程度を占め、それにアジアの国々が追随しているという形であるが、和食はもとより中華料理、アメリカでの料理にも多く利用されているホタテがヨーロッパの国々や世界中の国々の料理に適応しないとは思えない。さらに日本のホタテは、貝柱が大きく海外のホタテよりも可食部が大きいことから人気があるという。世界中で日本のホタテの需要が高まり価格が高騰した場合、海外向けの輸出価格が国内消費価格を上回りそのほとんどが輸出され、国内でホタテを手軽に食べることのできない日がやってくるかもしれない。

国産のアワビについても中華料理の高級食材として需要が高まっており、香港での干しアワビ市場において価格が上昇している。現在、国内で獲れた干しアワビになるような大型のアワビは、そのほとんどが大陸へ輸出され国内消費は少なくなっている。さらにアワビは磯焼けを主な原因として、天然資源が著しく減少してしまった。神奈川県では二〇一〇年頃でさえ漁獲されたアワビの九五％が放流個体であり天然個体はほぼ存在しないのではないかといわれていた。

塩焼きなどでわが国の人々に大変人気のあるタチウオについても、現在のところ、大型のものは国内消費価格が輸出価格を上回っているものの、小型のタチウオについては輸出価格が国内価格を上回り、多くのタチウオが海外に輸出されるようになっている。冬が旬のブリにおいても、少しでも旬をはずれてしまい、旬でない時期に漁獲がまとまってしまうと、国内消費価格が海外への冷凍輸出価格を下回り、多くのブリが加工冷凍され輸出にまわっている。

現在、幅広く利用され国内で多く消費されているツナ缶の原料であるビンナガ、キハダ、カツオについて考えると、かつて国内消費のツナ缶の主要原料であったビンナガは、海外でのツナ缶原料価格が国内ツナ缶価格を上回ったため、現在は多くのビンナガが輸出に回るようになっている。これにより国内のツナ缶の多くの原料はキハダになってしまっている。このままでは国内で漁獲され、一番おいしいツナ缶の原料であるビンナガは、海外に輸出されツナ缶となり海外で消費されていき、わが国のEEZでない熱帯海域で漁獲されたキハダが国内のツナ缶原料の主流になると思われる。さらに、もしも将来的に熱帯海域でのキハダ資源が減少方向に向かえば、漁獲規制などから国内へのツナ缶原料が不足する。

そのような状況になったと仮定した時の代替え原料として最終的に考えられるのがカツオであるが、太平洋において多くのカツオはキハダと同じ熱帯海域で漁獲されており、キハダと混獲されることも多いことからキハダ同様に漁獲規制が行なわれると思われる。日本近海で漁獲されているカツオについても、太平洋における分布の縁辺域にあたることから、近年、漁獲量が低迷しはじめてきている。そして、缶詰製造について考えてみても、国内より海外のほうが低コストで製造できて同時に海外の方が高く売れるのであれば、そのほとんどのキハダやカツオが輸入されることなく、海外で缶詰として製造され海外で消費されると考えられる。将来的にこれら悪条件がすべて重なれば、国内でツナ缶を食べられなくなることも考えられる。

このような背景から日本の水産業界は、現在、歴史上、最大の窮地に立っているのかもしれない。以上のことから、わが国がほこる豊かな日本の魚食文化と旬を紹介しながら、自分が思う日本人の豊かな食生活のあり方を考えたい。

## 魚食普及活動

このような国内での魚離れや資源減少、さらに人口減少などが追い打ちをかけ、国内水産業は価格低迷・市場縮小という厳しい現状に直面している。この現状を打開しようと二〇〇五年に農林水産省は食育基本法を施行し、水産関係ではおさかなマイスター、シーフードマイスター、日本さかな検定、魚食検定などの認定資格が創設された。また、水産庁としても「魚の国のしあわせ」プロジェクトの一環として、魚食文化の普及・伝承に努めている人を水産庁長官が「お魚かたりべ」として任命している。これらの有資格者は魚食普及活動を積極的におこなっているものの、すぐには成果が目にみえてこないことが有資格者の共通の認識となっている。しかし、積極的に活動している有資格者たちはもともとが魚好きであり、普及活動に労力を惜しまない。彼らはこのようなわが国の魚食事情に危機感を抱いていることから、いろいろな方面からバックアップしていくことによって、わが国の魚食がよい方向に向かう可能性も考えられる。

また、家庭での魚介類消費は減っているものの、外食での魚介類消費については減っていない。このことから、単なる魚離れではなく、魚介類を調理することから離れている魚調理離れではないかという考えもある。水産庁はこの魚調理離れをなんとかしようと「魚の国のしあわせ」プロジェクトをはじめた。二〇一二年には「ファストフィッシュ」という簡単に調理できる水産加工品を認定してリストアップし、魚介類消費拡大につなげようとしている。全国漁業協同組合連合会においても、魚介類の本当のおいしさを消費者に伝えることが、魚食普及に不可欠であると考え、二〇一四年度より地域や季節ごとに漁師みずからが自信をもって勧める魚介類を「プライドフィッシュ」として選定・紹介する取組みをはじめた。しかし、魚介類消費量は急激に上昇するまでには至っていないのが実状である。

学校での食育の一貫として、給食への魚介類使用を地方自治体や漁業協同組合が進めているが、学校給食にはたくさんの制約がある。例えば、焼魚では切り身が平等に同一サイズでなければならないこと、骨があると事故につながってしまうこと、さらに予算は少なく、メニューと見積りをかなり前から決めなければならない。安全性ということで生食は提供できるはずもない。このようなことから、現在のところは広く魚介類を学校給食に普及させるのは困難といえるが、一つ一つ解決していけば学校で魚を食べられる日がくることも考えられる。

しかしながら、行政が短期間では結果のみえにくい魚食普及政策をおこなっていること、それだけでも過去にない画期的なことであると考えている。そして、魚食普及活動とは長い期間をかけて地道に活動し、数十年越しで成果があらわれるのではないかとも考える。

## 和食における旬の多様性

### 一年間で旬が二回あるカツオ

魚介類の旬とは、もっともおいしく流通量の多い時期である。魚類の旬は、基本的には繁殖のために栄養を身に蓄え脂肪含有量の多い時期とされている。豊かな水産資源を誇るわが国には、四季を通してどの季節にも旬の魚介類が存在している。しかし、これがすべての旬という訳ではなく、文化的に培われてきた旬もある。

例えばカツオについては一年のうちに旬が二回ある（次頁図3）。春から初夏にかけての初カツオと秋の戻りカツオである。後者の戻りカツオは、前述した脂肪含有量が一番多い時期に当たり、基本的な魚介類の旬にあたる（次頁図4）。これに対し、初カツオは脂肪含有量が少なく通常の旬とはいえない（次頁図5）。しかしながら、江戸時代、初物を食べると寿命が延びるとする逸話や、初物はかっこいいと考える江戸っ子の粋に通じる点から、大田南畝の書によると文化九年（一八一二）三月、日本橋魚河岸に初カツオが一七本入荷した時、六本は幕府が買い、三本は二両一分で八百善が買い、八本は魚屋へ、その中の一本を中村歌右衛門が三両で買い、大部屋の役者に振舞ったという逸話がある。三両とは現在の貨幣価値に換算すると、一両九万円だとすれば二七万円になる。一尾二七万円のカツオと考えると、中村歌右衛門が粋な計らいでみんなに初物である初カツオをごちそうしたと考えられる。これらのことから初カツオは文化的に生まれた旬であるといえ、古くからの文化と食文化が融合してできた旬であると考えられる。このような文化的な旬は、土用の丑の日のウナギ、節分のマイワシ、桃の節句のハマグリなど多種多様にある。

## 和食の調理技術による旬

自分はイカ類の旬について非常に興味深いことであると考えている。イカの甘味を基本としたおいしさは、成長過程にある幼魚期に高いと考える。しかし、イカの王様といわれているアオリイカの旬は、成魚期にあたる初夏とされている。これは寿司種として利用する部分が胴である外套膜であり、大きい個体ほどこの部分が多く、寿司種として利用できる割合が多くなるからである（六一頁図6）。しかしながら、西日本ではアオリイカは通称ミズイカと呼ばれ、大きな個体は大味で水っぽくケンサキイカと比較して、おいしさが少なく身が厚くなり硬くなってしまう。この大味で水っぽく硬い特徴をクリアするために、江戸前寿司では寿司種に細かく包丁を入れるなどの工夫をし、口のなかで噛んだ際に噛みやすくおいしさと甘みがでるように一工夫しているのではと考えている。これは日本の和食文化による技術がおいしさを引き出し、古くからの和食の技術が創り上げた旬といってもよいと思う。

## 和食によるうま味の相乗効果

うま味とは実際に食べ物を食べた時においしいと感じることである。和食ではこのうま味を「出汁がでている」と表現する時もある。一般的にうま味物質とは、グルタミン酸、イノシン酸、グアニン酸とあり、グルタミン酸は昆布や野菜などの植物性のものに多く、イノシン酸はかつお節や肉類に含まれている。また、グアニン酸は干しキノコ類に含まれている。和食ではあまりにも有名なのが昆布出汁とカツオ出汁であり、そのうま味はグルタミン酸とイノシン酸である。これらの昆布出汁とカツオ出汁を組み合わせて出汁を取り、うま味成分を飛躍的に創り出す効果をうま味の相乗効果と呼ぶ。このうま味の相乗効果は一九六〇年代に学術的に発見されたが、和食では古くからこのうま味

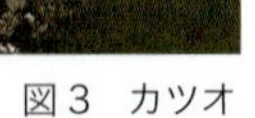

図3　カツオ

図4　戻りカツオ

図5　初カツオ

の相乗効果が利用されており、昆布出汁とカツオ出汁の歴史から考えると、カツオ出汁をとるかつお節は大和朝廷の時代に全国各地へ貢物として納めさせた記録があり、昆布出汁は文字として表れるのは西暦七〇〇年代になってからであるが、歴史を総合的に考えてみると、そのはるか以前から利用されてきたことは明白である。このように和食は古くから出汁を使って発展してきた食文化である。うま味の相乗効果についても歴史的文献等までは存在しないが、和食において出汁によるうま味の相乗効果は、古い時代から利用されていることは確かであると考えられる。

図６　アオリイカ

しかしながら、前述したようにカツオの資源が減少し、かつお節を生産することが困難になり生産量が減少し、昆布についても地球温暖化が進むことによる海水温上昇によって生息海域が限られてしまい、生産量が減少してしまうことも考えられる。このような要因が重なり、かつお節や昆布の生産量が減少してしまうと、出汁によって発展してきた和食文化の継承が途絶えてしまう可能性もある。近年、世界的に認められ、世界中に広がってきた和食であったが、もし、和食文化の継承が途絶えてしまった場合、これはわが国の人々だけでなく世界中の人々の損失につながると考えられる。

## 日本周辺の魚介類と各料理

世界の水産業をリードしてきた日本の水産業の衰退は、その業界の衰退だけにとどまらず、日本の食文化、独特の和食技術の衰退に繋がるといっても過言ではない。基本的に江戸時代以前における和食のなかでの魚介類料理は、焼魚、刺身、煮付けであった。これらに共通することは、料理の際に食用油を使用しないことである。魚料理の世界でよく耳にする言葉であり、わが家の祖母、母と受け継がれてきた言葉に「一が焼きで、二が刺身、三は煮付けかな」とある。この言葉の意味として焼魚は鮮度がよく脂がのっていないとおいしくない。二の刺身は焼魚のように脂と鮮度がよいことはいいことであるが、脂がのってなくても鮮度がよければ醬油と薬味の味でそれなりのおいしさは保証できる。三の煮魚は酒で魚の臭みを取り、砂糖と醬油、味醂や味噌で味付けができるため、それほど鮮度と脂を気にする必要はないということである。

明治時代以降、食用油が使用されるようになり、和食に天婦羅やフライなどが出現した。これらは和食に素材とは別のもので脂質を加えた料理であり、脂肪含有量の少ない旬以外の時期であっても、脂質を加えることでおいしく食べられるようになった事例である。和食に対して中華料理、フランス料理、イタリア料理は食用油を使う料理でもある。これらの料理は日本でさらに発達進化を遂げていると思っている。なぜなら、日本人の高鮮度へのこだわりと日本周辺の豊かで脂の乗った水産資源により、外部からの食用油などは使わず、素材本来の味と脂で料理ができることである。これらの料理は日本においてよりよい素材を追求できるようになった。そして、世界の料理と日本周辺の水産物と融合したことによって、よりおいしい料理へと発展してきていると考えられる。

## これからの魚食普及

現在、豊かな水産資源に囲まれたわが国において、魚離れによる水産業の衰退をくい止めるためには、国民一人ひとりが魚介類をより多く食べることが第一条件であると考えられる。まず、魚介類を良く知ってもらうために、小学校から大学まで日本周辺の水産物の魅力を伝えるような授業をすること。その際においても外部講師として前述したような有資格者を活用したり、実際に海で漁業をおこなっている漁師、水産流通の現場で働く競り人や、毎日、自分の目利きで魚を選別している仲卸や魚屋に実情を話してもらうことも、学生にとってはよい刺激になると思われる。

魚介類の知識を楽しみながら学習し、親しんでもらうことによって魚食普及につなげていこうという事例もいくつかある。有名なところでは江戸時代より採取して楽しまれてきた遊びで「鯛（たい）の九つ道具」がある。九つ道具とは「鯛中鯛（たいちゅうのたい）」「大龍（だいりゅう）」「小龍（こりゅう）」「鯛石」「三つ道具」「鍬形（くわかた）」「竹馬（ちくば）」「鳴門骨（なるとほね）」「鯛の福玉」である。「鯛石」は平衡感覚や聴覚の機能をはたす耳石のことであり、炭酸カルシウムの固まりの石なので壊れやすい。また、脳を守る骨の中にあることから採取が困難である。「鳴門骨」は臀鰭近くの脊椎骨が肥大した物をさすが、この鳴門骨は生息域や大きさによって肥大しないこともあるという。「鯛の福玉」とは口の中に寄生するタイノエという寄生虫であり、みつけられるかどうかは寄生虫なのでいるかいないかは運次第ということになる。このようにすべて集めることは難しいことから、これらすべての道具を集めると「物に不自由しない」という伝えになったと考えられる。以上のことからお正月などのめでたい席で鯛の姿焼きがでてきた際にはみなで探し楽しまれてきたという。

「鯛中鯛」でもあり、硬骨魚類の胸鰭（むなびれ）を支える骨として魚類によく似た形の「鯛の鯛」は魚種によって形が異なる。鯛の鯛を多くの魚種からコレクションし、楽しむことで焼き魚の消費をのばす方法として有効ではないかと考えられ、イベントなどでおこなわれるようになっている。また、最近になっておこなわれるようになったのが、「鯛石」のような硬骨魚類の脳に近いところに存在する耳石を採取しコレクションする耳石ハンターである。耳石は魚種やその種の大きさによって形が異なり、形がいびつで壊れやすい。ハンターとはこの耳石を多くの魚種や異なる大きさの魚種から採取し、珍しいものをコレクションすることによって楽しみを見出だす物である。

シラス漁で混獲されてしまったシラス以外の魚介類を探しだし、分類などしてたのしむ「ちりめんモンスター」もいろいろなイベントで盛んにおこなわれている。これも珍しい魚種の稚魚やイカ・タコ・カニ・エビの幼生をみつけ分類することが難しいため、小学校高学年でよくおこなわれている。

このように魚介類の知識を楽しみながら深め、魚介類を食べ、消費につなげていく取組みをこれからの若い世代に定着させ、少しでも水産物の消費を伸ばさなくてはならない。そして、日本の魚食・和食が日本人の生活の中心になるような時代がくることを願いつつ、毎日、自分は魚介類の商いを生活の糧とし、よりおいしい魚をわが国の人びとに食べてもらえるよう努力している。漁業と資源管理についても各魚種の生態を明らかにし、さらに各魚種のかかわり合いや資源変動を解明することで、今後、よりよい資源管理政策がおこなわれるのではと考えている。

最後に自分は生まれてこのかた四三年間水産業の生産から流通、消費まで深く関わり、強いては研究もおこなってきた。以上のことから、日本の水産業に育てられてきたといっても過言ではないと思う。これらのことをふまえると、自分にとって水産業の衰退、和食の衰退をくい止めることは義務であり、一生をかけて努力していくべき仕事であると考えている。

# コラム◉日本人に愛された鰹節

船木良浩(一般社団法人日本鰹節協会事務局)

「和食とは?」といわれて、個々の料理名より先に、鰹節や昆布といった名前が挙がることが多い。和食料理の根幹となる出汁の要として種々料理に活かされてきたことによる。食の欧米化が叫ばれる昨今においても、「カツオダシ」や「鰹節」といったフレーズが製品にあふれているのは、長年にわたり日本人が好み、親しんできた味として揺るぎないものであるからだ。今回、鰹節の歴史、生産状況、日本鰹節協会の取組みなどを紹介する。

## 和食と鰹節

わが国は豊かな自然に恵まれた島国として、山や川、海からの恩恵を受けてきた。そのなかで農耕と貝や魚などといった魚食の文化を発展させてきた。こうして醸成された「和食文化」に寄りそうように鰹節は日本人に愛される食材として今日までともに歩んできたといえる。まずは、鰹節の発達に関し、焙乾技術導入を境にしてみてみる。

「堅魚」、これが『古事記』(1)に登場する鰹節の原形とされる。製品自体は単純にカツオを天日乾燥させたもののようだ。その後、『大宝律令』(2)『延喜式』(3)などにおいて、前者から改良された「煮堅魚」(煮てから天日乾燥し、保存性をより高めたもの)、その派生品ともいえる「堅魚煎汁」(カツオエキス)といった製品もでてきた。このように、鰹節は当時より保存性のすぐれた食材として親しまれ、さらに貢納品(納税品)の役割をもつ貴重なものとして認められていたのである。

また栄養豊富で携行性の高い鰹節は、小刀で削り、お椀で煮出して飲んだり、またそのままかじるといった現代のファストフードのように、武士の戦いの場でも重宝された。「勝男武士」といった言葉もはやるなど、縁起のよい食材でもあったのだ。

一六〇〇年代に入り、転機を迎える。天日での乾燥から薪でいぶす焙乾技術が採られ、現在でいう荒節が完成した。

この結果、食欲をそそる香気に包まれ、また保存性がかくだんに向上することになった。

その後、一八〇〇年前後において大阪から江戸といった海上輸送が発達していくなかで、輸送途中で荒節にカビ菌が偶然発生したことで、風味が一層増し、うま味が凝縮した枯節が誕生する。ここに他国にはない日本独特の食材として鰹節は完成にいたった。

さらに江戸文化の隆盛と相まって、文化面でもさまざまな形で寄与することになる。神様へのお供え物（神饌）として使用されてきたことで、民間でも贈答品や婚礼品（鰹節は背側の雄節、腹側の雌節とあり、二つ合わせると、夫婦節となる。またこの合わせた形が長寿を示す亀の甲羅に似て縁起のよいものとした）に欠かせないめでたい物となり、生活・風習に溶け込んでいったのである。

### 国際商材となったカツオ
#### —伝統を受け継ぎ、守る生産地

かつてカツオ漁の中心は紀州・印南（4）であった。紀伊半島の南端の潮岬周辺では、黒潮に乗ってイワシが押し寄せ、それを追う形でカツオやクジラが群来する絶好の漁場を抱えていたからである。印南漁民はカツオ船団を駆使し、群れを追って各地で活躍しており、カツオの扱いに一番手馴れた集団であったともいえる。この集団のなかから、鰹節の製造・伝播に多大な貢献をした三人の先人が輩出された。その一人、角屋甚太郎は焙乾技術を採り入れ、節作りに一大転機をもたらした。しかし、革新的なこの技術はすぐには広まることはなかった。

印南漁民はカツオを追って、土佐（高知）沖にまで展開していた。保管技術が発達していない当時、漁獲後の速やかな加工処理が求められており、鰹節も例外ではなかった。土佐にも寄港地を設け、一次処理施設を持っていたようだ。こうした付き合いもあって、土佐藩は真っ先に焙乾技術を取り込み、囲い込むことに成功したのである。

時を経て、この状況を打ち破り、鹿児島・枕崎に伝えた同じ印南の森弥兵衛、千葉そして静岡へ土佐（印南）與一が伝える。この三人の功績により鰹節作りは本格的に全国へと広がったとみる。

現在、鰹節生産地は、鹿児島県枕崎市（第一位）、同指宿市山川、静岡県焼津市の三大産地にほぼ集約されている。いずれも冷凍カツオの主要水揚港でもあり、先の伝播の流れをくむものである。近年の生産量の推移は、表1のとおりである。二〇〇五（平成一七）年に全国総生産量四万トンを超えていたが、近年では減少傾向にあり三万トン前後で推移している。ＢＳＥ（牛海綿状脳症）発生以降、世界的な魚食傾向が進み、缶詰需要が増大。カツオはマグロに替わる主要原料として国際商材へと変化し、原料調達に際してタイ・バンコクの原料相場に左右されるようになった。さらに鰹節生産者にとって、鰹節に適さない小型多脂質のカツオの増加、国内製品価格の低迷と絡みあい、厳しい生産環境に置かれている結果であるともいえよう。

表１　鰹節主要３産地（枕崎・山川・焼津）生産量および国内生産量（トン）

| | 主要３産地の生産量 (1) | 国内生産量 (2) |
|---|---|---|
| 平成 20 年 | 32,930(92.5) | 35,587 |
| 平成 21 年 | 33,831(94.0) | 36,005 |
| 平成 22 年 | 31,005(94.6) | 32,759 |
| 平成 23 年 | 29,403(94.2) | 31,202 |
| 平成 24 年 | 31,445(97.5) | 32,265 |
| 平成 25 年 | 30116(90.3) | 33,348 |
| 平成 26 年 | 29,014(97.9) | 29,649 |

(1) 枕崎、山川、焼津のデータより合算、() 内は、国内生産量に占める割合%
(2) 農水省発表の統計データ

　このほかの産地として、高知県は、現在、ソウダカツオを原料とした宗田節の主力生産地となり、鰹節生産者はごくわずかとなる。また千葉県はとくに鯖節の生産が強い。

**みて、さわって、楽しみながら食を学ぶ**

　最後に（一社）日本鰹節協会（5）の食育活動についてふれる。食育の考え方はいろいろあると思うが、以下の理由により鰹節は最適な食材の一つであると考えている。栄養豊富で良質な食品であり、また伝統食材として身近に親しまれ、かつ文化的な側面もある。加えて機械化など進んではいるが、基本的に昔からの製造工程を踏襲しており、カツオの原魚から製品化までの加工の変化が理解しやすい。

　こうした自負の下、協会（および傘下会員）は食育活動を行っている。従来の製造パネルの展示、小冊子の配布といった基本的なものに加え、「さわって、削って」といった体験できる仕組みを取り入れて、より興味を持って

分解できるカツオのぬいぐるみ

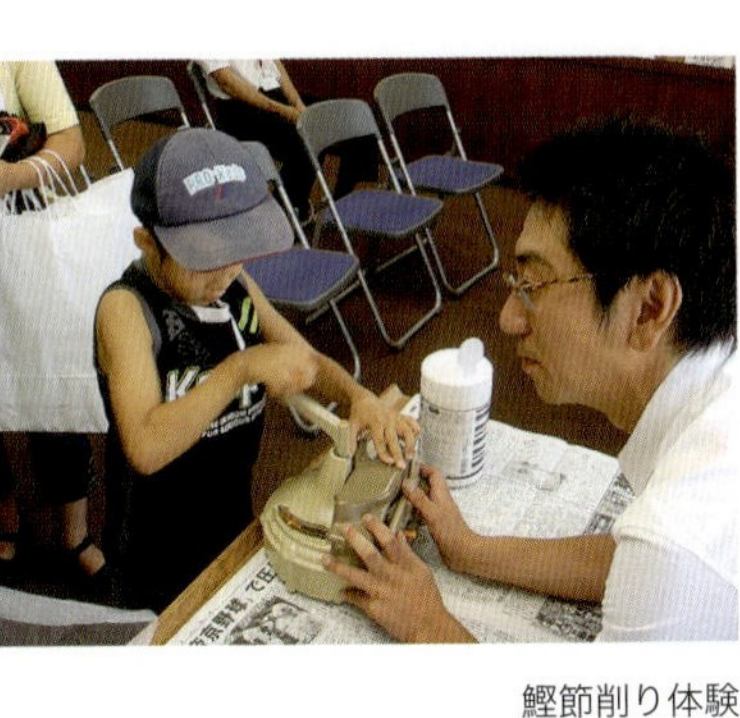

鰹節削り体験

もらうように考えている。

具体的には、カツオのぬいぐるみを使って節の工程を説明する。頭をとり、三枚に下ろす、その半身を二つに切り分けた一片が鰹節の本節となる。言葉だけはイメージと結びつかないが、実際にぬいぐるみを分解しながら話をするとわかりやすいようだ。

さらに鰹節削り体験がある。ここではケガのないよう、ハンドル式の削り器（カキ氷機をイメージしてもらいたい）を使う。鰹節は堅く、時には力のいる作業にもなるが、子どもたちは楽しげに一生懸命ハンドルを回してくる。自分の頑張り次第で、削り節がたくさんできあがってくることが嬉しいようだ。そして削った物をその場で食べてもらうと、普段とは違う、香りと味わいに驚く。やはり鰹節の味と香りは、特別なものであるのだと実感する。

魚から加工品までの一連の流れをみせていくことは、食材に対する理解や愛情、さらに食事に対する想いなどに繋がっていくものだと考える。そして重要なことは、子どもたちだけではなく、一緒に訪れる保護者の方々もともに学ぶことである。食育は各家庭で、学校および地域で、地産地消も含めて考えていくことが望ましい姿ではないのかと思う。

（1）日本最古の歴史書、文学書。七一二年に元明天皇の命によって太安麻呂（おおのやすまろ）が編纂し献上した。

（2）日本で七〇一年に中国の律令を元に作成された、刑法と行政法と民法が揃った本格的な律令法典。

（3）九二七年に完成した律令の施行細則を集大成した法典。律令政治の基本法となった。

（4）二〇一五年、和歌山県の印南町で「かつお節発祥の地」の顕彰記念碑が設置された。印南町HP「かつお節発祥の地」https://www.town.wakayama-inami.lg.jp/contents_detail.php?co=kak&frmId=169

（5）一般社団法人日本鰹節協会 http://www.katsuobushi.or.jp/index.html

# 第2章

# 私たちはいつまで魚が食べられるか？

# 4 これからも魚を食べつづけるためには

高橋正征（東京大学・高知大学名誉教授）

## はじめに

一九五〇年以来、世界的に個人の魚の消費量が増え続け、今世紀に入ってからはさらに加速しています（図1）。これには魚を健康食品とする人々の意識の高揚と生活水準の向上に加え、世界的に魚を多く使う和食への関心が高まったことも影響している可能性があります。

国際連合食糧農業機関（FAO）によれば、二〇一二年の世界の食用魚の需要は年間約一億四〇〇〇万トン弱（生重）で、過去六〇年間でほぼ七倍に増えています。その間の世界人口は一五億人から六六億人と四・四倍の増加ですから、魚食の伸びは人口の一・六倍です。このように個人の魚の消費量と人口がともに増えたため、世界的な魚の需要は人口増加をはるかに上回りました。この傾向は今後しばらく続くとみられます。

こうした魚の需要を支えているのは、以前は天然魚の漁獲でしたが、その後は漁獲に加えて養殖がかなりの割合を占めるようになり、二〇一四年にはついに養殖生産量が漁獲量を越えました。ここでは、漁獲と養殖の現状を眺め、今後の魚の需要に対する供給を考えてみます。本章では「魚」を、魚介類全体を指す言葉として使っています。本章は高橋（二〇一五）の内容をさらに深めて加筆したものです。

## 漁獲の現状

漁獲のほとんどは海産で、残りは湖や川などで獲れる内水面産です。二〇一二年現在、海産魚は全漁獲量の八七％をしめています。FAO（二〇一四）の統計では、海産魚の漁獲量は一九五〇年には約一七〇〇万トンでしたが、一

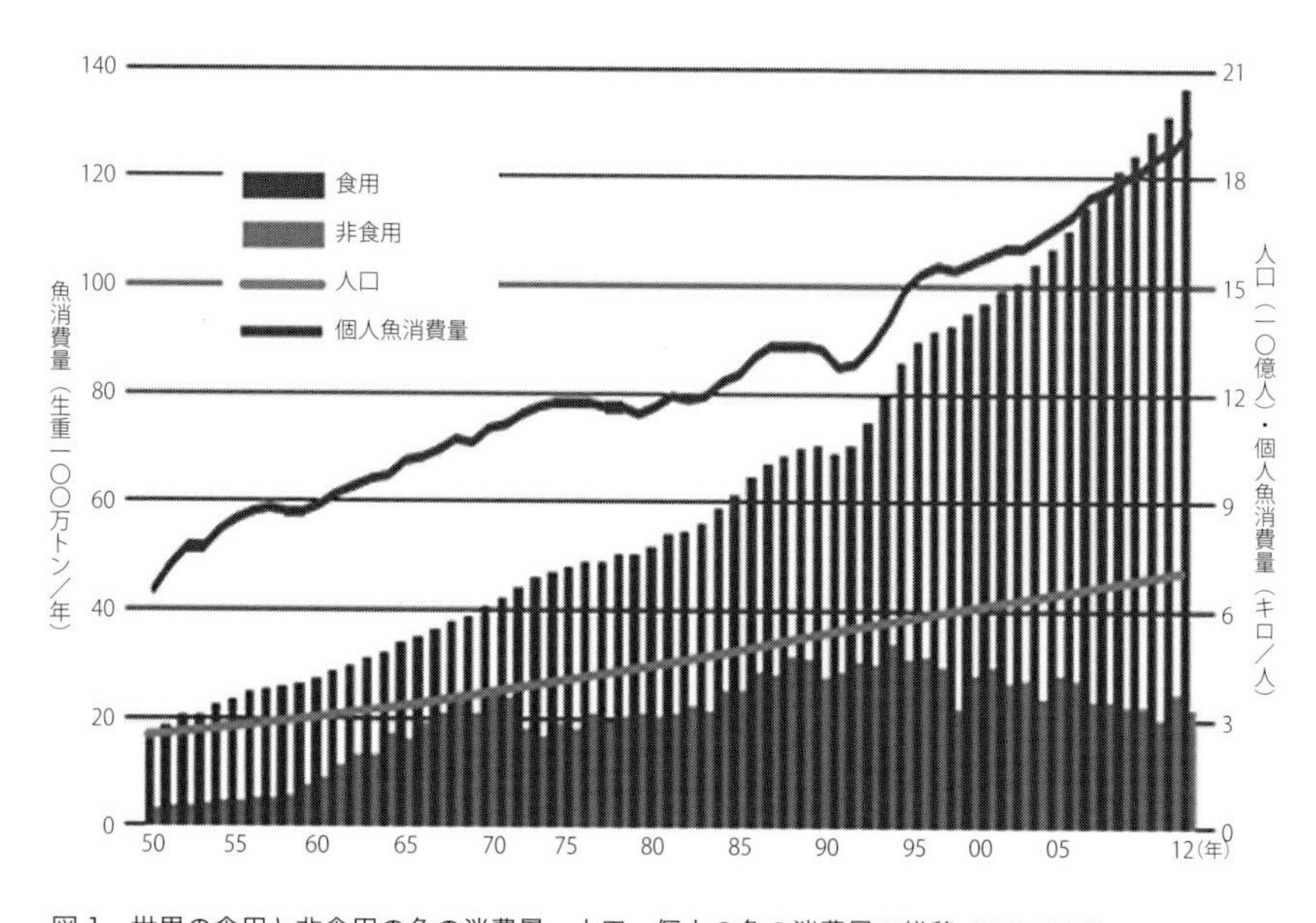


図１　世界の食用と非食用の魚の消費量、人口、個人の魚の消費量の推移（FAO 2014）

太線の灰色は世界人口と青色は個人魚消費量のそれぞれの推移。棒グラフは、時代とともに比較的単調に増えていくのが個人魚消費量、1960年代に向けて増加し、その後は増減しながら90年代まで増え、以降は減少しているのが非食用魚消費量。

九九五年には八六〇〇万トンの最大に達しました。しかし、その後は年々少しずつ減り、二〇一二年には約七七〇〇万トンまで減少しました。これは漁獲が海産魚の生産限界に達したことを示しています。

不思議なことに、漁獲では天然魚の供給、つまり「誰が生産しているのか？」という、一般には当たり前のことを、これまで検討した様子がみられません。確かに、特定の海域の重要魚種については自然の生産量が推定されていますが、その魚を生産する仕組みには踏み込んでいないのです。天然魚の自然の生産力は海域によって変動し、私たちは漁獲量からそれぞれの魚種の生産量がおよそ決まっていることを経験的に知っていて、それが利用されて来ました。自然界での魚種ごとの生産量を決める仕組みは複雑で、科学的にまだはっきりわかっていないため、自然が生産する実際の魚の量をもとに漁獲圧を考えてきたのだと思われます。今や、漁獲圧が自然の魚の生産性に影響していることが明らかになってきましたが、魚種の生産の仕組みがわからないため、世界的に抜本的な対策はとられていません。

一方、魚の生産の基礎となる海の植物プランクトンの基礎生産量はかなり明らかになりました。その結果をもとに

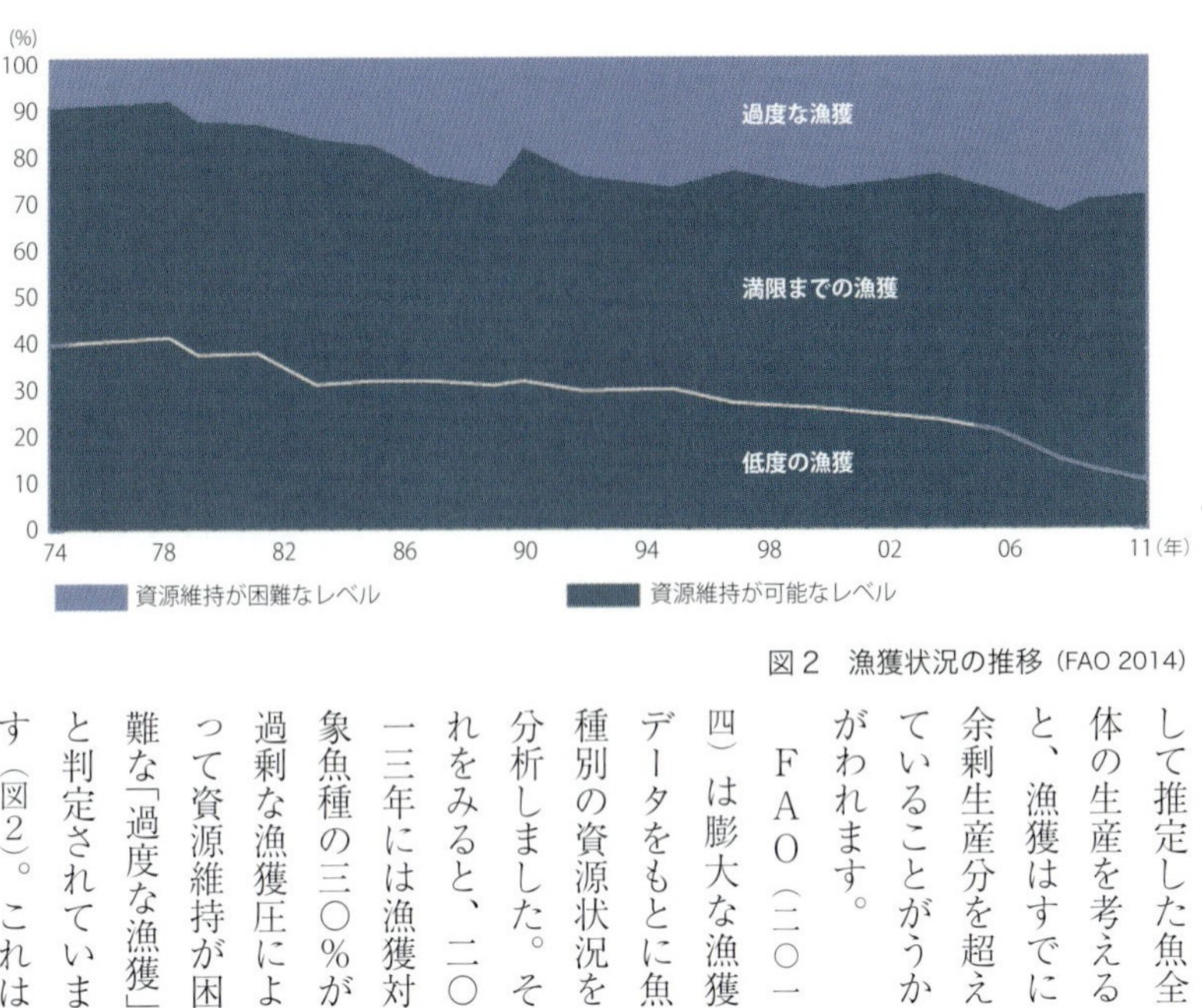


図２　漁獲状況の推移（FAO 2014）

して推定した魚全体の生産を考えると、漁獲はすでに余剰生産分を超えていることがうかがわれます。

ＦＡＯ（二〇一四）は膨大な漁獲データをもとに魚種別の資源状況を分析しました。それをみると、二〇一三年には漁獲対象魚種の三〇％が過剰な漁獲圧によって資源維持が困難な「過度な漁獲」と判定されています（図２）。これは、預金でいえば利子だけでなく元本にまで手をつけてしまった状態と同じです。これらの種は、年々資源が減っていきます。また、六〇％は良く利用されている「満限までの漁獲」と評価されていて、これは利子分だけを利用しているのと似ています。利用に余裕のある「低度の漁獲」の魚種は一〇％にすぎません。過去のデータを並べてみると、年々過剰な漁獲圧の魚種の割合が多くなっているのが一目瞭然です。このまま現状の漁獲を続けていくと、やがて海産魚は次第に資源枯渇に陥っていく心配があります。

特に、マグロ、ウナギ、タラ、ブリ、カツオ、カレイのような、いわゆる魚を食べる魚食魚はもともと資源量が少なく、しかも資源価値が高く、高い漁獲圧によって資源枯渇が進んでいるので、早急な対策が必要です。それに対して、イワシ、サンマ、ニシンなどのプランクトン食の魚は魚食魚に比べると資源価値が低く、資源量が大きいので、今のところ資源枯渇の心配は少ないと考えられます。こうした現状から、現行の年間七〇〇〇万トン弱の漁獲は天然の魚の生産性を考えると獲りすぎです。特に、先にあげた魚食魚の漁獲圧は、全面禁漁を含めて大きく下げる必要があります。

## 天然魚をとりまく課題

ところで天然魚を利用するメリットですが、それには少なくとも二つあります。一つは、豊かな多様性です。三万種強の魚の半分をしめる海産魚種のうち、世界で漁獲して利用されているのは約一六〇〇種もあります。築地の市場に並ぶ魚は、およそ三〇〇種です。食肉を考えてみれば、魚の多様性がいかに大きいかがわかります。私たちが日ごろ利用している食肉は、ウシ、ブタ、トリ、ヒツジ、ウマくらいで、たったの五種です。野生動物を利用していた時には、食肉の多様性ははるかに大きかったと思われます。

二つは、自然の仕組みの中で育った魚は、余分の脂肪がなく、生きのびるために必要不可欠な精悍な体質をしています。こうした、自然の体質をもった多様な魚を利用できるのは漁獲を除いてほかにありません。

一方、天然魚にはデメリットもいくつかあります。最も大きいものは、種ごとに生産量が限られていることです。それぞれの海で、種はその環境に適した大きさの群れを維持して生産活動を進めています。ですからそれぞれの海域の生産量に応じて漁獲圧を調整しなければなりません。主要な魚種では、資源量（生産量）を推定し、資源の維持のために漁獲が過剰にならないような注意が払われてはいますが、実情は必ずしも安心できる状態ではありません。加えて、天然魚は、居場所や時期が一定していないので、魚群を探し回るといった手間がかかります。また、天然魚には寄生虫がいたり、重金属類、残留性有機汚染物質（ＰＯＰｓ）、さらにはプラスチックなどを体内に取り込んでいたり、特に重金属やＰＯＰｓは生物濃縮によって大型の魚食魚に高度に濃縮されていて食用には危険という問題もあります。そのため欧米先進国では天然魚志向は必ずしも強くありませんが、日本では依然として根強い天然魚志向があります。

天然魚は、多様性が高く、さらに天然の精悍な体質を味わえて魅力ですが、一部の魚種の漁獲がすでに自然の生産力の限界に近づいたため、これ以上の漁獲は伸ばせなく、むしろかなり大きく減らす必要があります。下手をすると、魚食魚は、資源枯渇が進んで利用できなくなってしまう危険もあります。これからも漁獲の良さを利用し続けられる工夫が必要で、それが喫緊の課題です。

## 養殖の現状

自然の魚の生産が限界だとすると、頼みの綱は養殖です。養殖の歴史は遠くギリシャ・ローマ時代にさかのぼりますが、養殖が盛んになったのはまだ半世紀ほど前にすぎません。近年の養殖生産の勃興は、一部の魚食魚の値段が高騰したため給餌養殖をしても採算がとれるようになったこと、天然魚に比べて成育過程の素性がはっきりしていて人々に安全・安心感をもたらしたことなどが影響していると思われますが、何といっても漁獲量の不足を補う目的が大きいといえます。

世界の養殖生産量は、一九五〇年代初めは一〇〇万トン（生重量）以下でしたが、二〇年後の一九七〇年には三五三万トンと三倍以上に増え、その間は毎年一〇％以上増加しました。その後も養殖生産は年に八・八％の増加率で増えつづけ、二〇〇四年には何と四五五〇万トンと、三四年間で一五倍以上もの飛躍的な増加を記録したのです。これは当時の漁獲量の半分に相当します。その間の漁獲の増加は年に一・二％、畜産による食肉生産の増加は二・八％で、いずれも養殖に比べるとはるかに小さく、動物性タンパク質の生産では養殖の急成長が目立ちます。

ちなみにこの間の世界の人口増加は年間一・六％でしたから、養殖の増加に比べると小さなものです。しかし、その間に一人当たりのタンパク質の消費量は、一九七〇年の〇・七キロから二〇〇四年には七・一キロへと年間七・一％も増え、その増加には養殖生産が大きく効いていることは明らかです。背景には世界の人々の魚志向の高まりがあります。

最近の養殖生産量の変化を、海産と内水面産（淡水魚および淡水生物の養殖）に分けて図3に示してみました。図から、養殖生産は一九八〇年から毎年着実に増えているのがはっきりわかります。中でも、八〇年代に比べて九〇年代、二〇〇〇年代とほぼ一〇年ごとに増加が加速しています。

二〇一四年の養殖生産量は七三七八万トンで、その内訳は海産三六％、内水面産六四％で、内水面産が圧倒的な多さです。海産と内水面産の養殖生産量は、一九八〇年にはほぼ同じで年間二三五万トンでしたが、それ以降は内水面産の増加が大きくなりました。

漁獲量は一九八〇年代後半からほぼ頭打ちになり、最近

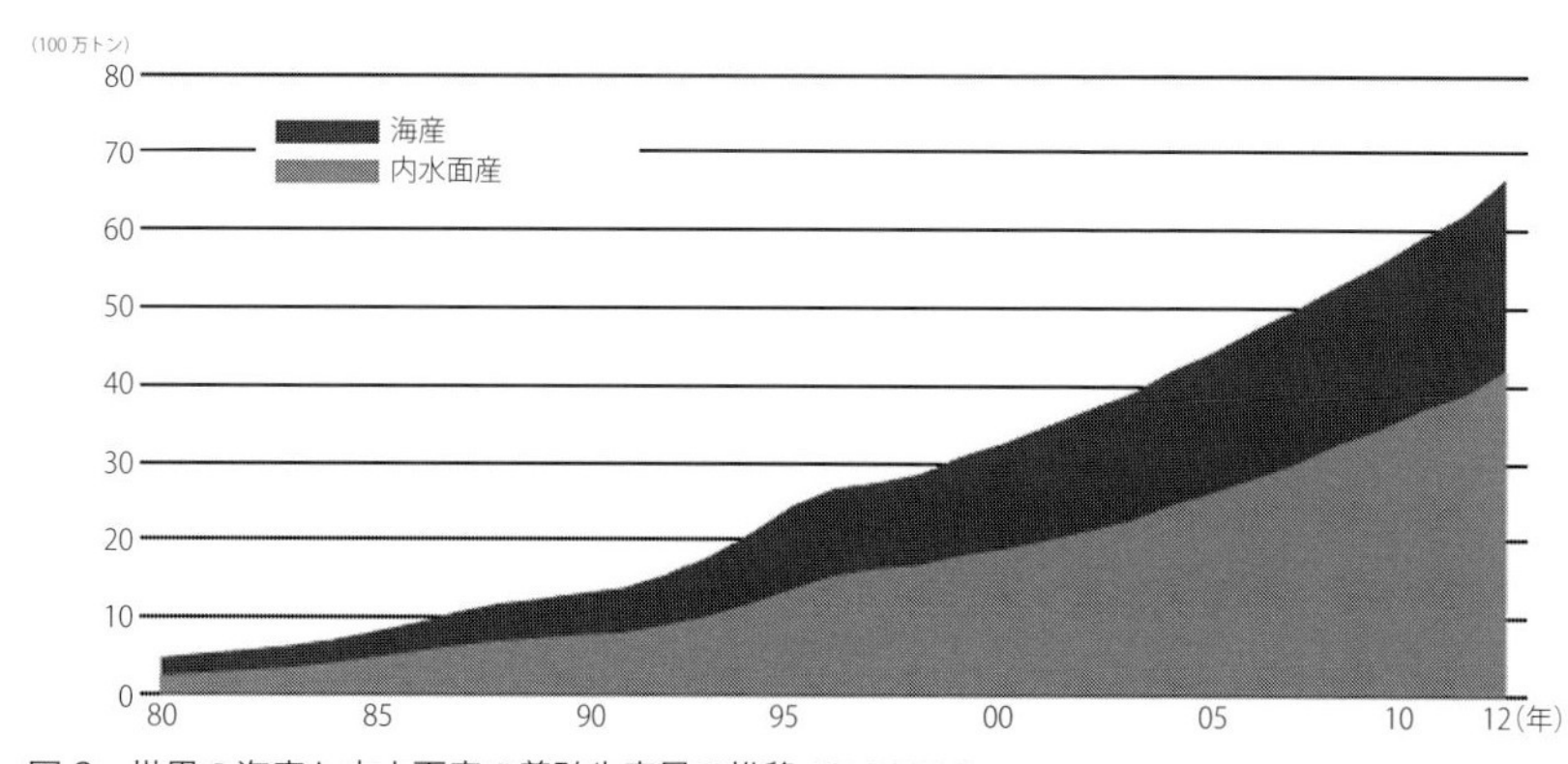

図３　世界の海産と内水面産の養殖生産量の推移（FAO 2014）

では漸減していますが、逆に養殖生産は年々増えつづけています。その結果、人々が食べる魚の中で養殖が占める割合は一九七四年の七％から一九九四年には二四％に増え、二〇〇四年には三九％になりました。これには養殖生産を飛躍的に伸ばしている中国が大きく貢献しています。中国以外の国々でも一九九五年以降の一〇年間で養殖魚の利用が二倍以上に増えました。

世界中で食べられる魚は、二〇一四年にはついに養殖が漁獲を超えました（次頁図４）。養殖生産が、安全で美味しい魚を生産して供給していることが社会的にしっかりと認識されれば、今後も養殖生産の増加は続くでしょう。

養殖の特徴は、ヒトが生産するので種と生産量が任意にコントロールでき、さらに養殖魚の肉質などをヒトの好みに合わせることが可能で、これらは養殖の強みです。しかし、反面、養殖魚種は大幅に制限され、天然産のもつ多様性の大きさにはかないませんし、天然魚のもつ強い体質も養殖での実現は難しいといった弱点があります。

## これからの魚の供給の方向

魚は、つい五〇年ほど前まではほとんどが天然魚の漁獲でしたが、その後は養殖生産が盛んになり、今や養殖が漁獲を上回って、両者の立場は逆転しています。しかも養殖は増え続け、漁獲量は減少していますから、このままではやがてほとんどの魚が養殖になる可能性は否定できません。食肉では、かなり前に天然産がなくなって畜産のみになっています。

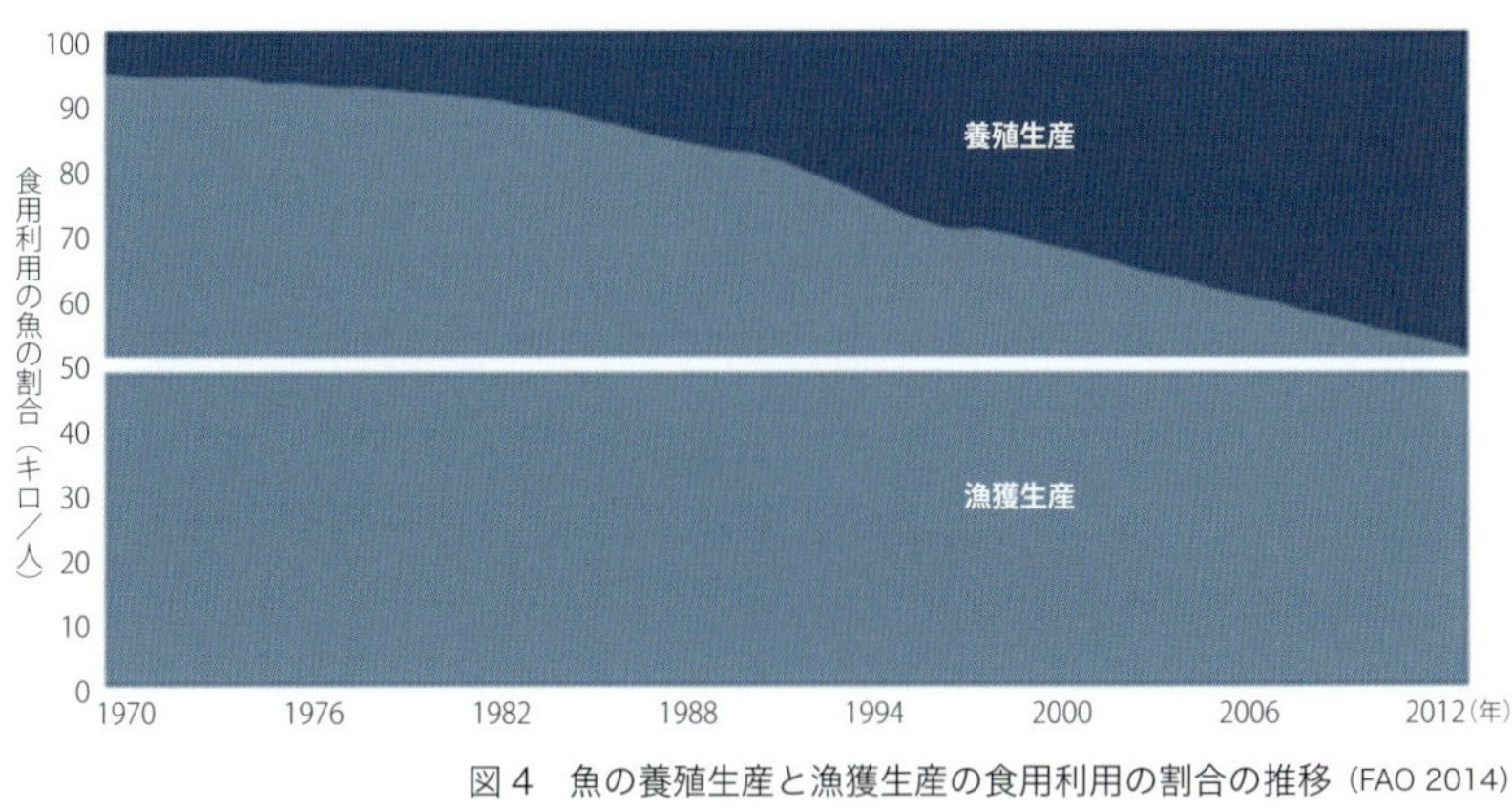


図４　魚の養殖生産と漁獲生産の食用利用の割合の推移（FAO 2014）

先に述べたように、漁獲と養殖にはそれぞれメリットがあり、これからは両者の良さが生きた生産と供給の仕組みが望まれます。ただ、先にも触れたように、漁獲と養殖にはそれぞれ課題があり、それらの解決は今後の魚の利用にとって重要です。以下で、それらの内容と解決の方向を考えてみます。

## 天然魚を増やせないか？

まず、最初に漁獲の課題で、それは、何といっても自然の生産性の限界です。そこでヒトの力で天然魚の生産を増やす可能性を考えてみます。

ウシやウマは草食動物なので、餌としての草が必要です。肉食動物も結局は草食動物を食べて生きているので、すべての動物は元をたどると植物に行きつきます。つまり、草の量がすべての動物の量（生産量）を左右しているのです。魚でも同じです。海の植物に相当するのは植物プランクトンで、その生産量（基礎生産量）が魚の生産量を決めています。

植物プランクトンの生産には光エネルギーと肥料（植物体をつくるのに不可欠なケイ酸塩、リン酸塩、硝酸塩などの栄養塩類）の二つが不可欠です。光は海面から差し込む太陽光で、海水は光を吸収するので植物プランクトンの生活場所は光が十分に届く一〇〇メートル以浅（生産層）に限られます。一方、肥料は、海水中に溶けていますが、生産層内では植物プランクトンが吸収していつも肥料不足になっています。生産層内でも、浅い方ほど肥料不足は深刻です。肥料は、動物の排泄物や生産層より下にある肥料を多く含んだ海水が何らかの仕組みで表層水と混合してもたらされます。

　このように海の生産層は肥料不足によって基礎生産力はあまり高くありません。その証拠に、基礎生産力の最も高い藻場・サンゴ礁に比べると、海全体の基礎生産力は平均で藻場・サンゴ礁の約二〇分の一です。比較的に基礎生産力の高い沿岸域でも約一〇分の一です。ですからヒトの力で海の肥料不足を軽減できれば基礎生産力は上がり、魚も増やせます。

　海の生産層の下には肥料を多く含んだ海水があるので、それらが生産層に供給されれば、生産は上がります。広い海には下層の海水が自然に表層に湧き上がる仕組みがあります。湧昇です。湧昇面積は世界の海の約〇・一％で、基礎生産力は先述した藻場・サンゴ礁の約五分の一とかなり高いものです。湧昇には、赤道方向に向かって吹く卓越風と地球の自転で大陸の西岸沿いに発生する地形性湧昇と、流れが島や海底にある碓などに当たって発生する渦によって起こる局地性湧昇が知られています。これらはいずれも自然に起こる湧昇です。

　そこで、海の生産層の下に溜まっている肥料を多く含んだ海水が、ヒトの力で生産層内に上がってこられるように、つまり人工的な湧昇が起こせれば魚を増やせます。これは海域肥沃化と呼ばれ、すでにいくつかのチャレンジが行われ、一部は実験から実際の事業にまで進んでいます。以下にそれらの様子を紹介します（Takahashi and Ikeya 2003）。

　一つは、水深が二〇〇メートル以浅の海底に人工的に衝立を置いたり、碓などの構造物を造ったりして、局地性湧昇の発生を促して生産層の栄養環境を好転させて生産をあげることです。一九八七年に瀬戸内海西部の宇和海の流れの早い水深約五〇メートルの場所にコンクリート製の衝立を置いて魚の増産に成功しました。海の流れが衝立に当たると、衝立の周辺に渦が発生し、それによって下層の海水が上層にもちあがります。この衝立方式は、日本各地で実施されていますが、施工の関係で水深は五〇メートルが限度です。

　五〇メートル以深で工夫されたのが海底マウンドで、海面からコンクリートの塊などを自由落下させて造ります。碓と同じように肥料を多く含んだ底近くの海水を表層にもちあげて肥沃化する効果が期待できます。最初の海底マウンドが造られたのは、一九九九年で、長崎県平戸市生月島沖の水深八二メートルの泥海底のところです。一辺一・六メートルの石炭灰コンクリートブロック五〇〇〇個を使って幅一二〇メートル、奥行き六〇メートル、高さ一二メートルのマウンドが造られました。マウンドを中心に二〇キロ四方の海域の漁獲が二五〇トンから一五〇〇トンへと飛躍的に高まったのです。海底マウンドは、国の直轄事業となって、これまでに一五ヵ所で建設が進んでいます。水深も深いものでは二〇〇メートルにおよび、それにともなってマウンドの規模も大型化しました。

マウンドの材料は、当初は石炭火力発電所から廃棄される石炭灰でつくられたブロックでしたが、最近は陸上で切り出した石材が使われていて地球環境の持続性を考えると好ましくありません。今後は、膨大に出てくる耐久年限を迎えた橋・道路・建物などの廃材や震災廃棄物の有効利用です。それは地球の持続性を高め地球環境の維持にとっても重要です。

もう一つは、水深二〇〇メートル以深の海洋深層水(以下、深層水)の利用です。日本では、現在、北海道から沖縄までの一五ヵ所で深層水を汲みあげて様々な資源を利用していますが、肥料分の残っている深層水を沿岸海域に放水すれば基礎生産が高まります。現在の深層水の取水量は日量一万三〇〇〇トンが最大で、この規模では魚の増産効果は微々たるものですが、海洋温度差発電(以下、温度差発電)では取水量が桁違いに多くなり、例えば一〇〇〇キロワットの温度差発電では日量約一〇万トンの深層水を使います。これを発電後に海域肥沃化に使うとイワシなどのプランクトン食魚をおよそ一年間に一万トン増産できます。仮に一〇〇万キロワットの発電を考えると単純に日量一億トンの深層水を汲みあげる計算になり、魚の増産効果はイワシ換算で年間一〇〇〇トンにあがります(井関 二〇〇〇)。久米島では二〇一三年から五〇キロワットの温度差発電機が稼働し、目下、一〇〇〇キロワット の温度差発電の実現に向けて関係者が努力していて、それが実現すると本格的な海域肥沃化が期待できます。

ヒトが手を加えて湧昇の起こる頻度を増やせば、海の生産性は上がり、実際に日本では様々な取組みが進んでいます。世界の漁獲生産を増やすレベルにまで高めるのは並大抵のことではありませんが、日本列島の一部の沿岸海域などに限れば、既存の魚の生産力を数倍から一〇倍程度に高めることは夢ではありません。

## 養殖で海産魚の生産を高めるには？

養殖生産は増えていますが、大部分は内水面で、海産魚の生産の伸びは必ずしも大きくありません。これには様々な問題が関係していて、最も大きいのは、養殖場所の確保です。現在、海産魚の養殖がおこなわれている内湾は静穏ですが、その面積は著しく限られています。

根本的な解決は、養殖拠点を内湾から外洋に面した海域に移すことです。水深五〇～一〇〇メートルのところを利用すれば、養殖面積は飛躍的に広がります。加えて、外洋は内湾と違って潮通しがよいので、内湾で問題となる自家汚染も軽減できます。しかし、外洋は波やうねりが大きいので、内湾で使っている網生簀（いけす）では強度が十分ではありません。外洋養殖では、網生簀の材料を強くし、構造も天辺が空いているのではなく閉じていて海中に沈下設置できるようにします。

すでに外洋養殖のための生簀が開発され、ハワイ島コナでヒレナガカンパチが養殖されています。ハワイのケースでは、病気や寄生虫対策をしないでも、高い生残率で養殖できることが確認されています。生簀を内湾から沖合に出すと、その分、費用負担が大きくなるので、網生簀の製作とその敷設・維持管理費用をできるだけ安く抑える工夫が必要です。

## 養殖に適した種とその完全養殖

養殖の二つ目の課題は養殖に適した魚を選び出すことと、その完全養殖です。

養殖では、当然ですが特定の種が選ばれます。食肉で成立している畜産では、約六〇〇〇種の哺乳類の中からヤギ、ヒツジ、ブタ、ウシ、ウマの五種ほどが食肉用として家畜化されました。これらの種はヒトの利用に都合の良い性質をもつように改良され、つくられた品種は隔離して継代飼育されています。魚の場合も、約一六〇〇種の食用魚の中から、特徴的な種が選ばれて品種改良されていくことになります。すでに大西洋サケとギンザケは品種改良が進んでいます。このほか、マグロ、タラ、タイ、ヒラメ・カレイ、ウナギなどの魚食魚が候補になりそうです。プランクトン食のアジ、イワシ、サンマ、サバ、ニシンなども将来は養殖の対象種になる可能性があります。いずれにしても、養殖される魚の種は、大幅に限られますから、養殖の種多様性は極めて小さくなります。

ところで養殖の始まりは、天然の種苗(しゅびょう)をとってきて水槽や網で囲った生簀に入れて餌をやりながら育てることでした。これは蓄養養殖と呼ばれ、養殖の原形です。現在もハマチ、ウナギ、マグロなどがこの方法で養殖されています。蓄養養殖では、ヒトは給餌しながらある大きさまで育てますが、養殖魚の生殖・産卵・ふ化にはかかわっていません。

これに対して、養殖魚の誕生から次の世代までの生活史のすべてをヒトが管理するのが完全養殖です。畜産や家禽の人工生産と同じです。大西洋サケ、ギンザケ、マダイ、トラフグ、浅海性のエビ類などで確立されています。マグロとウナギなどは技術開発途上にあります。完全養殖では人工種苗が使われます。人工種苗は、掛け合わせなどで品種改良を進めることが可能です。実際、天然物よりも成長が早く、病気などにも強い、あるいは特定の餌が利用できるなどの性質をもった個体が選びだされます。

というわけで、養殖では人工品種を利用した完全養殖が理想です。完全養殖では、より養殖に適した、あるいは利用価値の高い品種を生み出すことがポイントです。養殖用の品種は家畜や家禽にならって「家魚(かぎょ)」と呼ぶことにします。家畜や家禽は、品種改良が著しく進んで元の野生種とは全く違っています。しかし、魚の品種改良は、未だごく限られた種でしか行われていませんし、品種改良の程度も低いものです。重要な魚種の家魚の品種がつくられ、それらの種苗が任意に低価格で生産できるようになれば、養殖生産は現状よりもより計画的に進めることが可能になります。

## 養殖用の餌

養殖の三つ目の課題は餌です。魚食魚の餌は魚で、養殖の当初はサバ・イワシ・アジ・イカナゴなどの小魚がそのまま餌として使われました。しかし、これら小魚の漁獲量は限られていて、すでに現在の養殖生産の規模を支えきれなくなっています。そこで注目されたのが、タンパク質を多く含む農作物です。例えば乾燥した良質の魚粉は六五％ほどのタンパク質を含んでいますが、大豆・トウモロコシ・ポテトプロテインも五〇～七〇％のタンパク質を含んでいて、含有量では負けていません。

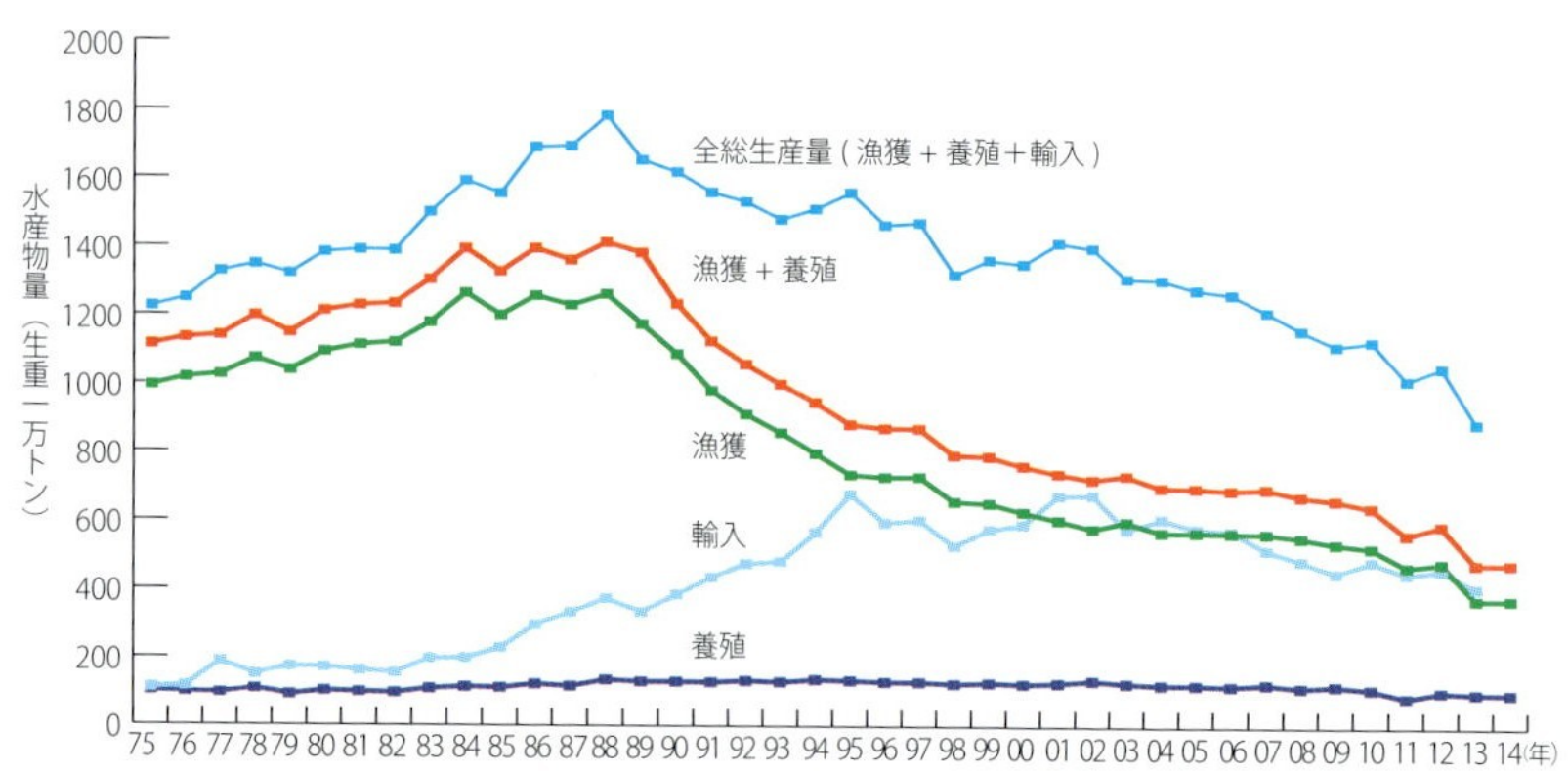


図５　日本の年間の漁獲量（海面と内水面の合計）、養殖生産量、輸入魚介類量の推移（農林水産省統計情報部の資料をもとに作図）

しかし、これらの植物性の餌だけでブリやマダイを養殖すると、三ヵ月ほどで成長が止まって肝臓が緑色になる緑肝症にかかってしまいます。植物性の餌には、これらの魚の成育に必要なアミノ酸類似物質のタウリンなどの欠乏が原因の一つであることが突き止められました。植物性の餌にタウリンを混ぜることで餌の天然魚の量をかなり減らせるようになりました。海産魚が必要とする物質や組成などを調べて、農作物の餌利用を進めることは養殖の生産量を高めるために必須です。

一方、ニジマスやテラピアなどの淡水魚は植物性の餌だけで十分育ちます。これらの淡水魚は必要なタウリンなどを自分でつくりだすことができるからです。そこで、淡水産魚が持っている性質を海産魚につけることも、農産物の餌利用の解決につながります。

海産魚の餌として農産物を利用する場合の不足物質や組成の解明と、農産物が利用できるように海産魚自身の品種改良を進めること、の両方からのチャレンジが望まれます。これらが解決されれば、養殖に必要な餌が容易に入手できるようになり、養殖魚の大量生産につながります。

## 日本の現状

日本では、以前は、利用する魚のほとんどが漁獲で獲られたものでしたが、一九八〇年代中頃から輸入が漁獲の不足を補うようになりました。一九八九年には、漁獲が減少し始め、その結果、二〇〇〇年以降は漁獲と輸入が量的に拮抗し、時に輸入が漁獲を上回っています（前頁図5）。しかし、二〇〇四年以降は輸入も減少しはじめました。世界的には、二〇一四年に養殖生産が漁獲量を上回り、その後も増え続けて魚の需要を支えています。しかし、日本では養殖生産量は少なく、国内の魚需要への影響は大きくはありません。

と同時に、日本では急速に魚離れが進んでいます。その証拠に、漁獲・養殖・輸入の三者の合計は一九八八年の一七八一万トンをピークに、その後は減少しつづけ、二〇一三年には約半分に減りました。日本国内の個人の魚の消費量の推移は、一九五六年の二四・二キロから三九年後の一九九五年には四〇・二キロまで順調に増えましたが、その後は一転して減少に転じ、二〇一一年には二八・六キロにまで落ちています。仮に年間三〇キロ以上を個人の魚の大量消費として着目しますと、日本がそのレベルを超えたのは一九七〇年から二〇一〇年までのおよそ三〇年間にすぎません。また、特徴的なのが食肉の利用で、一九六〇年頃から年々増えて二〇一二年には二八キロで魚と並び、その後は魚を追い越しています。つまり、日本では魚離れが進んでいるのです。

肉食化している日本ですが、魚に親しんだ文化をもっているので、それが廃れてしまわないうちに、魚と肉の両者のバランスが取れた利用を工夫することが日本の課題です。日本ではそうした視点でこれからの魚の利用を考える必要があります。

## おわりに―今後の魚の供給の方向

世界的に個人の魚消費量と人口が増えている現状を考えると、生産に限界のある漁獲だけで需要を支えることはできません。かといって、食肉のように将来は養殖だけで魚の需要をまかなうという選択肢も問題です。漁獲には天然の味をもった多様な魚が利用できること、そして養殖には人々の好みにあった限られた魚種を大量に生産できるという、それぞれに特有の利点があります。それらを考えると、今後は漁獲と養殖の両方の利点を生かして魚の需要を支えていくのが最良です。

その場合、漁獲と養殖の両者のバランスが重要になります。世界の魚の需要を支える割合として、当面、漁獲は一〇％、養殖は九〇％を目標としてみたらどうでしょう。現状は漁獲と養殖がほぼ半々ずつですから、漁獲は四〇%を減らし、その分を養殖に回すことになります。漁獲圧は過剰漁獲の魚食魚に大きくなるのは当然ですが、これからも天然の魚食魚の利用が可能な仕組みをつくっていきたいものです。

さらに人々が天然魚に求めている条件を養殖で実現できるように工夫する必要があります。また、養殖は清浄で安全な魚を生み出すことができますから、それを周知して人々の養殖魚への関心を高めることも重要です。特に、日本では中高年齢層の多くが依然として強い天然魚志向をもっているので、彼らに養殖魚への関心を高めてもらうことがポイントです。現実には、漁獲は自然の生産力の限界、養殖は養殖場所、餌、家魚の開発と完全養殖などの課題を抱えていますから、それらの解決を進めながら、魚の需要に対して漁獲と養殖の両者を駆使してバランスした供給を目指すことになります。今後は、量では養殖魚に依存し、一方、漁獲は永続的な天然魚の利用を工夫して、多様な天然魚を楽しむ文化を社会に残していくことです。それは漁獲と養殖の両者が健全な今だからこそ可能です。畜産だけになってしまった食肉ではできないことです。


## 参考文献

井関和夫　二〇〇〇「海洋深層水による洋上肥沃化—持続生産・環境保全型の海洋牧場構想」『月刊海洋号外』二二：一七〇—一七八

高橋正征　二〇一五「私たちはいつまで魚が食べられるか？」『Ocean Newsletter』三五三号：二—三

FAO 2014. The state of world fisheries and aquaculture. Contributing to food security and nutrition for all: 190 pp.

FAO 2016. The state of world fisheries and aquaculture. Contributing to food security and nutrition for all: 190 pp.

Takahashi, M. /T. Ikeya 2003. "Ocean fertilization using deep ocean water (DOW)". Deep Ocean Wat. Res: 4:73-87.

# コラム◉「ナマコ戦争」を回避せよ

赤嶺淳（一橋大学大学院社会学研究科教授）

## 黒いダイヤ

ナマコは世界に約一二〇〇種が生息しており、そのうち温帯に棲む五、六種、熱帯産の四〇種ほどが食用として利用されている。冬の季語としてナマコになじむ私たちであるが、世界的にみた場合、一度乾燥させたものを戻して食べる中国的な利用が席巻している。

中国料理の高級食材を意味する成句に参鮑翅肚（さんぽうおちどう）がある。参はナマコ、鮑はアワビ、翅はフカヒレ、肚は「うきぶくろ」を指す。いずれも乾燥させた海産物で、アワビ以外はゼラチン質の固まりである。シイタケと干シイタケが風味も食感も異なるように、これらの食材は乾燥させるとプリプリした食感を提供してくれる。戻した食材に味はなく、そこに染みこませた味と食感を楽しむのである。

参鮑翅肚の消費は日本の江戸時代に相当する清国時代に始まったとされるが、急成長をつづける中国経済に牽引され、近年その市場は拡大するばかりである。日本でもナマコの価格が過去四、五年で二、四倍以上にふくれあがり、黒いダイヤなどと呼ばれ、密漁が急増していることも報道されているとおりである。

ナマコ・バブルに沸いているのは、日本に限ったことではない。例えば、赤道直下のガラパゴス諸島（エクアドル）では、一九九五年以来、ナマコ漁の存続を求める漁師と資源の枯渇を危惧する政府とが紛争をたびたび繰り返している。

紛争がおこるたびに漁業者らは、これまた絶滅が危惧されているガラパゴスゾウガメを人質（亀質!?）とし、ナマコ漁再開の交渉材料とすることなどから、米国の環境保護団体は、一連の紛争を「ナマコ戦争」と呼び、漁民を人類の共有財産である生物多様性を尊重しない不道徳の輩と決めつけ、ナマコ漁反対の大々的なキャンペーンを展開している。

## ワシントン条約

ナマコは、二〇〇二年のCOP12（第一二回締約国会議：Conference of the

Parties）以降、ワシントン条約（絶滅のおそれのある野生動植物の種の国際取引に関する条約）の俎上にある。同条約は絶滅の危機度に応じて生物種を三段階に区分し、それぞれ異なる管理体制をしいている。絶滅の危機に瀕している生物は附属書Ⅰに掲載され、原則として輸出入が禁止される。ゾウやトラ、ゴリラなど動物園でおなじみの大型哺乳動物の多くが附属書Ⅰ掲載種である。

附属書Ⅱ掲載種は、現在は必ずしも絶滅のおそれはないが、将来的にその存続が危ぶまれるものと位置づけられている。これらは輸出可能であるものの、輸出入には、輸出国政府の管理当局が発行した輸出許可書の事前提出や提示が求められる。附属書Ⅰ、Ⅱへの掲載と削除には、締約国会議において、有効票の三分の二以上の承認を必要とする。他方、附属書Ⅲは、附属書ⅠやⅡとは異なり、ある締約国が資源保全のために他国の協力を必要とするものを独自に掲載することができるが、拘束力は弱い。ナマコについていえば、エクアドルが「ナマコ戦争」の火種となった *Isostichopus fuscus* というナマコを二〇〇三年に附属書Ⅲに記載しているだけである。

ＣＯＰ１２でナマコの議論を喚起したのは米国であった。以来、すでに二回のＣＯＰを重ねているが、容易に決着はつきそうもない。私も参加した二〇〇七年六月のＣＯＰ１４において、作業部会が組織され、あらかじめ事務局が提案していた決議案への修正がおこなわれた。この決議では、関係各国に資源管理策の策定を求める一方、同条約による規制が漁業者の生活へおよぼすであろう影響も考慮することが義務づけられた点が新しい。

ナマコ料理。近年、日本産のナマコは刺参として中国で評判がよい。とくに刺のたった北海道や青森のものが人気である。（2007年10月、中国の広州市で筆者撮影）

ワシントン条約の１コマ。議場では、案件の採択をめぐるロビー活動がさかんである。とくに票田となるアフリカ諸国に熱い視線がなげかけられる。（2007年6月筆者撮影）

## 水産物利用に関する国家戦略

私が調査してきた東南アジアの離島社会では、ナマコに限らず、フカヒレ用のサメやハタ科の魚を中心とする活魚など中国料理用の食材や、鑑賞用熱帯魚などを漁獲することで生活をたててきた。ところが、ナマコのみならず、COP12で米国はナポレオンフィッシュと呼ばれるベラ科の魚の規制を提案し、その前のCOP11（二〇〇〇年）にタツノオトシゴとサメの規制を提案するなど、米国の外交政策によって、熱帯域のサンゴ礁に生活する人びとの生計をゆるがせかねない事態が生じつつある。

一連の水産種について米国が提案する背景に何があるのか、その真意は明らかではない。しかし確実なのは、一九九八年に関係省庁を横断的に発足した「サンゴ礁対策委員会」（US Coral Reef Task Force）と無関係ではないということである。事実、ワシントン条約においてサンゴ礁関係の一連の提案をおこなっているのは、この対策委員会に名を連ねる海洋大気庁（NOAA）である。同委員会は、自国のマイアミ周辺のサンゴ礁のみならず、世界のサンゴ礁の保全につくすことを標榜している。安全保障よろしく世界の海の守護者を自認するあたりは米国的だといってしまえばそれまでである。確かに生きた熱帯魚やタツノオトシゴなどは米国が最大の輸入国なので正当性をもつ政策のようにも思えるが、タツノオトシゴの大部分は乾燥させた漢方薬の材料として流通しているし、その多くがエビ底曳網漁の混獲物であることを考慮すると、資源の有効利用という観点からも疑問である。

しかし翻ってみると、日本にはこのような世界戦略は存在していない。二

○○七年度より三年間、農林水産技術会議の農林水産研究高度化事業として、「乾燥ナマコ輸出のための計画的生産技術の開発」プロジェクト（代表：町口裕二、（独）水産総合研究センター）が展開されてはいる。着々と成果を出す本プロジェクトであるが、日本国内の漁業者や加工業者を利するためのものであり、世界的視野をもった水産資源戦略とはいえない。

香港で売られている乾燥ナマコ。（2017年12月、筆者撮影）

とはいえ、研究成果は日本のみならず関係各国に活用されるべきであろう。なぜなら、世界最大の乾燥ナマコ市場である香港が二〇〇七年に輸入した乾燥ナマコのうち、日本からの三二〇トンは、パプア・ニューギニア（六〇一トン）、インドネシア（五九六トン）、フィリピン（四八五トン）に次ぐ四位に位置するという量的シェアのみならず、金額面では、今やキログラムあたりの小売単価が一〇万円を超え、日本のナマコ輸出額が国際取引高全体の六割近くを占めているからである。上位三ヵ国は、いつ「ナマコ戦争」がおこってもおかしくない状況にあるし、それら三ヵ国の人びとは米国が規制を提案しているサンゴ礁資源に依存してもいる。

わが国の漁業者はもちろんのこと、世界の国ぐにの漁業者たちが持続的な生活を保障されるように、日本は、世界のナマコ研究を先導するとともに、資源管理を率先しておこない、その経験を普及する責務を果たしていくべきである。

# 持続可能な漁業の普及に向けて

石井幸造（MSC（海洋管理協議会）プログラムディレクター）

日本においても、太平洋のクロマグロやニホンウナギの資源枯渇の問題はこれまでも多くのメディアで取り上げられてきたが、二〇一七年はサンマの漁獲量が四八年ぶりの低水準であったほか、シロザケやスルメイカの漁獲量も大きく減少するなど、主要魚種の資源の減少リスクが大きな注目を集めた。ちなみに、日本で資源評価がおこなわれている魚種（五〇魚種八〇系群）の資源水準についてみてみると、二〇一七年においては、四六％が低位の状態にあるとされており、高位の状態にある魚種は約一七％にすぎない。

水産資源は、ひとたび枯渇してしまうとその回復は容易ではない。しかし、獲り過ぎることなく、適切な量の漁獲をおこなえば、資源量を減らすことなく維持することができる再生可能な資源でもある。減少傾向にある世界の水産資源を維持・回復させ、限りある海の恵みを将来の世代に残していくためには、こうした適切な量の漁獲をおこなう

## 求められる持続可能な漁業の普及

世界的に水産物の需要が増え続ける中、過剰漁獲やIUU（違法、無報告、無規制）漁業による水産資源の減少が大きな問題になっている。国連食糧農業機関（FAO）によると、二〇一五年の時点で、世界の天然の水産資源の約三三％はすでに獲り過ぎ、すなわち過剰漁獲の状況にあるとされており、その割合は年々高まる傾向にある。逆に資源量がまだ豊富であるとされる水産資源は七％となっており、この割合は減少傾向にある（図1）。また、図2に世界の漁獲量（天然魚）と養殖生産量を示すが、漁獲量については一九八〇年代後半から頭打ちとなっている。このことからも天然の水産資源が限界近くまで漁獲されていることがみて取れる。

持続可能な漁業を普及していくことが不可欠となる。

持続可能な漁業の普及に向けた取組みとして、海洋管理協議会（ＭＳＣ）の認証・エコラベル制度がある。これは、持続可能な漁業を認証し、認証された漁業で獲られた水産物にＭＳＣの「海のエコラベル」（図３）を表示して、その水産物を消費者に選択的に購入してもらうものである。消費者がエコラベルの付いた製品を選択し、持続可能な漁業で獲られた水産物の市場が拡大すれば、漁業者に持続可能な漁業の実践に向けたインセンティブを与えることになる。

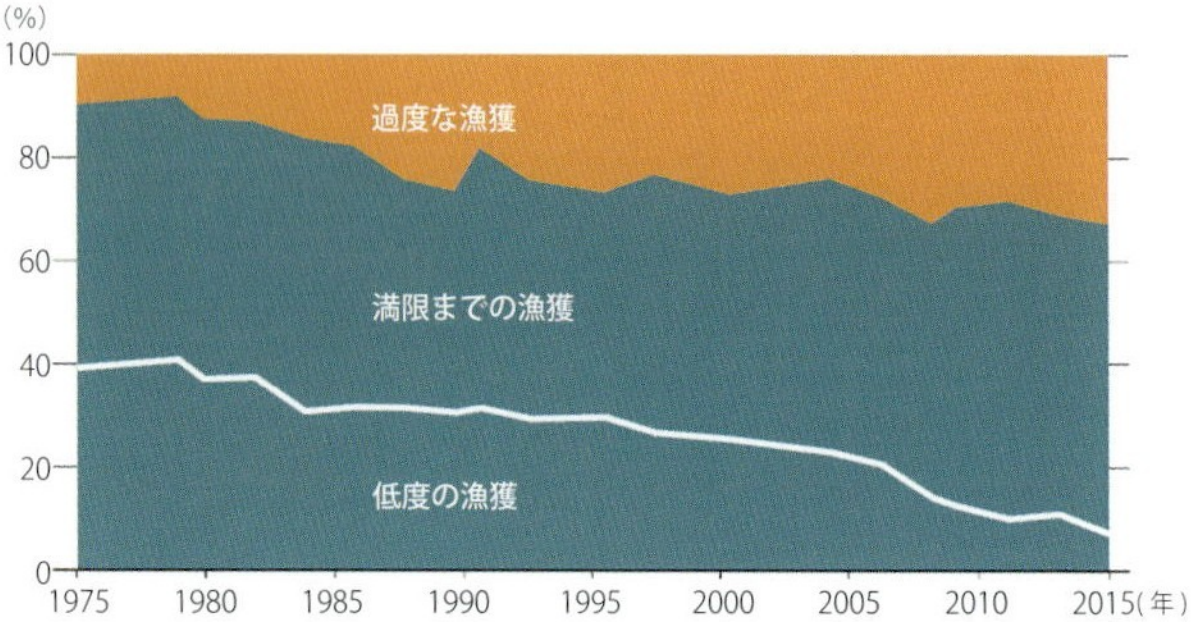

図１　世界の海洋漁業資源の資源状態の傾向（FAO 2018）

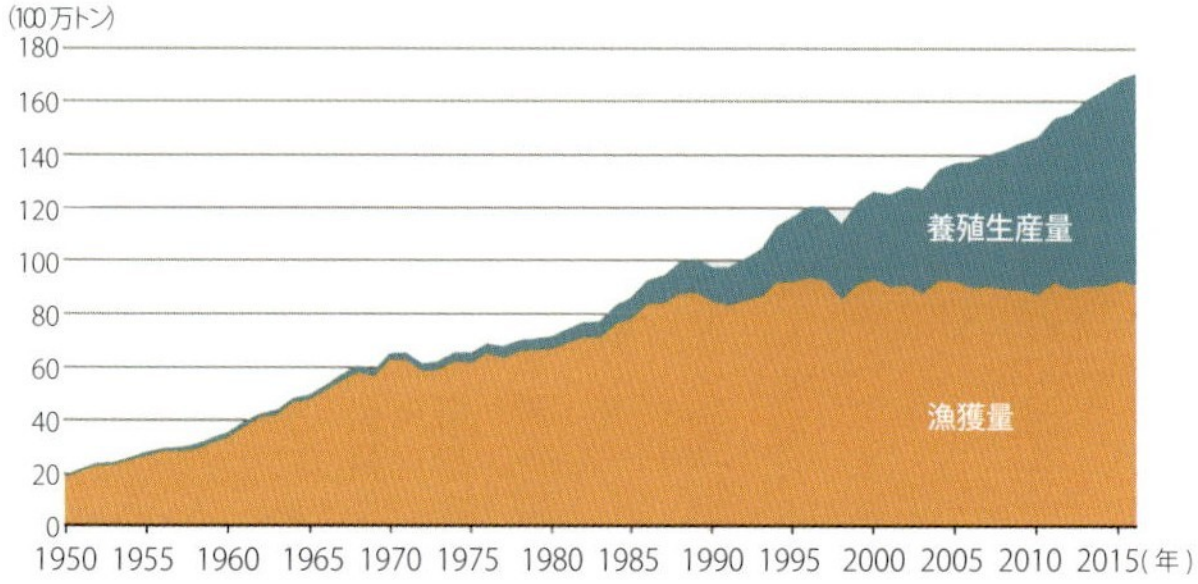

図２　世界の漁獲量と養殖生産量（FAO 2018）

図３　MSC エコラベル（海のエコラベル）

## 持続可能な漁業とは何か

では、どういう漁業が持続可能な漁業として認められるのであろうか。ＭＳＣでは、

原則１：資源の持続可能性
原則２：漁業が生態系に与える影響
原則３：漁業の管理システム

の三つについて持続可能な漁業のための原則をつくっている。

審査を通じて、これら三つの原則すべてを満たすと判断されれば持続可能な漁業として認証される。

まず、原則1は「漁業は、過剰漁獲もしくは枯渇を引き起こさない方法でおこなわなければならず、枯渇状態にある固体群については、回復が実証できる方法で漁業がおこなわれなければならない」というもので、漁業が漁獲対象とする魚の資源が十分に豊富であり、将来にわたって資源量を維持できるレベル、すなわち最大持続生産量（ＭＳＹ：Maximum Sustainable Yield）レベルにあるかどうかが審査される（あるいは、資源が枯渇してしまった場合は、科学的根拠に基づいて確実に回復しているかどうかが審査される）。卵から生まれ成長した魚が増えることで資源量が増加するわけであるが、増加する資源量を上回る量の漁獲を続けると資源は減少してしまう。これを防ぐためには、科学的な根拠に基づき資源の推定・評価をおこない、その資源評価に則り適切な漁獲量を決めるとともに、万が一資源量が減ってしまった場合には漁獲を抑制することが求められる。よって、原則1では、こうした資源評価や漁獲調整規則が実行されているかどうかも審査される。

原則2は、「漁業活動は、漁業が依存する生態系（生息域や相互依存種、生態学的関連種を含む）の構造、生産力、機能、多様性を維持できるものでなければならない」というものである。漁業は、まき網、一本釣り、はえ縄、底引き網、定置網など、様々な漁法によっておこなわれるが、漁獲対象の魚種以外の魚が混獲として多く獲れてしまう漁法もあるし、ウミガメ、海鳥、哺乳類など、魚以外の生き物がかかってしまうものもある。また、漁法によっては漁具（網など）が接触することで、魚などが生息する場所などを破壊してしまう可能性もある。混獲によって生態系のバランスが崩れたり、漁具によって生息域が破壊されたりすると、漁獲対象となっている魚種自体の生息も脅かされることとなり、持続可能な漁業の実現が不可能となってしまう。よって、原則2では、混獲される他の魚種・生物や絶滅危惧種、生息域（海底環境）、生態系のバランス、のそれぞれについて情報収集と適切な管理がおこなわれ、漁業による影響が最小限に抑えられているかが審査される。

そして、原則3は「漁業は、地域や国内、国際的な法と規制を尊重し、責任ある持続可能な資源利用を義務付ける制度及び運営体制を有する適切な管理システムが必要である」というもので、右記の原則1と原則2を満たした漁業が実現できるよう、関連する国際法や国内法が整備され順守されているかどうか、さらには、審査対象の漁業自体が持続可能な漁業を続けていくための規則や仕組みを有しているかどうかが審査される。

## トレーサビリティの重要性

右記の通り、認証された持続可能な漁業を普及するためには、そうした漁業で獲られた水産物にその証となるＭＳＣエコラベルを表示し、消費者に選択・購入してもらうことでマーケットを広げることが不可欠となるが、持続可能な漁業で獲られた水産物のみにエコラベルが付けられなければ仕組みとして機能しない。よって、漁獲直後から水産物が加工・包装されエコラベルが付けられるまでのサプライチェーンにおいて、認証された漁業で獲られた水産物とそうでない水産物が混じることがあってはならない。こうした混ざるリスクを最小限に抑えるとともに、当該水産物からさかのぼって供給元の漁業まで追跡することを可能にする仕組みとして、水産物を取り扱う事業者を対象とするＣｏＣ（Chain of Custody）認証というものがある。

ＣｏＣ認証を取得するためには、認証された漁業からの水産物を、認証を取得している事業者から購入することが求められる。また、水産物の購入、入荷、保管、加工、包装、ラベリング、販売、配送の全ての段階において、認証のものとして識別しなければならない。認証水産物は他の水産物と分別されなければならず、当然のことながら、認証水産物と非認証水産物の置き換えや、認証水産物と非認証水産物を混ぜることがあってはならない。さらには、認証のものとして購入した水産物は購入から販売時点まで、また認証のものとして販売した水産物は販売から購入時点までさかのぼって追跡ができなければならず、認証水産物の入出荷量の記録も保持しなければならない。

ＣｏＣ認証の取得が求められるのは、認証漁業で獲られた水産物の漁獲直後の加工・輸送開始時点から、製品を最終販売形態として包装しＭＳＣエコラベルを付ける時点までのサプライチェーンにおいて、当該認証水産物の所有権を有するすべての事業者である。この認証によって、認証された持続可能な漁業のみを供給源とする水産物であると判断される場合に限り、エコラベルを表示することが可能となる。

MSCのエコラベルの付いた製品は、CoC認証取得事業者の記録を通じて、そのサプライチェーンをさかのぼって供給源の漁業まで追跡できることから、水産物の偽装防止やIUU漁業で獲られた水産物の排除にもつながる。また、水産物の誤表示の割合は世界的に平均三〇%という報告があるが、MSCエコラベルの付いた製品に対し定期的に実施しているDNA検査の結果では、誤表示の比率は一%未満と極めて良好であり、CoC認証の信頼性の高さを示している。

## 持続可能な漁業の広がり

持続可能な漁業であるとしてMSCの漁業認証を世界で最初に取得したのは、西オーストラリア州のオーストラリアイセエビ漁業とテムズ川河口(イギリス)のニシン漁業の二つで、二〇〇〇年三月に認証が付与された。また、同年一〇月には、持続可能な漁業の象徴ともいえるアラスカのサケ漁業も認証を取得している。二〇〇一年にはニュージーランドのホキ漁業が白身魚を漁獲する大規模漁業として世界初となる認証を取得し、二〇〇四年にはメキシコのバハ・カリフォルニアのイセエビ漁業が開発途上国の漁業として初の認証を取得した。そして、二〇〇五年には世界最大の白身魚漁業であるアラスカのスケソウダラ漁業が認証を取得し、これによってMSCエコラベルが付いた製品が格段に増加するとともに、他の多くの漁業に持続可能な漁業に向けた取組みを促すこととなった。

図4に示すように、その後も認証を取得する漁業は着実に増加している。二〇一八年八月末現在、世界三六ヵ国で三五〇を超える漁業がMSCの漁業認証を取得しており、これら漁業による漁獲量は約一〇〇〇万トンで、世界の天然魚漁獲量の約一二%を占めている。ロブスター類、ホッコクアカエビ、白身魚類については、おのおの世界全体の漁獲量の七〇%以上が、また、カレイ類やサケ類は四〇%以上が、認証を取得している、あるいは認証取得を目指し審査中の漁業で獲られている。

特定の魚種を対象とする漁業や、特定の海域で操業する漁業の一定数以上が認証を取得すると、同じ魚種を獲る他の漁業や同じ海域で操業する他の漁業も追随して認証取得を目指すという明らかな傾向がみられる。また、認証を取得した漁業の九四%は認証取得時に改善すべき事項が認証の条件として付与されていることから、それら改善が実現されることで漁業の持続可能性がさらに強化されることになる。

温帯海域や高緯度海域では認証を取得する持続可能な漁業の数は増えているが、重要な海洋生態系を含む熱帯海域では認証取得漁業の数はまだ少ない。また、認証を取得している漁業の多くは先進国の漁業であり、開発途上国で認証を取得している漁業による漁獲量は認証取得漁業の漁獲量全体の約一〇%にすぎない。開発途上国の人々にとって漁業は貴重なたんぱく質の供給源であるとともに、経済的にも重要な産業であることから、開発途上国の漁業を適切に管理された持続可能な漁業へ改善していくことは重要な課題である。資源に関するデータの不足や不十分な資源管理等の課題があることから、開発途上国の漁業がMSCの認証を取得することは容易ではない。よって、MSCでは定量的な情報が十分にない漁業に対する審査方法の開発や、持続可能な漁業の実現に向けた改善をおこなうための手順書を作成するなど、開発途上国の漁業を持続可能な方向へ移行していくための支援をおこなっている。

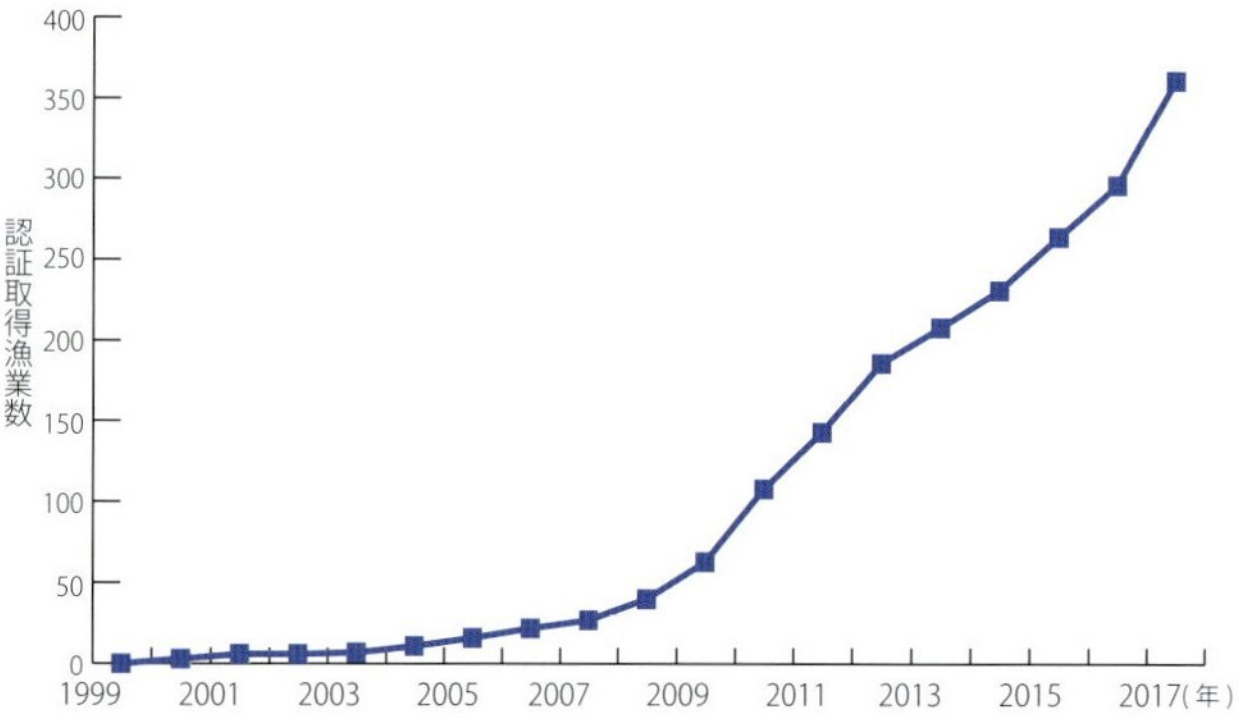

図４　MSC 認証取得漁業数の推移

## 日本国内での持続可能な漁業の動向

日本国内の漁業がMSCの漁業認証を初めて取得したのは二〇〇八年で、最近では、持続可能な漁業で獲られた水産物の需要が欧米のみならず国内でも高まり始めたことを受け、認証取得に関心を持つ漁業が日本でも増え始めている。二〇一三年には北海道のホタテガイ漁、二〇一六年には宮城県塩釜のカツオとビンチョウマグロの一本釣り漁業が認証を取得し、また、二〇一七年には静岡県焼津のカツオとビンチョウマグロの一本釣り漁業、二〇一八年には宮城県気仙沼を本拠とするタイセイヨウクロマグロはえ縄漁業が認証取得を目指し本審査に入っている。

認証された漁業で獲られた水産物の取り扱いを積極的に増やそうとしている国内の小売企業への供給元の漁業の中にも、認証取得に向け準備を進める漁業が出てきている。通常は、本審査に入る前に、認証取得の可能性や改善すべき点を確認する目的で予備審査というものがおこなわれるが、この予備審査をおこなう漁業が増加している。こうした予備審査を受けた漁業の中から、今後本審査に進む漁業が出てくることが期待される。

また、海藻を対象とする認証規格が二〇一八年三月から発効となっている。認証取得に関心を持つ国内の海藻業者は多く、すでに本審査に入ったところもあり、今後も複数の海藻業者が認証取得を目指すことが見込まれる。

## 持続可能な水産物市場の拡大

ＭＳＣ認証を取得した持続可能な漁業で獲られた水産物に、世界で初めてＭＳＣの「海のエコラベル」が付けられ販売されたのは二〇〇〇年である。その後、ＭＳＣエコラベル付き製品数は、着実に増え続けており、特に二〇〇六年以降、急増している。二〇一一年六月には一万品目に到達し、二〇一七年三月末時点においては、世界一〇一ヵ国において約二万五〇〇〇品目が販売されており、その小売販売額は五六億ドルと推計されている。

図5に示すように、製品数は、国別ではドイツが圧倒的に多く、五〇〇〇品目以上が販売されている。イギリス、フランス、オランダ、スウェーデン、ベルギー、デンマークと他のヨーロッパ諸国がこれに続き、何れも一五〇〇を超える品目が販売されている。ヨーロッパン以外では、アメリカ、カナダで多く販売されており、最近では、アジアでも製品数は増えている。特に日本と中国においては二〇一六年あたりから製品数が急増している。

ちなみに、ヨーロッパ、アメリカ、カナダ、ブラジルのマクドナルドで販売されているフィレオフィッシュにもＭＳＣエコラベルが表示されている。また、二〇一六年にリオデジャネイロで開催されたオリンピック、パラリンピックでは、会場内で提供される水産物はＭＳＣ、ＡＳＣ（水産養殖管理協議会）（１）認証のものを優先的に使用することで準備が進められ、最終的に選手村で提供された水産物の七五％は認証水産物であった。

欧米でＭＳＣエコラベル付き製品数が多く販売されている理由として、持続可能な漁業からの水産物のみを取り扱っていこうとする大手小売企業や外食企業が増えていることがあげられる。水産物を販売する企業にとって、安定的な原料供給を確保することは企業経営上、非常に重要なことである。世界的に水産資源が減少傾向にある中、流通の川下においては、認証・水産エコラベルなどの制度を通じて、適切な管理をおこなっている持続可能な漁業のみを供給源とし、そうでない漁業には持続可能な漁業に向けた改善を求めていくという傾向が強まっている。

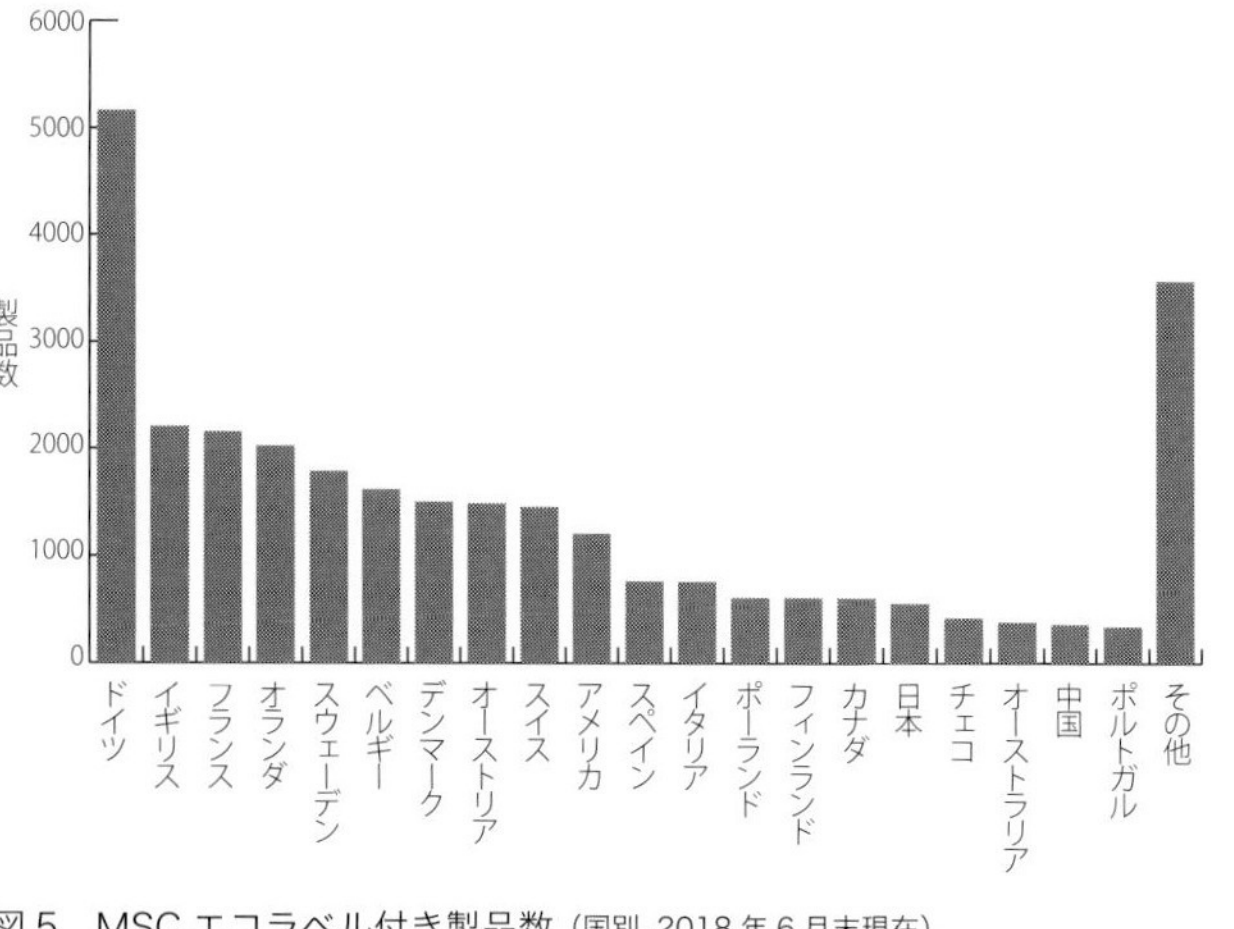

図5　MSCエコラベル付き製品数（国別、2018年6月末現在）

## 日本の市場動向

欧米では大手小売企業がＭＳＣ認証水産物への転換を開始した二〇〇六年以降、認証を取得する漁業数、ＭＳＣエコラベル付き製品数ともに着実に増え続けてきた。日本でも最近になり水産資源に関する危機意識がようやく高まりつつあり、持続可能な漁業に取組もうとする漁業者やエコラベル付き製品の取り扱いを拡大する企業が急速に増えている。

日本最大の小売企業であるイオン株式会社は、二〇一七年四月に「持続可能な調達二〇二〇年目標」を発表し、連結対象の総合スーパーとスーパーマーケット企業で、ＭＳＣもしくはＡＳＣのＣｏＣ認証の一〇〇％取得をめざすことを目標の一つとして掲げた。この目標とは別に、二〇二

図6　MSCエコラベル付きイオントップバリュ手巻きおにぎり

〇年までにグループ全体の水産物の二〇％をＭＳＣおよびＡＳＣ認証のものにすることも発表している。この目標達成に向け、従来の水産物のみならず、おにぎりや練り製品でもエコラベルの付いた製品の導入を開始しており、二〇一八年九月時点では、同社で販売されている水産物の約一四％にＭＳＣもしくはＡＳＣのラベルが表示されている（図6）。

　また、日本生活協同組合連合会は、エシカル消費（保全のための経費負担を意識した倫理的な消費）への対応を進めており、水産物に関しては、二〇一七年度のＭＳＣラベル付き製品の取り扱いが金額・製品数で前年度の約四倍に増加している。水産部門のＣＯＯＰ商品でのＭＳＣ認証商品の供給高構成比は二〇一七年度において約一七％（金額ベース）で、二〇二〇年までにＭＳＣならびにＡＳＣラベル付き製品の比率を二〇％以上にまで引き上げることを目標としている。また、地域生協の一つであるコープデリ連合会が発表した「水産方針・持続可能な調達方針」には「ＭＳＣ認証、ＡＳＣ認証などの持続性と環境に配慮した水産物の取り扱いをすすめ、主力取引先にＣｏＣ認証の取得を要請する」という方針が含まれており、持続可能な水産資源の開発と利用を進めていく方向にある。

　その他の大手小売企業でも新たにＭＳＣエコラベルの付いた製品の取り扱いを開始するところが出てきているほか、マルハニチロ株式会社、日本水産株式会社といった大手水産会社でも、ＭＳＣラベルを表示した自社ブランド製品を拡大するとともに、持続可能な水産物の調達に向け、これまで以上に積極的な取組みを進めていく旨をＣＳＲ（企業の社会的責任）報告書等で述べている。また、パナソニック株式会社は二〇一八年三月より自社の社員食堂でＭＳＣ、ＡＳＣ認証の水産物の提供を開始しており、二〇二〇年までにこの取組みを国内の全事業所の社員食堂に広げることを目標としている。他にも複数の大手企業が同様の取組みを進めている。

このようにＭＳＣ認証を取得した漁業で獲られた水産物の取り扱いを増やす企業が増えたことを受け、日本におけるＣｏＣ認証取得企業数は一年間で五〇社増加し、二〇一八年九月末現在で計一八六社が認証を取得している。また、ラベル付き製品数も前年比大幅増となっており、持続可能な漁業で獲られた水産物のマーケットは日本でも大きく拡大し始めている。

## 今後の展望

上述の通り、日本でもＭＳＣ認証水産物の市場が急速に拡大している。新たに取り扱いを検討している大手小売企業や地域生協があることに加え、外食チェーン、ホテルチェーン、社員食堂等、小売り以外の新しい市場でもＭＳＣ認証水産物を提供しようという動きが出てきており、国内市場のさらなる拡大が見込まれることから、持続可能な漁業に向けて取組む国内の漁業者は増えていくと思われる。

また、二〇二〇年の東京オリンピック・パラリンピック大会の「持続可能性に配慮した水産物の調達基準」では、ＭＳＣ認証の水産物も基準を満たすとされている。東京大会で食事を提供する給食事業者と提供される食事のメニューが今後決まっていくが、使用される水産物については、この調達基準に則ったものになるであろうことから、国内の漁業者や企業の間で、認証を取得した持続可能な漁業で獲られた水産物への関心がさらに高まっていくはずである。

さらには、二〇一五年九月の国連サミットで採択された「持続可能な開発目標（ＳＤＧｓ：Sustainable Development Goals）」が日本でも大きく注目されているが、一七ある目標のうち、一四番目の目標は「海の豊かさを守ろう」というもので、この目標達成に向けた取組みの一環として、持続可能な水産物の調達を進める企業が国内でも増えつつある。ＳＤＧｓに係る取組みの実施は、ＥＳＧ（Environment social governance）投資にもつながることから、国内企業の関心も非常に高い。

これまでは消費者の認知、理解が進まなければ水産資源の持続可能性に関する問題には積極的には取組まないというのが多くの日本企業の姿勢であった。しかし、右記のように持続可能な水産物の調達につながるイニシアティブが出てきていることから、対応を進める企業が急増している。企業が積極的に取組みを進め、ＭＳＣエコラベルの付いた製品が増えてきていることから、水産資源の持続的な利用の重要性に関する消費者の認知、認識も向上しつつある。よって、企業が消費者を啓発し、消費者が持続可能な漁業で獲られたＭＳＣ認証の水産物をこれまで以上に求めることで、漁業者が適切に管理された持続可能な漁業に向けた取組みをおこなうという流れが日本でも加速することが期待される。

（1）ＡＳＣ（Aquaculture Stewardship Council、水産養殖管理協議会）は、海などの環境や地域社会とヒトに配慮した、責任ある養殖により生産された水産物を対象とする認証制度を管理・運営している組織。

## 参考文献

水産庁編　二〇一七『水産白書　平成二九年版』農林統計協会

公益財団法人東京オリンピック・パラリンピック競技大会組織委員会　二〇一八「東京二〇二〇オリンピック・パラリンピック競技大会　持続可能性に配慮した調達コード（第二版）」

FAO 2018, The State of World Fisheries and Aquaculture 2018-Meeting the sustainable development goals. Rome. Licence: CC BY-NC-SA 3.0 IGO

Pardo, M. Á., Jiménez E. and B. Pérez-Villarreal　2016, Food Control 62: 277

MSC 2016, From ocean to plate: How DNA testing helps to ensure traceable, sustainable seafood

MSC 2017, Marine Stewardship Council: Global Impact Report 2017

MSC 2017, MSC Annual Report 2016-17

# 6 サクラエビ漁業を守れ

大森 信（東京海洋大学名誉教授）

駿河湾でサクラエビ漁業がはじまったのは、それほど昔のことではない。

明治二七年（一八九四）の一二月の夜、富士川河口沖にアジの船曳き漁に出かけた由比の漁師二人の船が、網口につける浮き樽を流してしまい、網が深く沈んでしまった。ところがそれを引き上げてみると、サクラエビが一石（一八〇リットル）余りも入っていた。サクラエビが深みに群泳していることを知って、地元の由比、蒲原では盛んに漁がおこなわれるようになった（大森／志田 一九九五）。

漁は夜間、エビが中層に上昇している間におこなわれ、年二回の漁期、すなわち春漁（概ね三月下旬〜六月上旬）と秋漁（一〇月下旬〜一二月下旬）がある。サクラエビは水深三五〇メートル以浅の、急深で複雑な地形に群れをつくることが多く、春漁では湾奥部の富士川沖、秋漁では湾西部の大井川沖が主な漁場になる（図1）。漁は一つの網（「一統」という単位で表す）を二隻の船が組になって曳く船曳き網漁である（図2）。

現在、漁業にたずさわっているのは由比港漁業協同組合と大井川港漁業協同組合の構成員による静岡県サクラエビ漁業組合所属（由比、蒲原、大井川の三地区に分かれる）の一二〇隻（六〇統）のサクラエビ専業漁船である。近年の漁獲量は年間約一〇〇〇〜四〇〇〇トン、金額は約三〇億円〜五五億円に達している（図3）。漁獲されたエビは仲買人や加工業者に買い取られ、伝統的な素干しのほか、釜揚げや生エビの急速冷凍品に加工されて市場に出る。二〇〇六年には「駿河湾桜えび」という商標登録が認可され、地域ブランドとしてのサクラエビの名は全国に知られている。

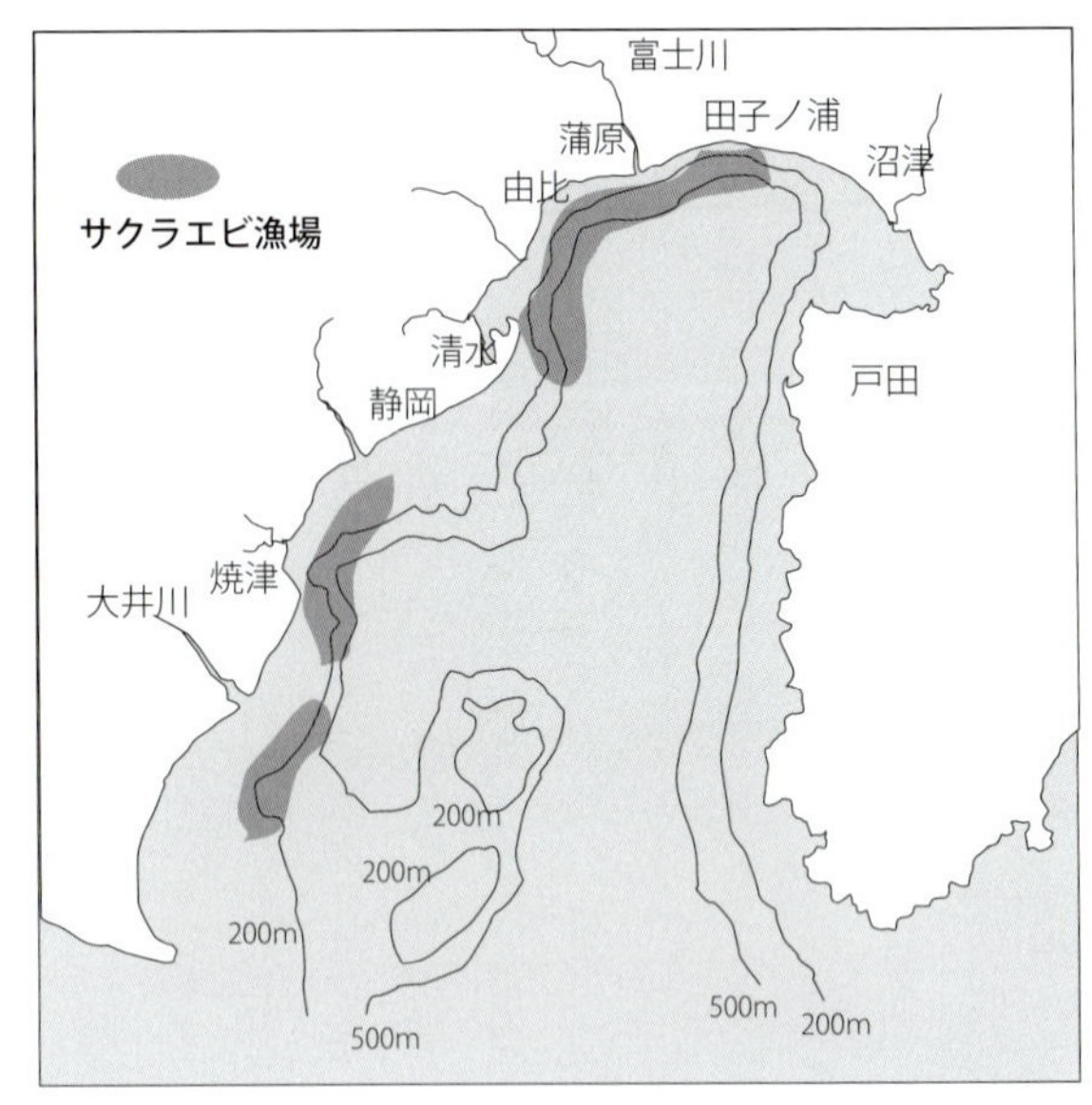


図１　駿河湾のサクラエビ漁場

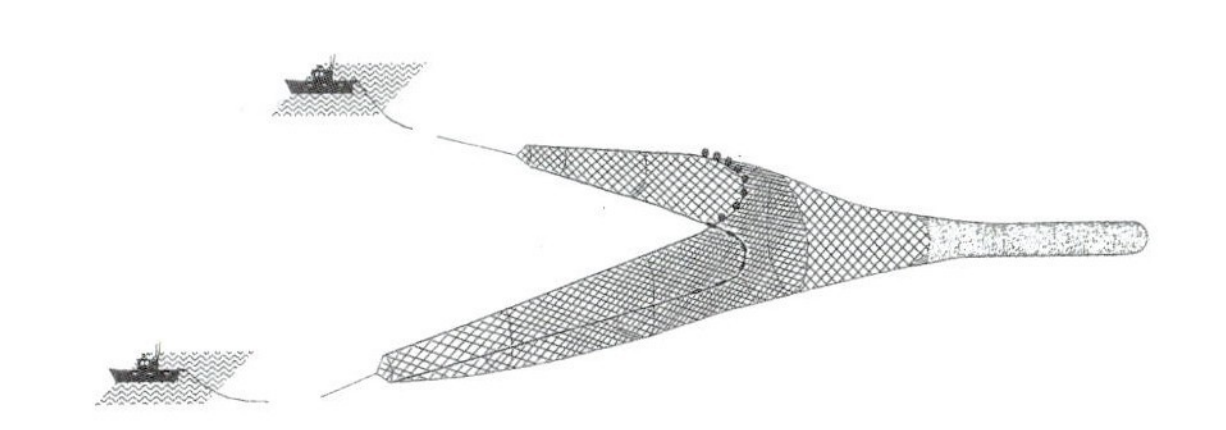

図２　サクラエビ２艘船曳き網漁（大森・志田　1995）

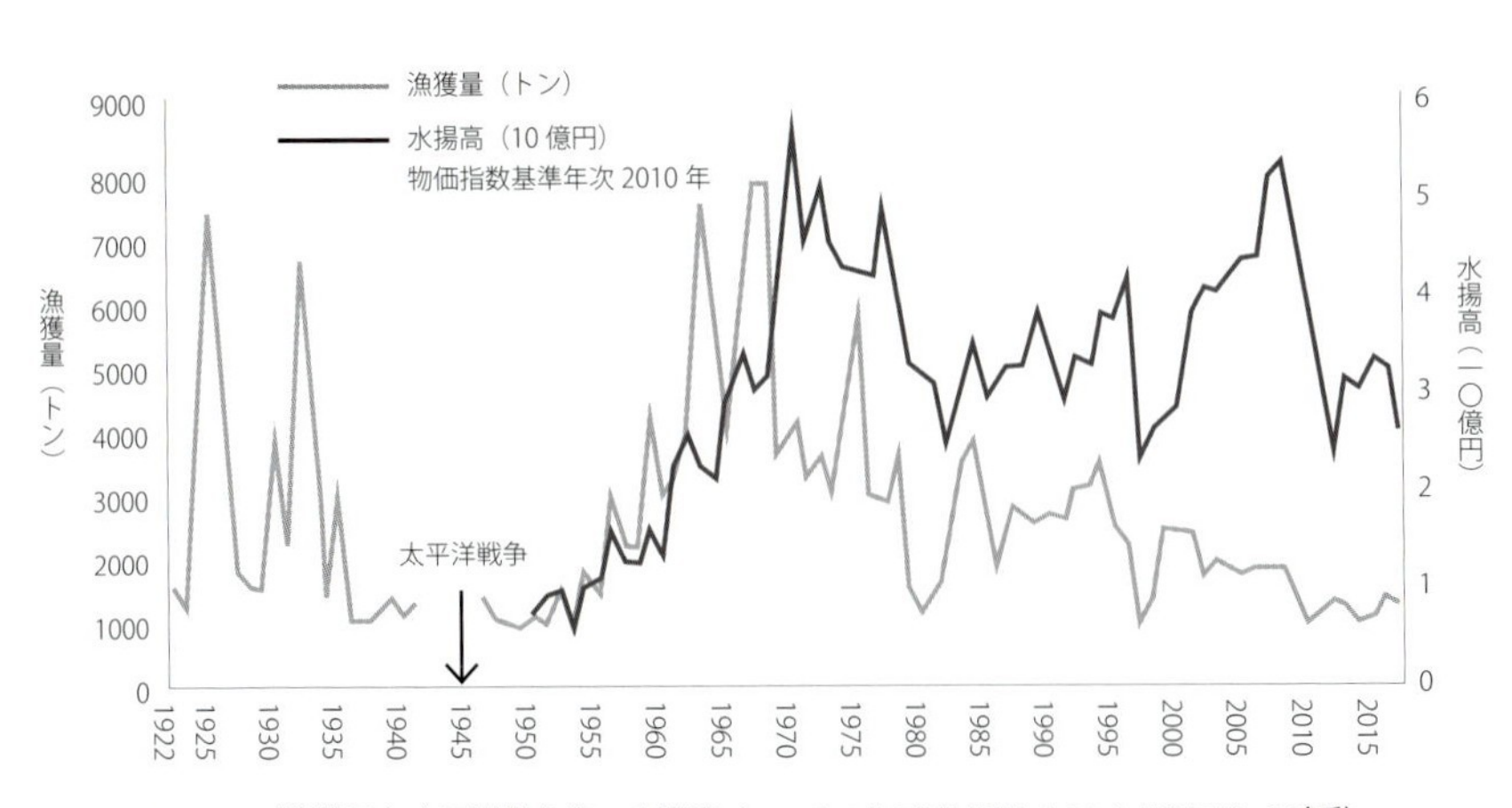


図３　サクラエビ漁獲量と太平洋戦争後の水揚高（2010 年を物価指数基準年次とした実質価格）の変動

## サクラエビの地理分布

サクラエビは十脚目根鰓亜目サクラエビ科に属する体長五センチメートル足らずの遊泳性のエビである。昼間は水深二〇〇～三五〇メートルあたりの海底直上に群れをなし、暗くなる頃に水深二〇～五〇メートルの中層に上昇する。その学名は長い間 *Sergia lucens* (Hansen 1922) であったが、近年、ロシアのベレシュチャカ博士が新属名 *Lucensosergia* を提唱したために (Vereshchaka 2000)、*Lucensosergia lucens* (Hansen 1922) と呼ばれることが多くなった。本種は駿河湾で生まれて、そこで死ぬが、隣接する相模湾や東京湾湾口付近にも生息する (Omori 1969)。また、台湾島南部と東岸にも別の個体群が分布し (李ほか 一九九六)、東港沖と宜蘭湾亀山島周辺では漁業が営まれている (陳ほか 一九九四、荘ほか 二〇一八)。

かつて著者らは、サクラエビが、第三紀の終わりから第四紀更新世 (約二六〇万年～八〇万年前) にかけての海水準の下降期に、九州の西方から台湾島の北方までの琉球列島の西北側に沿った細長い円弧上の海底のくぼみ (沖縄トラフ) のあたりに存在したとみられる広大な入江で進化し、次の温暖な海水準上昇期に西太平洋の暖水域に分布を広げたが、やがて、海水準の低下に伴って、急深の地形を保ち、河川水の影響を受ける好適な環境を維持した駿河湾周辺と台湾島周辺の二つの海域に限定されていったのではないかと想定した。それは、サクラエビの地理分布が河口ないし内湾性の海域に適応して生息する「東亜固有要素」(西村 一九八一) に含まれる生物群の地理分布に似ていたためである (大森ほか 一九八八)。ちなみに、駿河湾のサクラエビ漁場には富士川や安倍川や大井川が流入し、宜蘭湾には頭城河と蘭陽渓が、東港には台湾最大の高屏渓が大量の淡水を供給している。

ところが、近年、サクラエビが南シナ海とフィリピン近海とパプアニューギニア北岸にも分布することが、インド・西太平洋熱帯域の海洋調査をおこなったデンマークのダナII号が採集した生物標本の分類学的研究で明らかにされた (Vereshchaka 2000)。さらに、二〇一七年、前述の沖縄トラフの東端にあたる長崎県野母崎沖と福江島南 (1) でサクラエビ一〇〇個体以上が採集されている (Huang *et al.* 2018)。

このような新しい発見によって、サクラエビの地理分

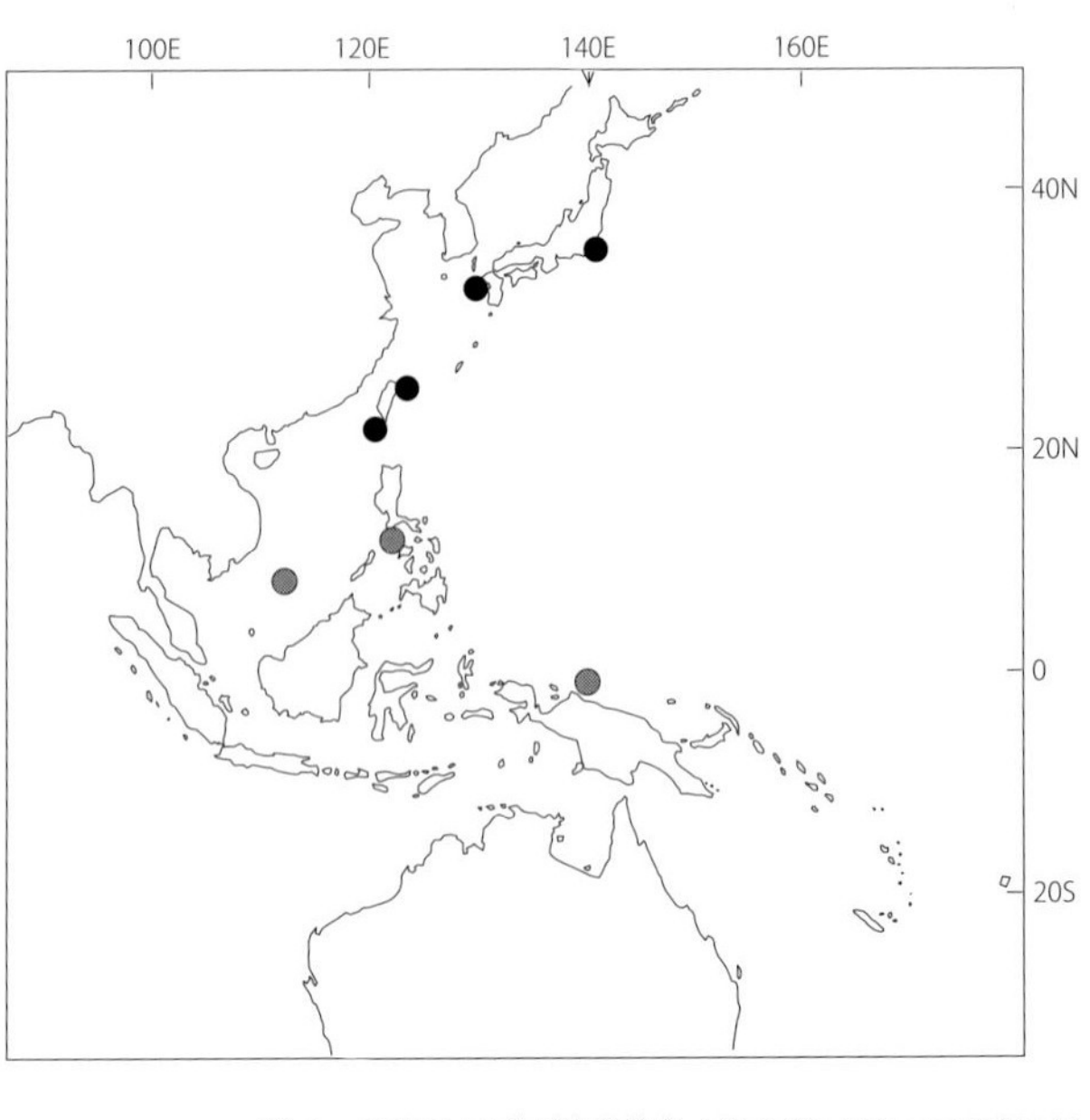


図4　サクラエビの地理分布（●はダナⅡ号による採集地点）

布は西太平洋に広くおよぶことがわかった（図4）。ただし、ダナⅡ号の標本についてはいくつかの疑問が残っている。標本は四個体だけで、何れも頭胸甲長が五〜七ミリメートルで、駿河湾産の個体（頭胸甲長八・五〜一二・二ミリメートル）よりずっと小さく、また採集点のひとつ（Dana 3767-2）は南シナ海ブルネイ沖の、河川水の影響が及ばない海域で、これまでのサクラエビの分布域の環境特性、即ち急深の海底地形と河川水の流入する海域とは異なる。

## プール制の導入

駿河湾のサクラエビ漁業は漁場が限られているので、狭い漁場に全漁船が密集すると激しい漁獲競争がおこなわれ、漁船間の争いや乱獲などの原因にもなりやすかった。また、素干しエビの加工は天候に影響され、一日に処理できる量に限界があったために、漁獲量がそれ以上になったり、雨天が続いたりすると大幅な値下がりが起きて、漁業者を困らせた。一九六〇年代は船主たちが過当競争と漁船や漁具の充実のための出費に苦しんでいる時でもあった。そして、富士市の製紙会社からの廃液と田子浦港から流れ出した大量のヘドロ汚泥がエビの漁場を汚していた。一九六八年春漁は豊漁であったが、六月には極度の安値となって、漁業者と仲買人との間に騒動がもちあがった。

このような状況にあって、漁業者の間にはこのままの操業を続けるなら、やがてサクラエビ漁業は衰退してしまうかもしれないという不安が広がっていた。その頃、由比地区の漁業者の一部では仲の良い船主仲間の間で情報を共有して操業の効率化と漁獲量の増加を図り、水揚げ代金を均等分配するプール制が試験的におこなわれはじめた。このなかから組合幹部たちには、際限のない漁獲競争を規制し、経営の合理化を実施するためには、所得面から平等化するプール制を広めるのがもっとも有効ではないかという考えが起きてきた。そして、彼らは資源の保護につながる共同的漁業制度の潜在的価値を説いた識者の助言に耳を傾けた。また、制度の試験的な試みで、漁業者は彼らの団結が意識されることによって、仲買人や加工業者による買いたたきが抑えられ、水揚げ代金が高値で安定するということを知った。一九六七年には漁業組合の船長部会が、由比、蒲原、大井川の三地区の船主と船長の代表二一名で構成した出漁対策委員会を立ち上げ、すべての漁船が操業時間などを調整するようになった。

やがてプール制は全面的な展開につながり、一九六八年の秋漁から三地区に分かれてはじまった。しかし、一定の比率で各地区に入る市場手数料が地区所属船の漁獲量の大きさによって左右されたことから、漁獲は地区間の集団競争になり、大型になった六〇統の網を狭い漁場に配置して混乱なく操業させることが困難になったし、対抗意識が激化して資源管理への効果も疑わしくなった。地区別プール制の不備を認識した人たちは、やがて一九七七年春漁から三地区の全船を統合した総プール制に移行し、今日に至っている。すべての漁業者は自らが作り出した制度にのっとり、出漁前に決めた出漁時間、操業時間、目標漁獲量、操業方式などを守って漁に出ている。

駿河湾のサクラエビ漁業がプール制を取り入れ、それを長年にわたって継続することができた要因には、

一．漁獲量の不安定さと限られた資源量の維持に対する不安感と過当な漁獲競争の回避
二．漁業が近隣の地区に住む漁民（大井川地区は少し離れているが）によって営まれていることと地域のヘドロ公害闘争を通じて高揚した漁民間の連帯感
三．共同的漁業制度の潜在的価値を説いた識者の助言
四．漁業組合幹部の強力なリーダーシップ
五．サクラエビが駿河湾で一生を終える生物なので、漁場が移動せず、地域の漁民によって独占的に漁獲され

ること

などがあった。

プール制の実施以来、駿河湾では操業日には全船が一斉に出漁するのが習わしであるが、漁船のすべてが操業すれば容易に「適正漁獲量」を越えてしまうことを心配して、現在では三地区ごとに漁船を四班に分けて、あらかじめ、出漁対策委員会が曳き網をおこなう班を指定して漁場に向わせ、曳かなかった船には海上で漁獲物を分配して、漁獲量を調節している。プール制だからこそ可能な戦略である。年間の出漁日数は一九五五～一九六四年の六七～一〇八日に対し、二〇〇五～二〇一四年は二五～四一日に大幅に減少した。

現行では、総水揚高の五％が市場手数料として、港の冷蔵庫使用料と共に控除され、残りが一二〇隻に均等分配される。乗組員と船主の取り分は半分ずつである。現在の漁業者数は約七五〇人で、平均年齢は五〇～五五歳である。老齢化、後継者不足が一般的な日本の現場にあって、比較的若年の従事者が多いサクラエビ漁業は異例といえるかもしれない。サクラエビ資源を子孫にまで残す共同の財産と考えて、ほぼ五〇年にわたってプール制が守られているのは日本の水産界では珍しい。

## 台湾のサクラエビ漁業

台湾南部でのサクラエビ漁業はちょうど一九七二年頃、屏東県東港に来ていた日本人業者が大武（だいぶ）港沖で採取された個体をみて、その漁獲と日本への輸出を提言したことがきっかけであった。それまでもサクラエビは東港沖では、急深の海底斜面を曳網する底曳き網でアキアミ類と共に混獲され、それら小型エビ類は「花殻（はながら）」とよばれて養殖魚や養殖エビの餌料にされていた。日本への輸出は一九七五年頃が最初で、花殻からより分けられた素干しエビであった。サクラエビを目的とする漁獲がはじまったのは一九八二年頃である。初期から今日まで、台湾産は主に静岡県の買受業者によって取り扱われている。一九八八年にいたって、東港産のエビが駿河湾のサクラエビと同種であると同定された（大森ほか　一九八八）。

当初、東港産の素干しエビは加工の質が悪く、価格は日本の買受業者に決定され、駿河湾の製品よりはるかに安かった。しかし、台湾省水産試験場や日本人業者の指導によって、漁獲技術、加工技術とも次第に改善された。また、自国台湾でのサクラエビの消費量が増え、中国へも輸出されるようになって、今日では、価格は日本からの購買にあまり影響されなくなっている。

漁業者の組織つくりも進んで、一九九二年には東港エビ漁業者組合がつくられ、六月一日から一〇月三一日までを禁漁とすることを決定した。組合には東港の全漁業者（現在、免許を取得している漁船は一一二隻）が加わり、一一の生産者グループと調査・技術・販売の振興にかかわる一グループに分かれて活動している。漁法は一艘曳きの底曳き網あるいは中層曳き網漁である。資源維持と価格の安定を目指して、一日の漁獲量は一隻あたり一八〇キログラムに制限されている。漁獲量は年間七〇〇〜一五〇〇トンで、干しエビ（釜揚げを含む）約二〇〇トンが輸出されている。

宜蘭湾亀山島周辺の底曳き網にもサクラエビが混獲されることが知られ、地元加工業者によるサクラエビの購入が二〇〇六年頃からはじまっている。サクラエビは亀山島の周りの急深の地形（水深一〇〇〜二五〇メートル）で漁獲されている。ここでは、エビは加工業者が契約をしている漁船の漁獲物をすべて買う（いわゆる一船買い）という形態のため、漁業者による組合組織は発達していない。現在、エビ底曳き網漁船八〇隻が操業している。漁期は二月一日から七月三一日に限られているが、主な理由は海上の気象によるとのことである。二〇〇九〜二〇一四年の年間漁獲量は二〇〇〜三〇〇トン程度であろうと思われる（張ほか 二〇一四）。

## 船がよくなっているのに獲れない

駿河湾のサクラエビの寿命は約一五ヵ月で、五月から一一月の長期にわたって交尾し、産卵を繰り返す。産卵盛期は七〜九月である。生涯での産卵回数は七、八回で、一尾の産卵数は一万二〇〇〇〜一万三五〇〇粒程度と思われる（鈴木ほか 二〇一二、金子／大森 二〇一二）。海中に放たれた卵はおよそ一日半で孵化してノウプリウス幼生となり、脱皮を繰り返して成長して稚エビになり、一〇〜一二ケ月で成熟して産卵をはじめる（Omori 1969）。

春漁で漁獲の対象となるエビのほとんどは前年生まれの一歳群なので、その体長組成は一峰（分布のピーク）をなす場合が多い。一方、秋漁で漁獲されるエビの組成は、大型と小型の二峰からなる。前者は前年生まれの一歳群だが、寿命の関係で個体数は徐々に減少してゆく。後者は当年生まれの〇歳群で、秋漁の主対象になる（図5）。

これまでの研究によって、サクラエビの漁獲量は、かなり前からしばしば持続的な資源量を確保しうる「適正漁獲量」を超える恐れがあると心配されていたことから、一九八三年頃には、漁業組合の幹部たちは予防原則の考えを入れて、年間の漁獲量を二〇〇〇〜三〇〇〇トンに維持することに合意した。そして、漁獲努力量あたり漁獲量（C

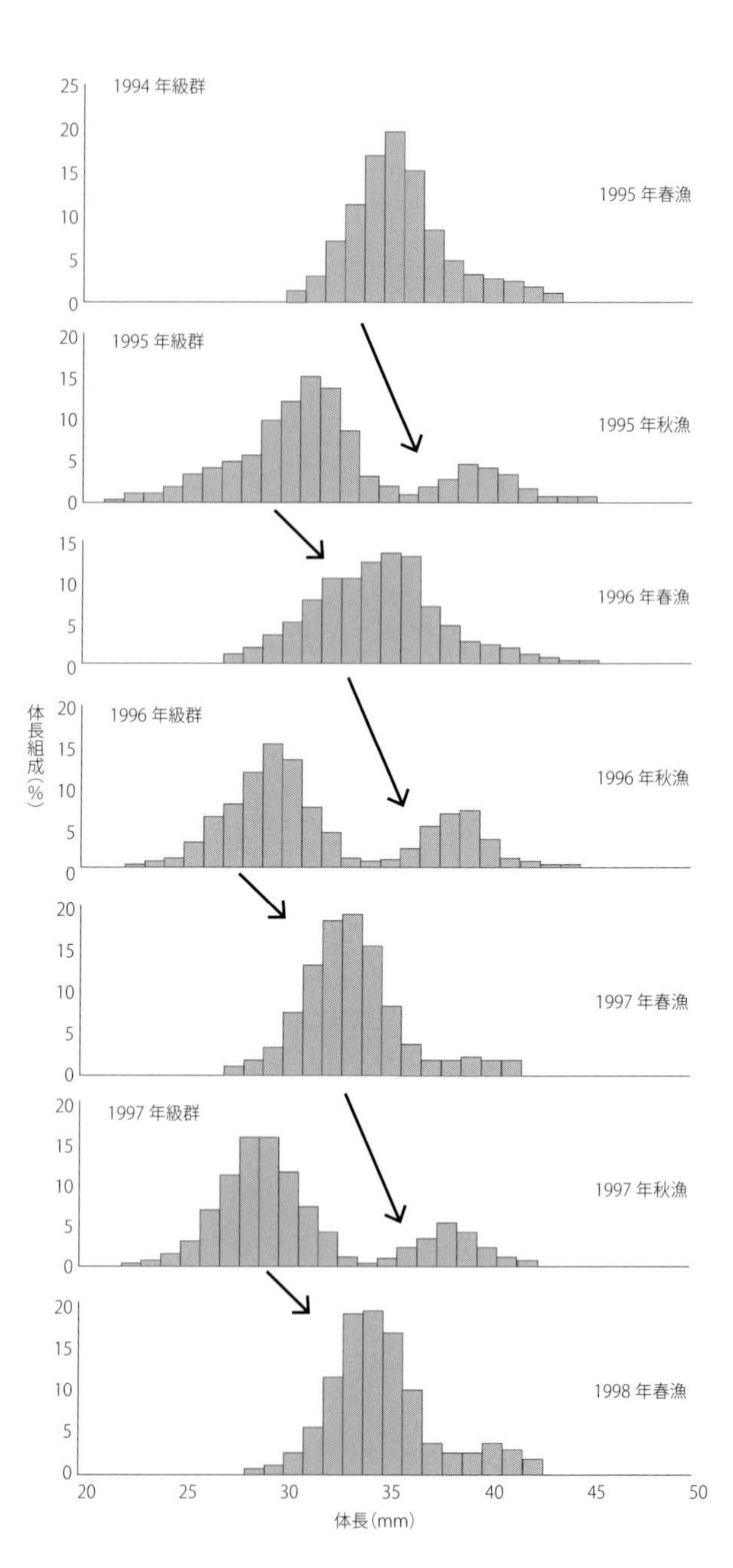


図5　1995年春漁〜1998年春漁のサクラエビ体長組成の変化（花井 1998）

PUE）が漁場の夏季（幼生と稚エビの成長期）の水深五〇メートル層の水温と密接な関連をもつこと（Omori *et al.* 1973）が明らかにされてからは、漁業者自身が水温測定や産卵調査をおこなって資源の動向に注意を払う一方、秋漁では漁場で試験曳網をおこなって、小さい〇歳群を避けるよう心がけるようになった。

しかし、そのような資源保護への思いにもかかわらず、漁獲量は年々低下の傾向にある。漁獲量は二〇〇一年までは、一九七九～八一年と一九九七年の不漁を除いては、年間二〇〇〇トン以上を維持してきた。しかし、その後は、漁船の装備や漁獲技術の向上にもかかわらず、一〇〇〇トン台に低下し、二〇一〇年には一〇〇〇トンを割った（図3）。

## 不漁の原因と思われるもの

不漁の原因のひとつは資源量の低下によるものと思われる。佐久間ほか（二〇一〇）は一九九八～二〇〇七年級群について、秋漁開始時の〇歳群の資源尾数は四六・一億～一一〇・二億尾で　一九六一～一九六五年級群の一／三～一／四〇の水準に留まっていたと推定している。そして、過去一〇年の総資源尾数のピーク時の値である約一二五億尾（約三〇〇〇トン）は近年の駿河湾の資源の上限であろうと述べている。因みに年々の推定資源尾数に対する漁獲尾数の割合（漁獲率）は、一九六四～六八年級群の春漁は六二～七五％であったが、一九九八～二〇〇一年級群では七一～八一％に達した（福井ほか 二〇〇四）。持続可能な漁業を維持するために必要なサクラエビを残すことができなかった年には産卵数が極度に減少し、新規加入量は大きく低下したであろう。これが、先行きを懸念されるサクラエビ漁業の現状である。

さらに注目されるのは、秋漁の対象になる〇歳群の小型化である。もう一度、一九九五年春漁から一九九八年春漁のサクラエビ体長組成の変化を示した図5をみてみよう。この間、一九九五年級群から一九九七年級群まで各漁期の体長組成が年々左にずれていて、小型化が進んでいることが分かる。〇歳群の成長が悪く、小型になると、翌年春漁の一歳群も小さくなっている。そして、小型化が三～四年続くと資源状態が悪化して不漁になる（次頁図6）。近年のサクラエビは資源量の減少だけでなく、小型化という質的な変化を生じていることが特徴といえる（花井　一九九八）。

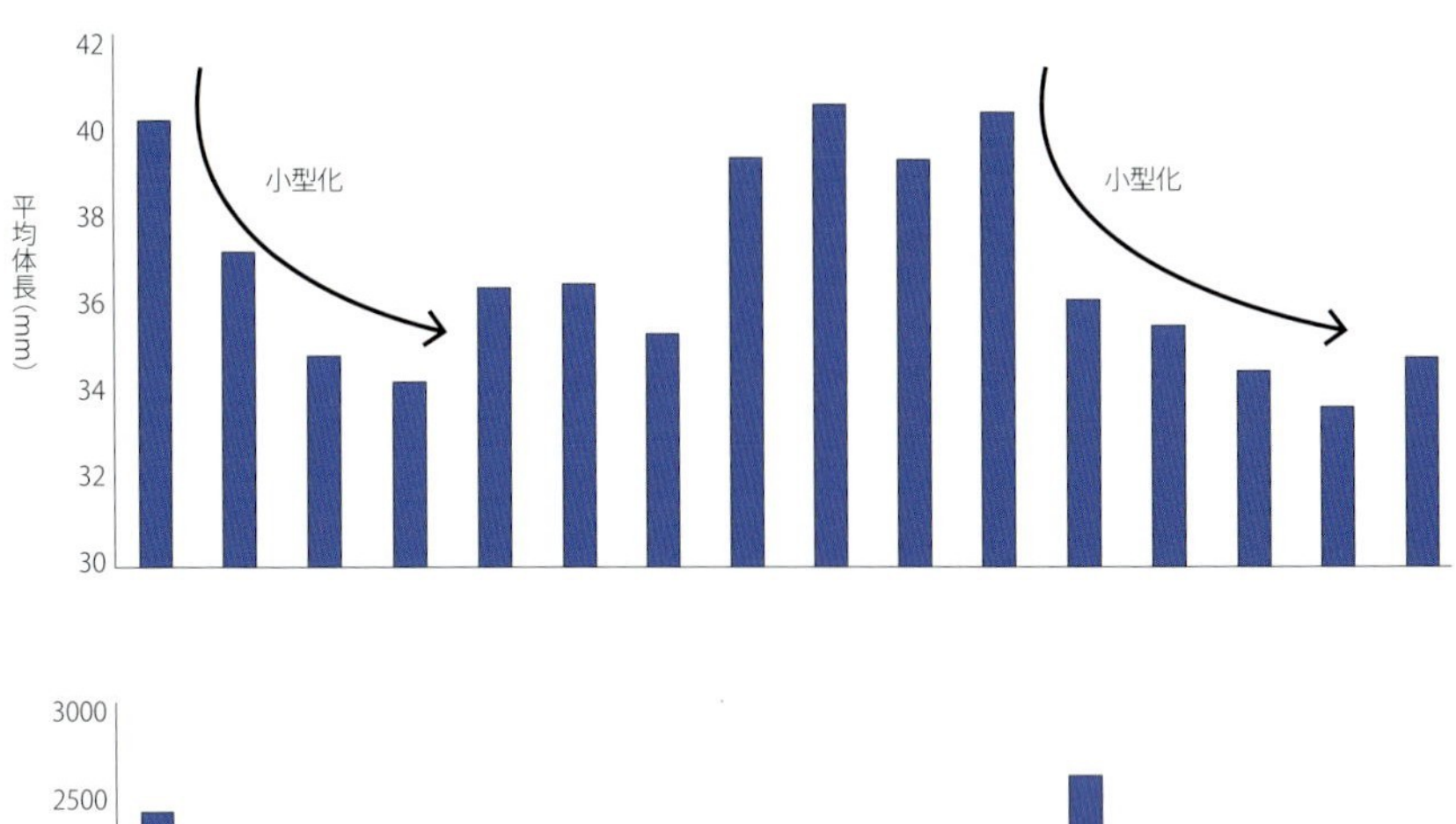


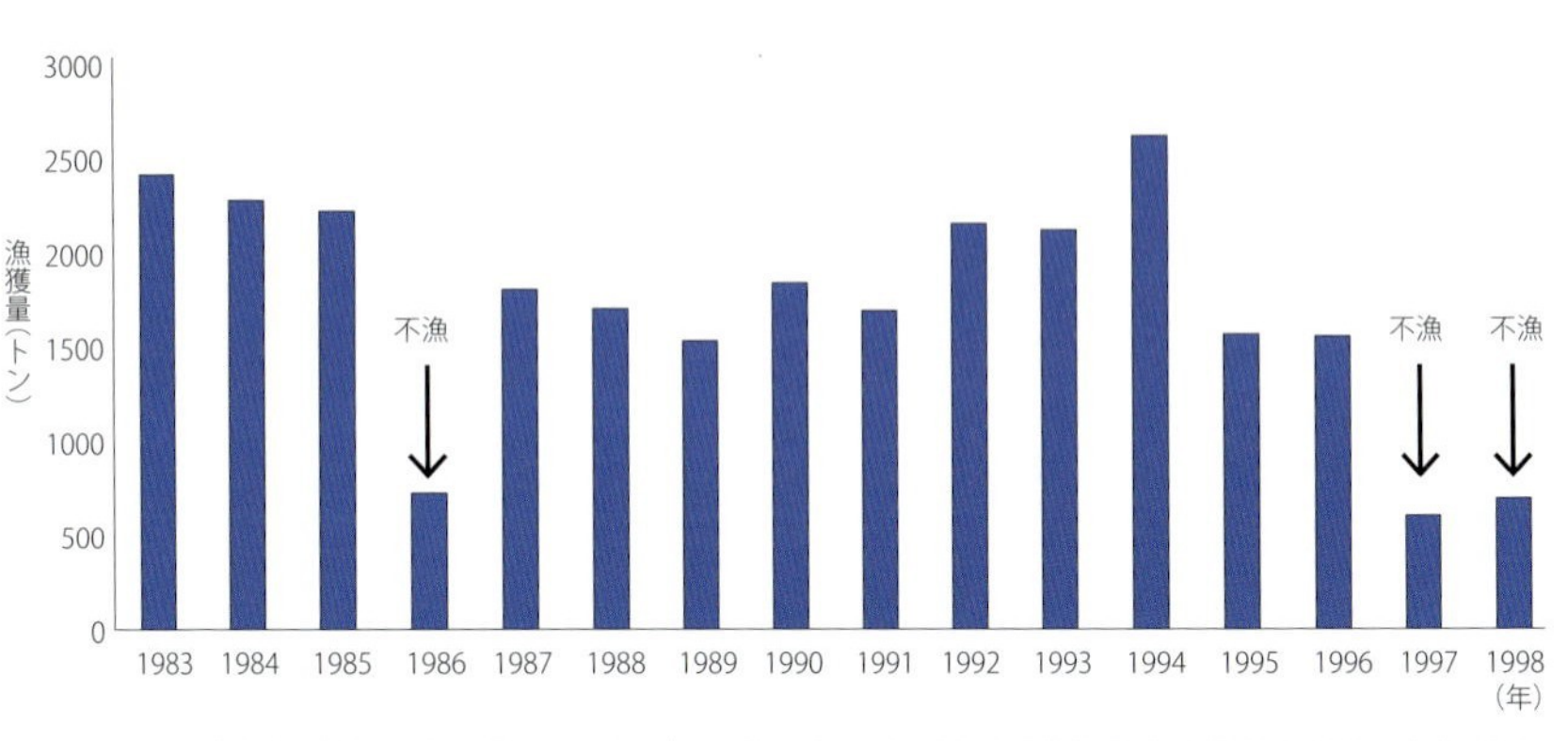


図6　1983年春漁〜1998年春漁のサクラエビの平均体長と漁獲量の変化（花井 1998）

エビの小型化は資源量に対する漁獲尾数の増大を招く。ちなみに、一九九三年級群と小型化がみられた一九九五年級群の頭胸甲長には平均で一・五ミリメートルの差があった。頭胸甲長から関係式よって生体重量を求めると、二つの年の一尾の平均重量は、それぞれ六七五ミリグラムと四三七ミリグラムであった。もし、両年で同じ量が漁獲された場合、一九九五年級群は一九九三年級群より個体数で一・六倍多く獲られることになる。

小型化の原因にはいろいろな考え、例えば餌不足や成長不足があるが、私は、資源を支えるエビがかつての五〜八月生まれのエビから産卵期後半に生まれたエビにずれてきたためではないかと考えている。通常、サクラエビは五月中旬には成熟卵をもつメス個体（産卵群）が現れる。成熟卵は薄い頭胸甲を透かして青黒くみえるので、漁業者たちはこれらを「頭の黒いエビ」と呼んでいる。しかしながら、近年、春漁での「頭の黒いエビ」が少なく、産卵が遅れているように思われる。

エビの価格は体の大きい春漁で高く、需要も大きいので、この時期にさかんに漁獲される。くわしい科学的調査による検証が必要であるが、春漁の漁獲率（漁獲圧）が増大して産卵群が減り、五〜七月の総産卵数が低下して、資源が夏以降に生まれたエビの加入に支えられるようになると、〇歳級群は小型になり、産卵時期がさらに遅れるようになるだろう。問題はもうひとつある。メス一個体の産卵数は個体の大きさによって変わり、産卵初期のほうが後期より少ないが、卵径は初期のほうが明らかに大きい（金子／大森 二〇一二）。水生生物では、一般に卵径が大きいほうが生残率は高く、幼生の成長がはやいから、サクラエビにとっては五〜七月の産卵群が多いことが、資源維持の観点からは望ましい。

このような、小型化と春漁の漁獲率の増大が産卵の遅れをもたらし、それが更なる小型化につながり、総産卵数が低下するという資源減少のシナリオは、不漁の傾向が長年にわたって続いている今日、信憑性を強めているように私は考える。

## 沿岸陸域の変化

それではどうすれば、この悪循環を断ち切れるだろうか？ 効果的な手段のひとつは春漁を劇的に減らして、五〜七月の総産卵数を増やすことであろう。春漁を数年完全にやめるとか操業を春から夏に移すという改革も考えられるが、サクラエビ漁業には漁業者のみならず、加工業者の生活がかかっている。実際、由比・蒲原地区での加工業者数は一九六〇年代約一三〇だったが、漁獲量が減少した現在では約七〇に減少した。足りない分を台湾産サクラエビの輸入によって補うことはできるかもしれない。しかし、全面休漁などによって既存の市場流通のシステムを一挙に変えることには、その影響が予見しがたいので、多くの人は躊躇（ちゅうちょ）するだろう。

サクラエビは一年で代替わりをする生物なので、その資源量は年々の環境の変化に影響されやすい。しかし、その調査研究は十分になされているとはいいがたい。せめて、年々の産卵数の変化を詳細かつ迅速に調べて現場の資源管理に反映したいものである。地球温暖化によって、自然界では予期せぬ出来事や手もちのデータでは近未来を予想できない事象が起きるようになった。調査データの早い収集と評価が海産資源では求められている。

漁獲が適正に保たれれば資源は維持され、漁業は永続的に営なまれるであろうが、再生可能な資源を複数の漁業者が利用する場合、全員で利益を分け合うような申し合わせが成立しなければ、効果的な資源管理は難しい。「自分が獲らなくても、どうせほかの漁師が獲るだろうから自分が乱獲を控える意味はない」と考えるのが普通である。そして規制なしの漁獲競争はほぼ必然的に乱獲を招く。こうして世界の海では貴重な海産資源の多くが既に崩壊したり、急速に衰退したりしてしまった。大西洋のオヒョウやクロマグロ、北海のニシン、アルゼンチン沖のメルルーサなどがその例である。しかし、予見できる将来において、今ある資源のみで生き延びるしかないことが集団全体にとって明白であれば、資源管理は可能かもしれない。

現在の、進んだ漁獲技術では、限られた海域のわずか三〇〇〇トン程度のサクラエビ資源を獲りつくすのは容易である。持続的な漁業の継続のためには、漁具漁法の近代化・大型化によって飛躍的に向上している漁獲能力を制限し、現在の漁船数を含めて、漁獲努力量を大幅に減らさなければならないが、目立った改革はまだおこなわれていない。漁業者は資源の減少を懸念しながらも漁獲量の増加を期待してしまう。プール制という独特の制度は、漁業者の協働意識と漁場が漁業権をもつ特定の漁業組合によって独占でき、さらに漁場が移動しないというサクラエビの生態学的な特色によって支えられてきた。この賢い制度を選択した先人たちから五〇年を経て、後継者たちはその体制に慣れ、それに安んじてしまった感がある。しかし彼らには、この難局を乗り切る賢明な戦略をみつけることができることを信じたい。サクラエビ漁業はいま大きな曲がり角にさしかかっているように思われる。

資源量の低下について、私たちはこれまで漁業活動の動向と、駿河湾と周辺海域の環境の変化を注目してきた。しかし、サクラエビの減少には、ほかにも大きな、みえない要素が働いているように思われる。この五〇年間の漁場周辺の環境の変化は海域より、むしろ陸域でいちじるしい。駿河湾には富士山を源とする日間五三四万トン以上といわれる莫大な量の河川水と伏流水が流入している。そのなかには相当量の海底湧水が含まれているであろう。陸域と海域を分断するような基幹道路や巨大な防波堤の建設によって、海底湧水はどのような影響を受けているだろうか。陸上では大量の水が製紙工場群や都市水道水に使われ、富士川などには数多くの砂防ダムがつくられて、駿河湾に流入する河川水と伏流水と砂泥は質量ともに大きく変化していると考えられる。

沿岸域の表層水に含まれる栄養塩類は河川から供給される。そしてサクラエビ幼生の餌料生産に関与する植物プランクトンの増殖は栄養塩類に制限される。沿岸の急激な開発と、そこに住む人びとの暮らしが、サクラエビの生息場に与える影響についても、私たちは真剣に考える必要がある。

(1) 32°12.680'N、128°59.081'E 水深三八〇メートル、採集同定：橋本惇、二〇〇九年一一月二二日、長崎大学「長崎丸」、頭胸甲長：雄＝八・〇～九・二ミリメートル、雌＝七・六～九・三ミリメートル

## 参考文献

大森信・志田喜代江　一九九五『さくらえび漁業百年史』静岡新聞社

大森信・浮島美之・村中文夫　一九八八「台湾東港水域で発見されたサクラエビ―新たな出現記録とその系統および地理分布の考察」『日本海洋学会誌』四四：二六一―二六七

金子卓蔵・大森信　二〇一二「駿河湾産サクラエビ *Sergia lucens* (Hansen) の産卵生態に関する研究(二) 頭胸甲長と産卵数と卵径の変化」『日本プランクトン学会報』五九：八二―八七

佐久間拓也・福井篤・保正竜哉・魚谷逸朗　二〇一〇「駿河湾における一九九八―二〇〇七年級のサクラエビの資源量推定」『東海大学紀要海洋学部』八(二)：一―一二

鈴木久美子・中田力・大森信　二〇一二「駿河湾産サクラエビ *Sergia lucens* (Hansen) の産卵生態に関する研究(一) 卵巣内卵の成熟過程、交尾および一尾の産卵回数の一試算」『日本プランクトン学会報』五九：二〇―二九

荘世昌・陳威克・蕭聖代　二〇一八「宜蘭湾桜花蝦漁場及漁業研究」『水試専訊』第六一期：五―九

張可楊・陳威克・荘世昌・陳人裕・呉継倫　二〇一四「宜蘭湾桜花蝦漁業資源研究」『水産試験所二〇一四年年報』三

陳守仁・蘇偉成・何権浤・周耀烋　一九九四「台湾之桜蝦漁業」『中国水産』四九七：二五―三三

西村三郎　一九八一『地球の海と生命』海鳴社

花井孝之　一九九八「サクラエビ不漁の原因を探る」『碧水(静岡県水産試験場)』八五：一―三

福井篤・原藤晃・伊藤大輔・保正竜哉・魚谷逸朗　二〇〇四「駿河湾におけるサクラエビの資源量推定」『日本水産学会誌』七〇

（四）：五九二—五九七

李定安・呉世宏・廖一久・游祥平　一九九六「台湾沿海三種経済櫻蝦類之研究」『水産研究』四（一）：一—一九

Hansen, H. J. 1922, "Crustacés Décapodes (Sergestides) provenant des campagnes des yachts Hirondelle et Princesse Alice (1885-1915)", Résultats des Campagnes scientifiques accomplies par le Prince Albert I de Monaco 64: 1-232.

Huang, M-C/ Saito, N./ Shimomura, M. 2018, "First record of *Holophryxus fusiformis* Shiino, 1937 (Crustacea, Isopoda, Dajidae) from the sakura shrimp, *Lucensosergia lucens*, in Taiwan", *Crustacean Research* 47: 1-11.

Omori, M. 1969, "The biology of a sergestid shrimp *Sergestes lucens* Hansen", *Bulletin of Ocean Research Institute, University of Tokyo* (4): 1-83.

Omori, M./ Konagaya, T./ Noya, K. 1973, "History and present status of the fishery of *Sergestes lucens* (Penaeidea, Decapoda, Crustacea) in Suruga Bay, Japan", *Journal du Conseil International pour l'Exploration de la Mer* 35: 61-77.

Vereshchaka, AL 2000, "Revision of the genus *Sergia* (Decapoda: Dendrobranchiata: Sergestidae): taxonomy and distribution", *Galathea Report* 18: 69-207.

## コラム◉浜からの眼──宮古湾のニシンとカキ

山根幸伸（岩手県指導漁業士、宮古湾の藻場・干潟を考える会会長）

### 大震災、その時

東日本大震災の想像を絶する大津波は、岩手県宮古市の宮古湾をも容赦なく襲った。発生時、私はニシンを狙い通常の操業中だった。大きく激しく長い地震のあと数十分たった最初の引き波で、磯建て網（小型の定置網）は錨ごと流され、みえなくなった。とてつもない津波が来ると、その時確信した。港は破壊され地盤も低下、湾内の豊かだった自然環境も壊滅的な状況になった。ニシンを新たな漁業資源として育ててきた漁業者らの努力や、宮古名物となっていた「花見かき」養殖などの取組みが無に帰した。約一年たった海の現状を浜から報告したい。

### ニシンにみえた「かすかな希望」

二〇一二年一月中旬、湾内で調査のためニシンの特別採捕をおこなった。この調査は（独）水産総合研究センター東北区水産研究所宮古庁舎の依頼で、この時期産卵に来るニシン親魚の生態などを調べるものであった。初水揚げは三～四才魚とみられる四匹。漁としてはわずかだが、ほっとした。

「ニシン資源は失われていない」という確信がより強くもてたからだ。

震災により宮古湾のニシン資源は、途絶しても不思議でないほどの痛手を受けた。宮古湾奥の藻場（アマモ場）で育まれたニシン稚魚はやがて回遊に出て、二年たった早春に産卵のため戻る。その宮古湾に二〇一〇年二月末のチリ地震の遠地津波、そして二〇一一年三月の津波と二年続けて津波が襲来したのだ。アマモは観察する限り、津波エネルギーの直撃を免れた所には多少残っているものの、湾奥の水深の浅

大津波で残ったアマモ

いところはほとんどなくなっている。震災後は「もうニシンが戻ってくることはない」と諦めていた。

宮古のニシンは、岩手県、宮古市、漁業者、研究所の産学官でつくり出した水産資源だ。わずかだが元々ニシンが育っていた環境を生かし一九八四年からニシン稚魚放流を開始。漁網に生み付けられた卵が天然ふ化するまで保護する漁業者の取組みなどが実を結び、二〇〇九年までは年一～二トンの水揚げで安定的に推移するまでになっていた。こうして積み重ねてきた努力がゼロになるとは……。

二〇一一年六月、奇跡は起きた。やはり水産研究所の稚魚調査に協力した際、湾内でニシン稚魚が採れたのだ。ガレキの残る海でニシンが育っていてくれたとは！　大きさからみて、震災後に湾内のどこかに残っていた藻場で親が産卵し育ったと推測できた。まさに暗闇から一筋の光がみえた瞬間だった。その後、復活した磯建て網でも数は多くないがニシン稚魚は確認できた。

稚魚調査によると、稚魚の種類は震災前と変わらず生息しているものの、個体数は少ないとの結果が出た。宮古湾奥の藻場は、ニシンを含む五〇種類以上の魚を育む海のゆりかごだ。船を確保し網を建てても魚がいなくては意味がない。自然環境の回復、とくに藻場再生に力を注がなくてはならないと切実に感じている。

**本当の旬を届けたい。「花見かき」復活へ**

自分の本業はカキ生産だ。震災前、宮古のカキはむき身で東京・築地に出荷されていたのだが、解決したい問題があった。水の冷たい北の地・宮古のカキの旬は春なのに、世間の一般的なイメージは「カキは冬」。最もおいしい時に値は下がり、旬は過ぎたと思われていた。

「宮古湾の本当の旬を伝えたい。本当においしいカキを食べてほしい」との思いからはじめたのが「花見かき」だった。特別な種類のカキではない。養殖中のマガキの中から選別し、桜の咲く頃まで育ててあげるのだ。宮古湾は三月に植物プランクトンが多く、カキも夏の産卵期に向け栄養を蓄える。水分も塩分も少なくなり、代わりに栄養分が多くなるというわけだ。若い生産者に声を掛け、県、市、宮古漁協の指導と支援を得て六年前、地元ブランド「花見かき」を発売した。宮古の春の特産品として地元限定で販売。年ごとに知名度も上がっていた。しかし大震災は、出荷準備をはじめたばかりの「花見かき」を全滅させた。

二〇一一年の津波は波の高さ、流速の速さが以前とは全然比較にならず、ただ茫然と立ちつくすだけだった。波は高さ七~八メートルの防潮堤を軽々とこえ、海上の施設すべてが陸へと打ちあげられた。数十年かけて築いてきたものだが、失うのは一瞬だった。思えばここ一八年で三陸を襲った津波は四度である。直近の九年では三度だ。

陸に打ち上げられたカキ養殖施設

一八年前の北海道東方沖地震は海上施設が全滅。九年前の十勝沖地震は海上施設が七~八割の被害。二〇一〇年のチリ地震は一~二割の被害で済んだが、今回は海上の養殖施設、陸上の共同施設、船、ホークリフトなどすべてが流された。

しかし「うつむいてばかりでは、カキ出荷がいつになるかわからない」と気持ちを切り替えた。幸い宮城県松島から生き残っていた種苗を譲り受けることができた。再利用できる資材と係留錨を使い、二〇一一年は三~四割の仮復旧にまでこぎ着けた。二〇一二年中には新しい係留錨を打ち込み、養殖筏もつくって本復旧したいと考えている。二〇一一年挟み込んだカキは順調に育ち、二〇一二年の秋には出荷できる見通しだ。さらに育成する「花見かき」の復活は二〇一三年春ということになる。ただ本復旧できても、震災前の水揚げに戻るには早くても二~三年後になるだろう。

## 再生に取組む

カキやニシンにとっても、今後の心配は湾奥の藻場を含む周辺の環境が、例がないほど大きなダメージを受けていることだ。とくに宮古湾では、サケ稚魚を数多く放流している。この稚魚を育む環境が心配な状態なのだ。サケは岩手漁業の柱。少しでも早く本来の自然環境に戻すことが宮古湾の水産復興、復活になるのではと信じている。藻場再生の見通しは不確定な状況だが、皆さんの知恵や支援をいただき、再生に向けて取組みを進めていきたいと考えている。

# 7 マグロ資源の管理・保全における完全養殖の役割

升間主計（ますましゅけい）
（近畿大学水産研究所所長）

加入尾数（万尾）

## 高級マグロ好きの日本人

マグロの仲間には太平洋クロマグロ、大西洋クロマグロ、ミナミマグロ、メバチ、ビンナガ、キハダ、コシナガおよびタイセイヨウマグロの全八種がいる（水産総合研究センター編著 二〇一四）。戦後、マグロ類の漁獲量は着実に伸び続け、一九九〇年代後半には二〇〇万トンを超え、総漁獲量の五〇％以上を占めるキハダを主体として漁獲されてきた（図1）。日本では太平洋・大西洋クロマグロ、メバチ、ビンナガおよびキハダの六種を主に漁獲してきた。日本のマグロ漁業は一九五二年のサンフランシスコ講和条約にともなうマッカーサーラインの撤廃によって沖合、遠洋へと進出し、一九五〇年代に急速に漁獲量が伸び、四〇万トンを超え、総漁獲量の五〇〜六〇％を占めるまでになった。

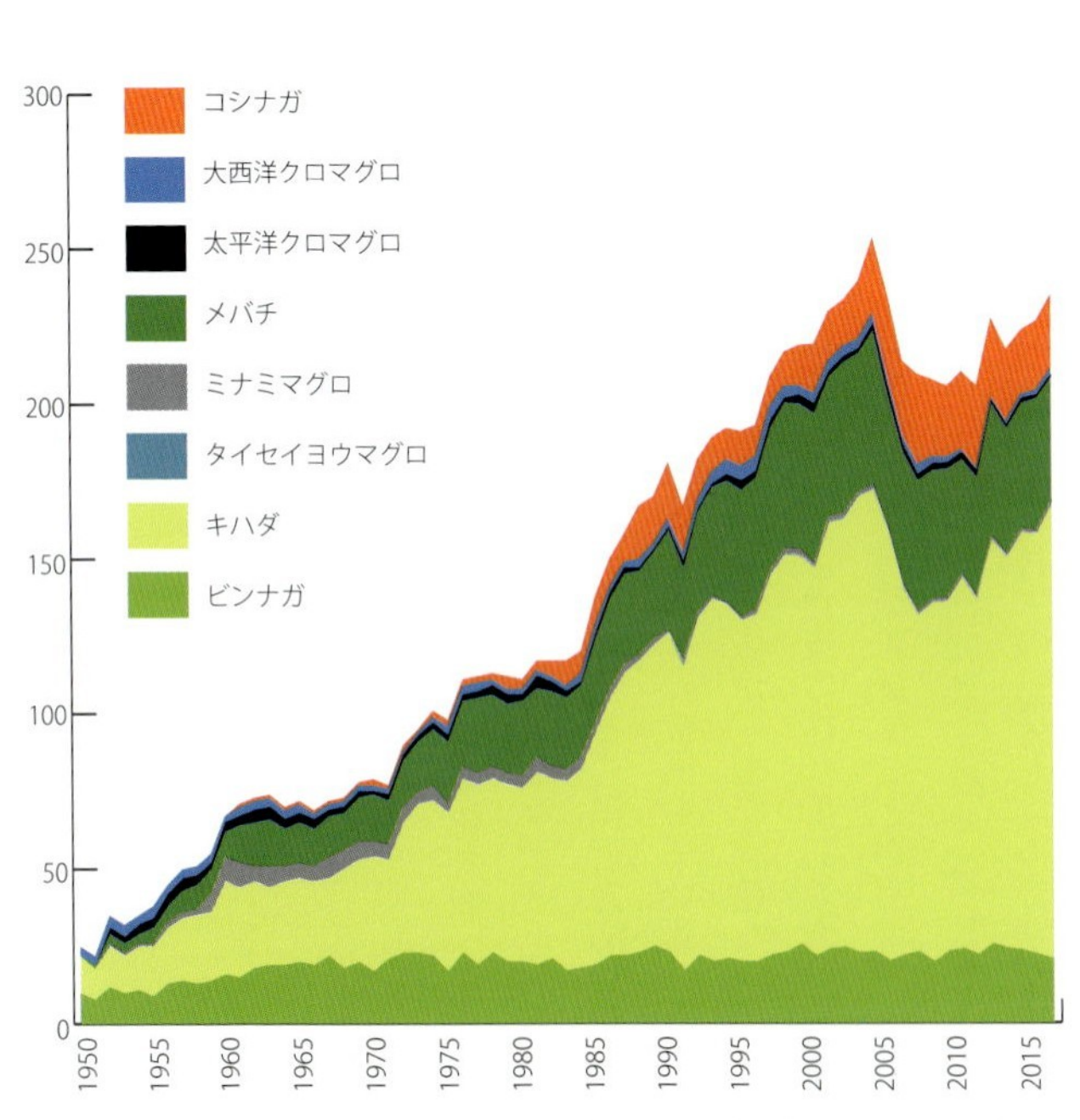


図1 マグロ類（カツオを除く）の漁業生産量の推移（FAOFishStatJ）

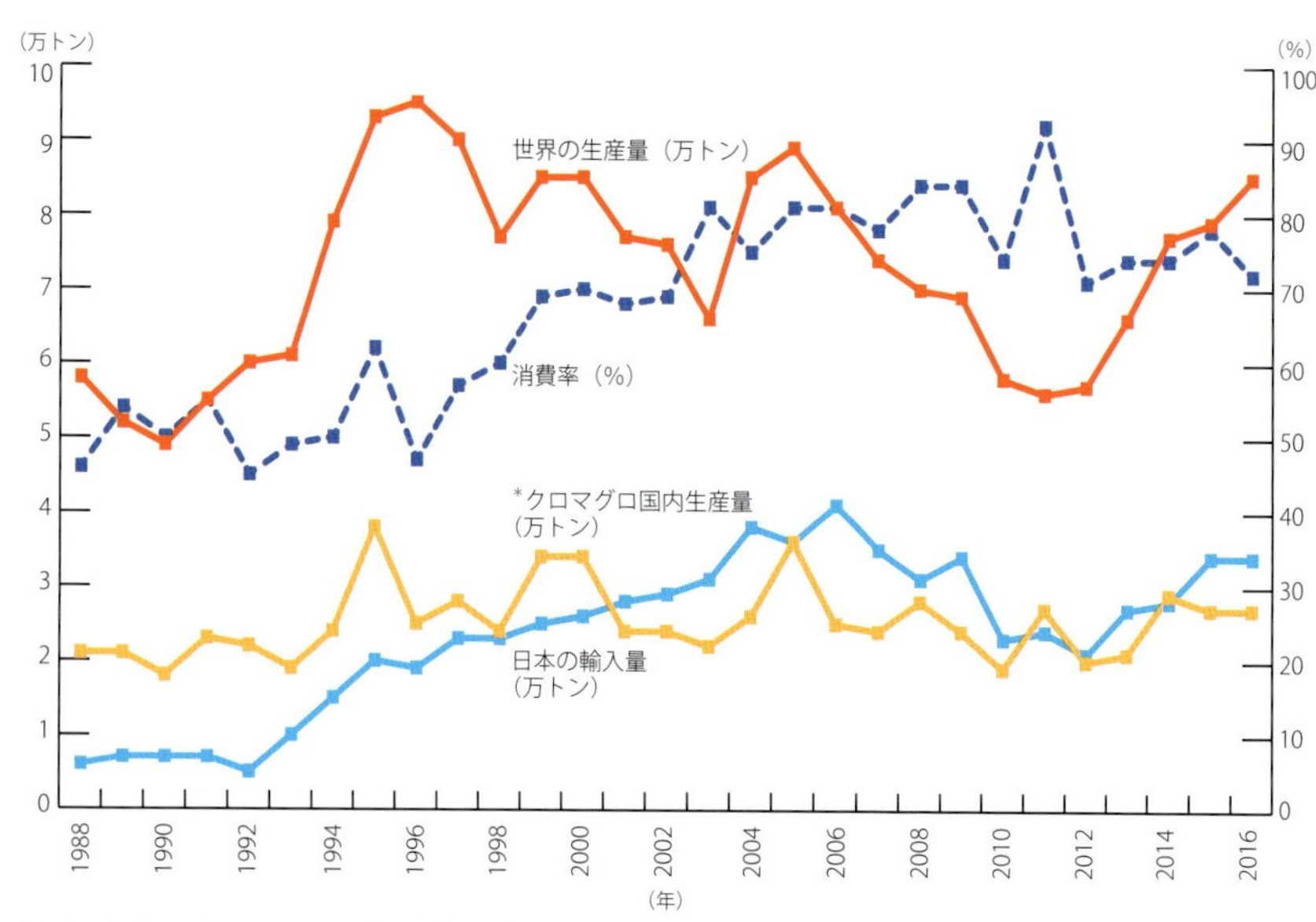


図2　高級マグロ３種の漁業・養殖生産量と輸入量および日本の消費率の推移（FAO FishStatJ, 財務省貿易統計）
*クロマグロ国内生産量には日本の太平洋・大西洋クロマグロおよびミナミマグロの漁獲量と養殖生産量を含む。

しかし、一九六〇年代に入り世界的な海洋開発時代が幕を開け、諸外国のマグロ漁業への新規参入、国際的な資源管理の機運がたかまり、一九六〇年代後半から日本のマグロ漁獲量が占める割合は急速に減少した。一九八〇年代に三〇万トン以上を漁獲していたが、二〇一六年には約一六万トンにまで減少している。このような状況のなかで国内の需要を満たすため、二〇〇〇年代前半には三〇万トンを超える輸入がおこなわれていた。しかし、近年では約半分にまで減少している。

日本の消費率（世界の養殖を含めた総生産量に対する日本の生産量に輸入量を加えた合計の割合）も、三〇%以上であった一九八〇年代から一九九〇年代後半には二〇%台に低下し、二〇一六年は約一五%となった。一方、高級マグロと呼ばれる太平洋・大西洋クロマグロとミナミマグロでは、国内の漁業生産量の減少を養殖（太平洋クロマグロ）と輸入でおぎない、二〇〇〇年代前半では八〇%以上、近年でも七〇%以上を消費している（図2）。世界中の高級マグロを食べつくす「マグロ好きの日本人」と呼ばれるゆえんであろう。

## マグロ類養殖の歴史

マグロ養殖技術の開発史はマグロ好きの日本からはじまった。一九六〇年代後半には、水産庁において日本のマグロ漁業の将来を懸念する考えがあり、国際間交渉の材料として、また資源管理に必要な生態学的な基礎研究として、さらには経済成長期におけるマグロ需要を満たし、当時急速に生産量を伸ばしていたブリ養殖の次の高級養殖対象魚種開発として、水産庁委託事業「有用魚類大規模海中養殖実験事業」のなかの一つの課題として「マグロ養殖技術開発企業化試験」が一九七〇年から三年間の期限付きではじまった。

このプロジェクト研究に近畿大学水産研究所（以下、近大水研）として参加したのがマグロ研究のはじまりであった。三年間という短期プロジェクトの成果として、クロマグロ養殖の可能性を実証できたことは大きい。その後、クロマグロ幼魚（ヨコワと呼ばれる）を曳縄漁で活け込む技術が改善され、活け込み尾数が飛躍的に増大し、企業化への可能性が高まった。近大水研では、養殖事業等で得た独自予算によって養殖・親魚養成技術開発を継続した。

「マグロ養殖技術開発企業化試験」が終了したあとも公的機関による研究が継続され、一九七〇年代後半には三重県（個人）、静岡県（漁協）でも養殖が試みられるようになったが、長続きしなかった。一九八〇年に高知県大月町柏島において浜野高彦氏がイシダイやシマアジの養殖に加えてクロマグロ養殖に着手し、出荷に成功した。その後、一九八五年には浜野氏と組んでニューニッポ（株）（現大洋エーアンドエフ（株））が国内で初めて法人としてクロマグロ養殖事業を開始した。その後さらに民間企業による参入がはじまり一九九〇年代前半には数社が加わった。いずれも日本で開発された曳縄漁により、天然種苗を漁獲し、三〜四年間養殖する方法（日本型養殖法）であった。

海外では一九七五年からカナダ・ノバスコシア州のセント・マーガレット湾での定置網漁により漁獲される、産卵後の痩せた大型クロマグロに餌を与えて短期間で脂を乗せるための蓄養（肥育、fattening）が泰東製綱（株）によりはじまった（カナダ型養殖法）。しかし、ラブラドル海流が近くを流れていることから、その影響を受けた低水温と入網尾数の減少の影響により長くは続かなかった。その後、カナダ型養殖法はスペイン・モロッコに移り、地元の会社と共同で泰東製綱（株）により一九八四年からはじまったが、沿岸域の開発による海洋汚染等が原因で魚道が変わり、定置網にマグロが入網しなくなり、一九九一年に事業を撤退させざるを得なくなった。

また、一九八〇年代にはミナミマグロの漁獲量が減少し、日豪両国と業界団体は漁獲物の大型化を図る一方で、小型魚の漁獲物についてその付加価値を増大するための技術的な可能性について検討を進めることとなった。そこで、（公財）海外漁業協力財団に対して、ミナミマグロ蓄養についての可能性調査を要請した。要請を受けた財団は、一九九〇年に調査団を派遣し、南オーストラリア州ポートリンカーンが適地と判断した。民間としてクロマグロ養殖に成功した浜野高彦氏をチームリーダーとして一九九一年にプロジェクトチームが派遣され、一本釣り漁による活け込み、蓄養がおこなわれ、一九九三年まで続いた（日本型養殖法）。

一方、一九九二年から地元の業者とニューニッポ（株）などの日本企業との合弁会社も蓄養に取組み、旋網漁による活け込みをはじめた（オーストラリア型養殖法）。旋網漁で二～四歳魚を漁獲し、曳航（えいこう）用の網生簀（いけす）（直径四五、深さ一二メートル）へ魚を移し、三週間以上かけてゆっくりとポートリンカーンの養殖漁場へ曳航し、養殖用網生簀へ移動する方法である。この方法は魚への影響が小さく、釣りに比べて高い生残率を示した。このオーストラリア型養殖法は一九九五年には地中海へ伝わり、拡大していった。また、この養殖法はメキシコにも伝わり、バハ・カリフォルニアにおいて一九九七年から太平洋クロマグロの養殖がはじまった。

さらに、二〇一〇年代に入ると日本でも旋網漁による活け込みがはじまり、近年では曳縄漁の活け込み尾数を上回ってきている。二〇一二年の農林水産大臣指示により一年当たりの漁獲尾数を、二〇一一年（五三万九〇〇〇尾）から増加させないこととしている。曳縄漁は数百グラムから約一キロサイズであるが、旋網漁では三～五キロサイズであり、活け込み後の生残率も九〇％以上と高く、国内でも日本型からオーストラリア型への移行が、ますます進むのではないだろうか。

天然種苗を漁獲し、成長と肥育を目的とした養殖・蓄養が天然資源に影響を及ぼしているのは否定できない。したがって、将来も天然種苗を養殖用種苗とするためには、天然資源の管理・保全が重要な課題である。単に市場の需要に対応するために、天然種苗の過剰漁獲がおこなわれることは避けなければならない。

## 完全養殖の達成

「完全養殖」とは人工種苗を親として生産した種苗を用いた養殖である（図3）。すなわち、完全養殖は、養殖用種苗を天然に依存しない。海面養殖では、マダイ、シマアジ、トラフグなどの魚種で完全養殖による養殖が進められている。完全養殖のメリットは、天然種苗に依存しないことに加えて、生産量の調整、産卵コントロールによる生産時期の調整、育種により得られる高い経済性等が上げられる。特にマダイでは近大水研が成功した成長選抜育種により、天然種苗に比べて二倍以上の成長を示す系統（近大マダイ）が得られ、国内で生産されるマダイ養殖魚のルーツとなっている。

一九七九年に和歌山県東牟婁郡串本町大島において満五歳（一九七四年に活け込んだ群れ）に達した群（六〇尾、平均推定体重七〇キロ）で六月二〇日の夕刻に、大島実験場の円形

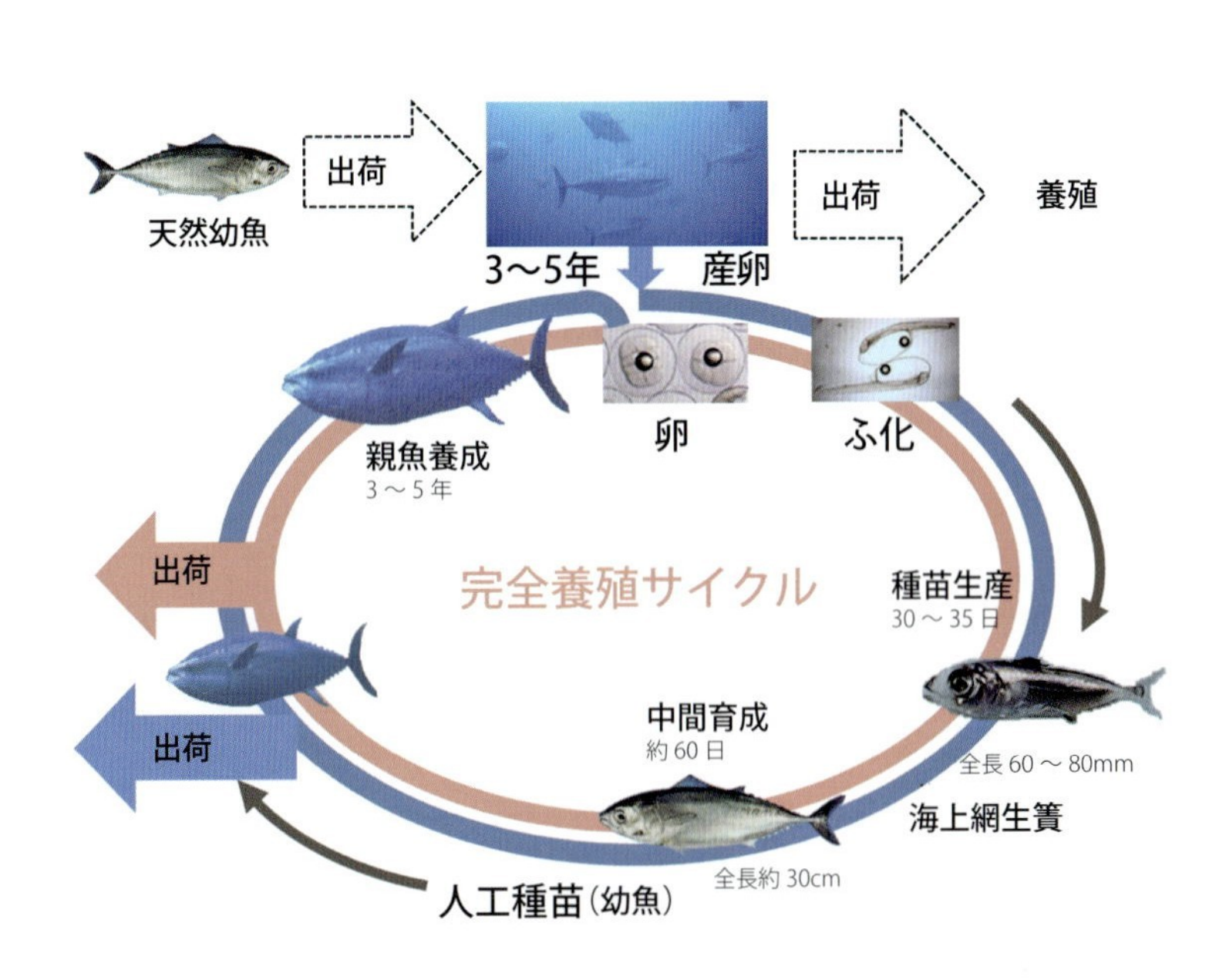


図3 クロマグロ完全養殖サイクルの模式図

生簀網（直径三〇メートル、深さ七メートル）内において産卵が観察された。採卵した卵をふ化させ、ふ化後四七日目（全長五七ミリメートル）までの飼育に成功したところからクロマグロ完全養殖の歴史がはじまる。世界で初めての大きな成果であった。

しかし、継続的で安定的な産卵は容易ではなく、翌一九八〇年に同じ群れが産卵したものの一九八一年には産卵が確認されず、一九八二年に産卵したのを最後に産卵が止まってしまった。さらに、この他の群では産卵が確認されなかった。原因も解明されないまま親魚養成を継続し、一一年後の一九九四年に産卵が確認され、種苗生産技術の開発を再開することができた。

宮下（二〇〇〇）は、串本町大島の水温変動が産卵・非産卵に大きく関与していることを明らかにした。そこで、安定的に卵を確保するため、二〇〇一年に鹿児島県大島郡瀬戸内町花天（けてん）に奄美実験場を設立し、親魚養成を開始した（一九九八年に先行してヨコワを網生簀へ収容し、育成を開始していた）。奄美実験場では二〇〇三年から産卵を開始し、その後、三〜五歳に達した群れで毎年産卵が確認されている。

一九九〇年代に入ると民間企業二社、国の委託を受けた（社）日本栽培漁業協会でも産卵に成功し、種苗生産技術開発に各機関が取組みをはじめた。近大水研では他の機関に先駆けて、一九九五年に六四八尾、翌年には二八七尾の稚魚を生産し、二〇〇二年にそれぞれ六尾（七歳）、一四尾（六歳）（推定体重七〇〜一二〇キロ）が生残し、同年六月二三日に産卵が確認された。さらに、採卵した卵をふ化させ、約三〇〇グラム（ヨコワとほぼ同じサイズ）で四五一〇尾の幼魚の生産に成功した。その二年後の二〇〇四年には世界で初めて完全養殖クロマグロの出荷に成功した。

## 完全養殖（人工種苗）の現状

近畿大学において、陸上飼育における生産尾数は、最大で二〇一二年に約三八万尾に達し、近年は完全養殖種苗のみで、約三〇万尾を生産している（次頁図4）。二〇〇八〜二〇一六年までの平均生残率は二・四％、さらにヨコワサイズまでは、おおむね三〇〜五〇％と低く、さらなる研究・技術開発が必要である。

これまで人工種苗由来の養殖魚は近大あるいは近大種苗を購入して養殖されたもの（東洋冷蔵（株）の「TUNA

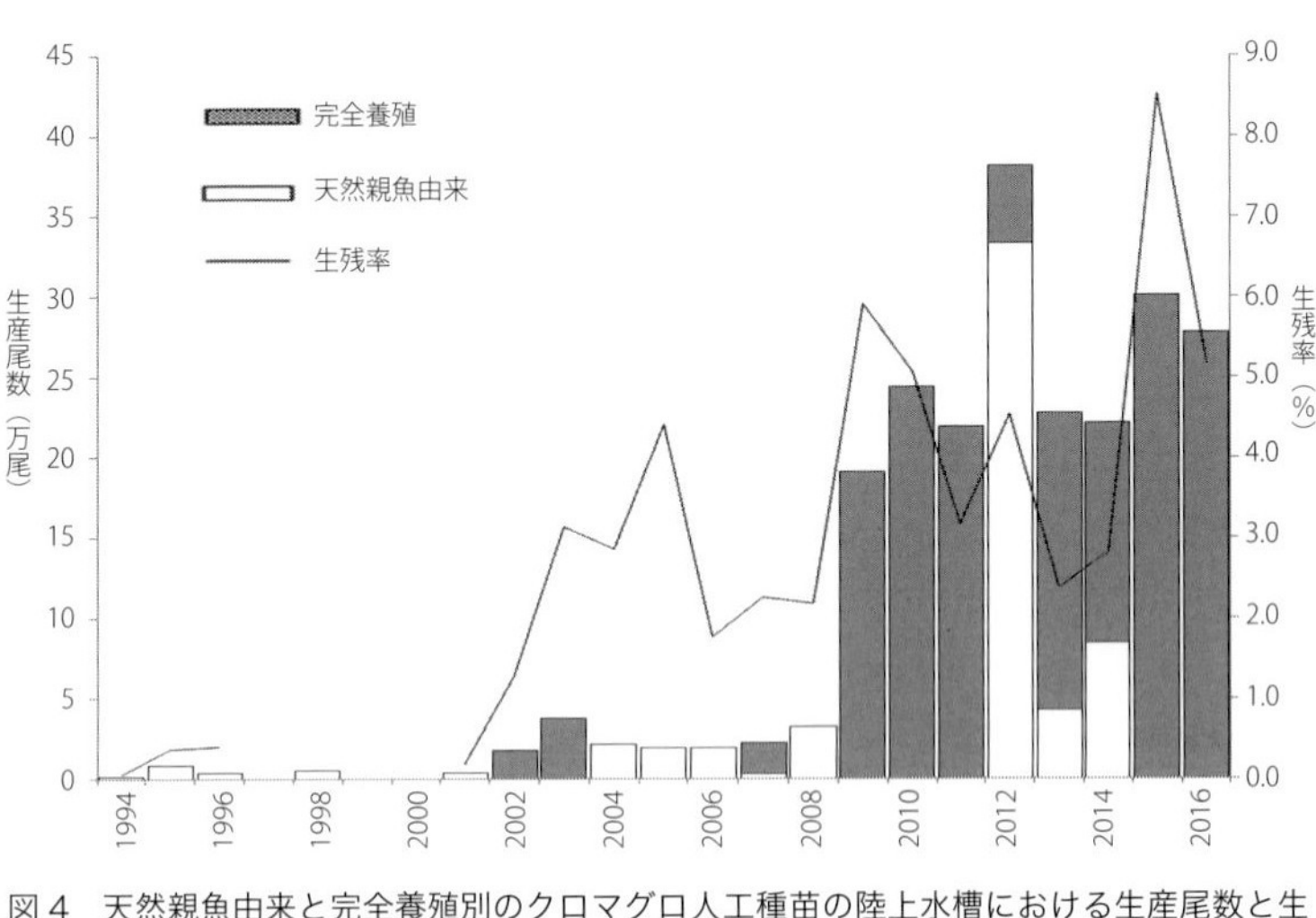


図４　天然親魚由来と完全養殖別のクロマグロ人工種苗の陸上水槽における生産尾数と生残率の推移．全長は約５〜7cm．

PRINCESS」：二〇一三年）に限られていた。しかし、水産庁の「クロマグロ養殖実績（速報値）」によると二〇一五年から、人工種苗の活け込みは、それまでの約二倍に増加し、民間として二〇一三年に初めて完全養殖に成功したマルハニチロ（株）が二〇一六年に「BLUE CREST」として、次いで二〇一七年には極洋フィードワンマリン（株）が「本鮪の極つなぐ TUNAGU」、ニッスイ（株）が「喜鮪金ラベル」として次々とブランド化し、数百トン以上の完全養殖クロマグロの生産・出荷に積極的に取組みはじめたことで、国内の総出荷尾数の約九%、重量で約七%に達している（図５）。

## 資源の管理・保全と完全養殖

将来も高級マグロ好きの日本人の食欲を満し、それを持続可能とするためには天然資源の管理・保全が最重要な課題である。マダイ養殖のように全ての養殖種苗を完全養殖に置き換えるべきとの極端な意見もあるかもしれないが、現在の国内ブリ養殖のように持続可能な形で天然魚を利用することに問題はないのではないか。ただ、利用可能なレベルを判断するための資源変動予測を高い確率でおこなう難しさがある。需要や消費に対応しながら管理・保全のシナリオを十分に安全な判断レベルとするところに、完全養殖が担う役割がある。

二〇一二年の農林水産大臣指示により国内では天然種苗を利用した養殖漁場を今以上に増大することはできない。しかし、人工種苗用の施設・漁場は増やすことが許され、必要な量の生産を可能とする。また、完全養殖は、天然に比べて「持続可能な水産物」であることと完全なトレーサビリティを備えていることでエコと安全・安心な商品として高い付加価値を持っている。

一方で、クロマグロの完全養殖には、現状の技術ではマダイと異なり、従来の天然種苗による養殖よりも生産者への負担は大きい。今後、養殖生産者以降のサプライチェーンや消費者の資源管理と保全のためのエシカル消費（保全のための経費負担を意識した倫理的な消費）意識の醸成を必要としている。その上で、生産者が生産量の一部を完全養殖に置き換えてゆくようになり、クロマグロ資源の管理・保全と養殖経営が両立し、そして、今後も日本人が高級マグロを遠慮なく味わい続けることが可能となるという、ベストなシナリオが完成する。

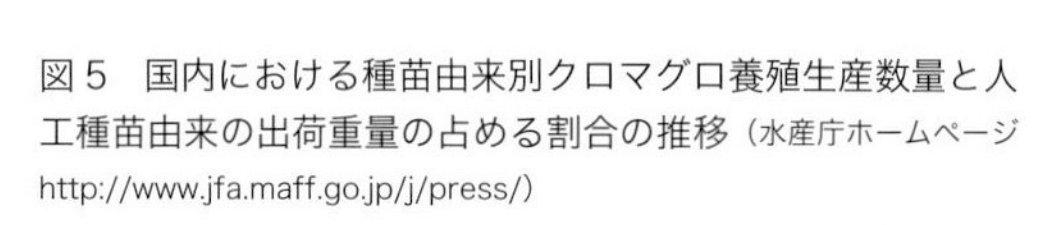


図５　国内における種苗由来別クロマグロ養殖生産数量と人工種苗由来の出荷重量の占める割合の推移（水産庁ホームページ http://www.jfa.maff.go.jp/j/press/）

## 参考文献


独立行政法人水産総合研究センター編著　二〇一四『水産総合研究センター叢書　マグロの資源と生物学』成山堂書店

宮下　盛ほか　二〇〇〇「養成クロマグロの成熟と産卵」『水産増殖』四八号（三）

## コラム◉島根県石見海域におけるヒラメの栽培漁業

安達二朗（浜田市水産業振興協会参与）

### 栽培漁業の生い立ち

栽培漁業（種苗放流）が始まってから五〇年余りが経過した。一九六三年に開始された栽培漁業は、「とる漁業」から「つくる漁業」への転換を目指したもので、漁業を略奪の状態から、資源の増殖により安定的に持続生産する段階へ進展させようとするものである。その動機は一九六〇年に出された『瀬戸内海漁業基本調査』と農林漁業基本問題調査会の答申『漁業の基本問題と基本対策』とにあった。それまでは、沿岸漁業の振興方向が脱漁業者対策に重点が置かれ、増殖技術的な生産対策についての対策が弱かった。基本調査では、瀬戸内海の漁獲量が一九五〇年からの一〇年間、約二〇万トン前後で量的な変動は小さいが、マダイ、ヒラメ、クルマエビなどの高級魚が減少し、価格の安いカタクチイワシ、イカナゴなどが増加していることが示された。

そこで答申は、乱獲などによって低価格魚中心の資源構成になったのならば、高級魚の資源回復のためには、漁業規制や保護区域の設定だけではなく、高級魚が成長する過程において、最も減耗の激しい時期を人の力で保護し、自然環境に十分適応できるまで育てて放流することが効果的であるという考え方であった。つまり、人工種苗の大量生産と放流および漁獲管理により、高級魚をかつての資源水準にまで回復・安定させるという発想であり、それが栽培漁業の原点となった。

### 栽培漁業の二つの型

栽培漁業には一代回収型と再生産期待型の二つがある。一代回収型栽培漁業における種苗放流は、天然魚の加入に人工生産による種苗を加えることにより、短期間での漁獲量の増加を目指すもので、アワビなどの貝類、クルマエビ、ガザミなどの甲殻類、ウニ類が代表的な魚種である。一代回収型の欠点は、回収量をあげるために大きな漁獲の強さが必要となるので、乱獲に陥りやすいことである。また、再生産期待型栽培漁業の目的は、種苗放流で産卵親魚を増やし、次世代の天然魚としての加入量を増やすことにある。そのためには若齢魚を保護しなければならないので、適切な漁獲管理が必要になる。現在、一代回収型と再生産期待型が両立しているのはホタテガイだけであると考えられ、多くの魚種では一代回収型か再生産期待型のどちらかであろう。この報告で取りあげたヒラメは、後述する理由から再生産期待型栽培漁業に該当する。

## 島根県石見海域における漁業

島根県石見海域にはアジ・サバ・イワシ類などの浮魚を漁獲するまき網漁業、イカ類を釣獲するイカ釣漁業、メバルなどを漁獲する刺網漁業、魚礁などに集まるタイ類・イサキなどを釣る一本釣漁業、カツオ類などを釣る曳縄釣漁業、アカアマダイなどを釣る延縄漁業、海底に生息するカレイ類などを漁獲する底曳網漁業、回遊性のブリ類などを待ち受けて漁獲する定置網漁業がある。年間漁獲量は三~四万トンくらいで、水揚金額は一〇〇億円前後となっている。

これらの漁業のうちヒラメを漁獲しているのは、漁獲量の多い順に、底曳網漁業、刺網漁業、一本釣漁業、定置網漁業で、全体の漁獲量は年間八〇~一〇〇トンくらいである。そのうち底曳網漁業の漁獲が約八〇%を占めている。また、ヒラメ漁獲量のうち放流魚が占める割合（混入率）は五%前後である。放流魚の判定は無眼側の体色異常（黒化）によっている（図1）。現在のヒラメ放流効果は、全国的に放流

放流後３年：全長49cm、体重1,390g

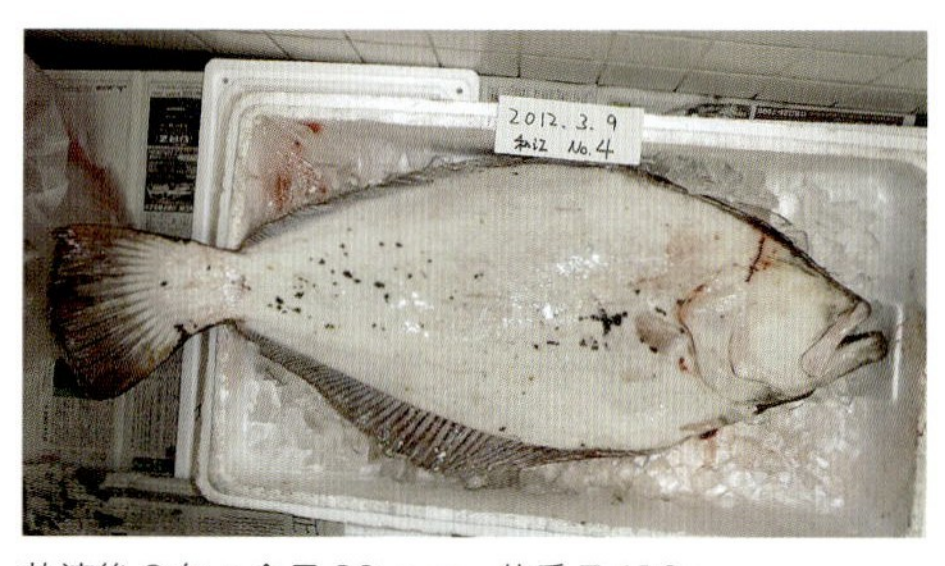

放流後８年：全長89 cm、体重7,410g

図1　ヒラメ放流親魚

魚をすべて漁獲する一代回収型を表す混入率で評価されている。しかし、島根県では五%前後の低い混入率では種苗放流の意味がないという批判もある。その理由は同じ石見海域の多伎地区のアワビ種苗の放流では、混入率が六〇~七〇%にもなる年があるからである。

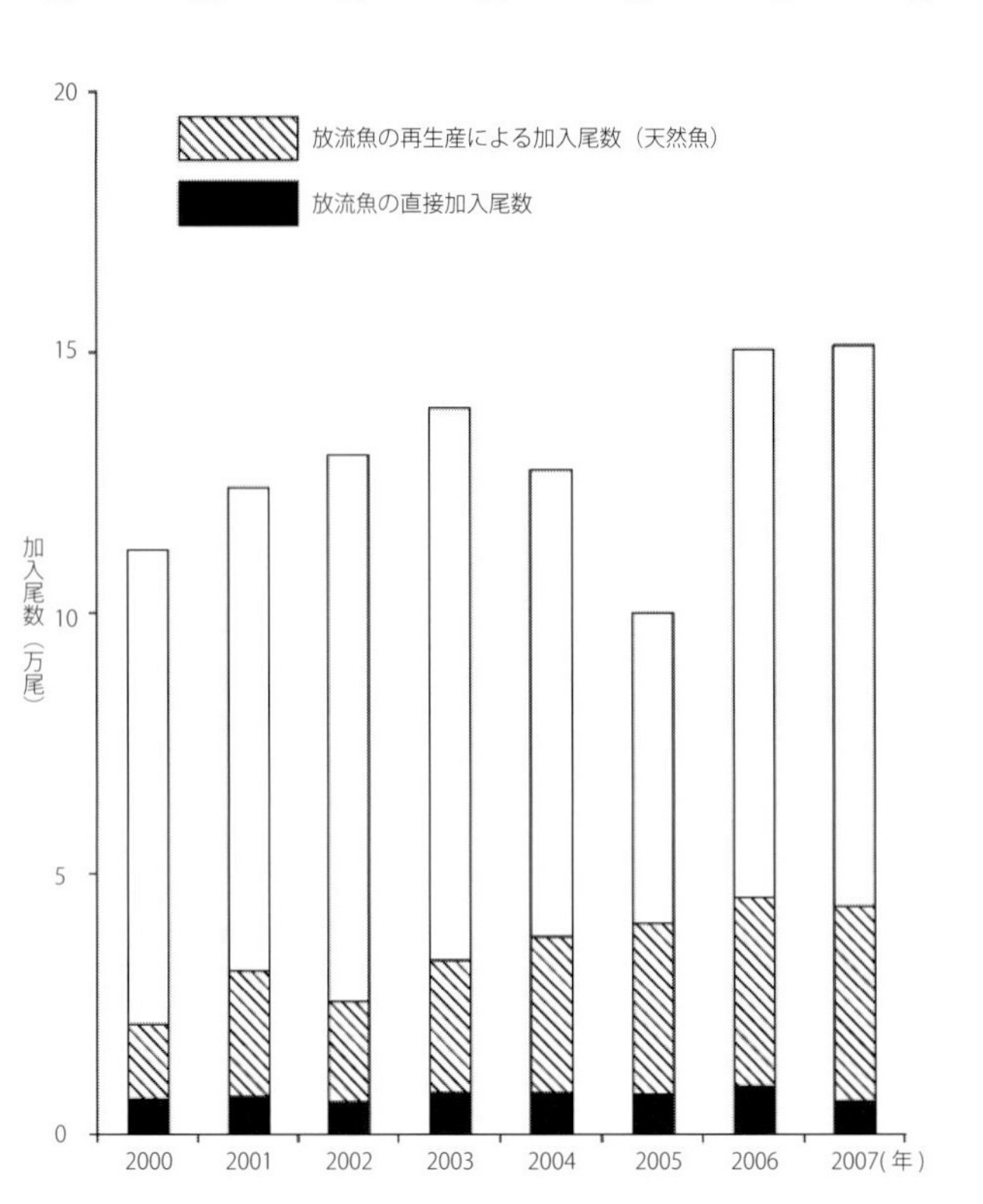


図2　島根県石見海域におけるヒラメ加入尾数（1歳）の経年変動（2000~2007）

## ヒラメ種苗放流の効果

島根県石見海域には、水深一二〇メートルまでの海域に、周年、〇歳から九歳までのヒラメが生息している。親魚は雌雄とも三~九歳で、毎年三~五月に産卵する。近年、ヒラメ種苗は例年五月に全長八~一〇センチメートルまで育成された後、三〇~五〇万尾が放流されている。放流された種苗は、翌年四月ごろから漁獲されはじめるが、放流から漁獲開始までの約一年間の生残率（添加効率）は四~五%とかなり低い。したがって五〇万尾の種苗が放流されたとしても、一年後には二万~二万五〇〇〇尾に減少する。このような状況ではヒラメの回収量が少なくなり、一代回収型栽培漁業は成り立たない。したがって、ヒラメの場合は種苗放流で産卵親魚を増やし、次世代の天然魚の加入量を増やす、という再生産期待型栽培漁業しか考えられない。

ただし、この場合には再生産の様子

が眼にみえないので、その効果は水産資源力学的に再生産状況を推定するしかない。すなわち、親（陸上の種苗生産施設の親魚）→子（石見海域の放流親魚）→孫（石見海域の放流親魚の再生産による一歳の加入尾数）の流れのうち、子→孫の親子関係の函数式（再生産式）から孫の量を推定することになる。その結果として、図2に二〇〇〇～二〇〇七年の全体の加入尾数、放流親魚の再生産によって加入した一歳の加入尾数（斜線部分）と前年の放流による直接加入尾数（黒色部分）を示した。再生産による加入尾数は天然魚なので、天然魚の中に占める再生産魚の割合は最高が二〇〇五年の〇・三五、最低が二〇〇〇年の〇・一三で、平均〇・二二である。この割合を再生産効果（世代間効果）の指標とする。

毎年の資源量は、年々の加入量が漁獲死亡と自然死亡により減耗した後の生残量の合計（ヒラメの場合は九年分）なので、放流魚の再生産により加入量が増えることは大きな効果である。また、図2の黒色部分は前年の放流による直接の加入尾数であり、全体の加入量に占める割合を直接的効果とすると、その割合は平均〇・〇六であり効果は小さい。したがって、ヒラメの栽培漁業の放流効果は再生産効果（世代間効果）と直接的効果を併せたものを考えるべきであろう。

近年、国の栽培漁業に対する考え方は、一代回収型よりも放流魚の再生産を目的とした資源造成型に向かっていると思われる。今後も、ヒラメをはじめとする水産資源の持続的利活用を目指して、資源量の調査ならびに種苗放流の活用法などを、検討し進めていくべきであろう。

# コラム◉海のない町でトラフグを育てる

野口勝明（㈱夢創造代表取締役社長）

## はじめに

　近年、地球規模での環境変化による水産資源の減少や、枯渇につながる乱獲、稚魚肥育養殖のための過剰採取などについて議論が高まっています。安全安心な食糧確保のためには、環境変化に左右されない栽培漁業がますます重要になります。

　そのなか、夢創造では、閉鎖型完全循環養殖施設において一一年間に渡り、地域資源である温泉水を有効利用（成分・温泉熱）して、トラフグ養殖事業を実施してきました。その生産量は、三年前より年間二万五〇〇〇尾（二五トン）になりました。その七〇%が身欠き（毒の部位を取り除いた食べられる身だけの状態のもの）での販売、二〇%が加工品として通販サイト、ふるさと納税返礼品、一〇%が生け簀料理への「生きマル」での出荷です。顧客数は、現在栃木県内を中心に一四五店舗と共販会としての契約を交わし会員制の直接販売形態をとっています。

　そして、夢創造による養殖事業の提案および技術指導のもと、全国一四ヵ所の温泉トラフグの養殖生産施設が稼働しています（表1）。海のない山間部での特産品として各地の振興に寄与しているのです（夢創造の社名は、「夢はもっていても実現とはならない。創造しなくては現実にならない」との思いから命名したものです）。

　その生産量は年間五四トンの生産量に達し、全国養殖トラフグの生産ランキングで一四位中一二位です。

## 地域資源の活用

　那珂川町（二〇〇五年に馬頭町と小川町が合併）は、栃木県北部に位置し、合併以前から人口の減少が続いており、国の過疎地域に指定されていました。最近では、人口が一万六八〇〇名に減り、高齢化率も四〇%となり、地域経済の活性化、建直しが大きな課題となっています。

　こうしたなか夢創造は地域経済の活性化のため、これまでにない柔軟な発想で地域資源を活用したビジネスを立ちあげました。これにより新たな若者層の雇用の創出がうまれ流動人口（観光客の増加）による地元飲食、宿泊業の活性化といった効果が出てきています。

　海のない栃木県那珂川町において利用できる地域資源は、那須日光火山帯およびそれらを源とする那珂川、鬼怒川、渡良瀬川の一級河であり、河川は米作地帯をうるおしています。那須日光火山帯による温泉は湯治場からはじまり、いまや全国屈指の名湯を管轄する温泉街となっています。現在、栃木県内で温泉の源泉は、約四五〇ヵ所あります。そのなかで、海水類似の塩化物泉が、那珂川流域、那須塩原から茂木町に至る地域に三四ヵ所が確認されています。そのうち五源泉が那珂川町で湧出しています。

　まず、その源泉の成分の化学分析をおこない安全性を確認しました。そのうえで、少子のため廃校となった小学校を活用して、タイ、カワハギ、ヒラメなどさまざまな魚の初期飼育試験をはじめました。そして最終的には、養殖魚種を「トラフグ」とし、民間のスイミングスクール跡地の「プール」を活用して「温泉トラフグ」の事業化に成功したのです。

表１　全国温泉トラフグの養殖生産施設（フランチャイズ13事業）

| 所在地 | 団体名 | 養殖規模（尾／年） | 設立年月 |
|---|---|---|---|
| 福島県郡山市 | 福島リゾート（株） | 4000 | 平成23年6月 |
| 山形県寒河江市 | 青山建設（株） | 2000 | 平成23年7月 |
| 長野県飯田市 | 遠山郷かぐらの湯 | 2000 | 平成23年9月 |
| 長野県大町市 | トーエル（株） | 1000 | 平成24年6月 |
| 埼玉県加須市 | 湯本内装（株） | 6000 | 平成25年9月 |
| 新潟県十日町市 | エヌプラス（株） | 4000 | 平成26年9月 |
| 北海道札幌市 | つしま医療G | 2000 | 平成27年12月 |
| 新潟県新発田市 | 紫雲の里 | 7200 | 平成27年12月 |
| 大阪府富田林市 | CAC（株） | 2000 | 平成28年4月 |
| 愛媛県新居浜市 | イージーエス（株） | 2000 | 平成28年5月 |
| 宮城県古川市 | いなか舎.com | 2000 | 平成29年5月 |
| 茨城県北茨木市 | まるみつ旅館 | 2000 | 平成30年2月 |
| 岩手県雫石市 | 秋田共栄観光（株） | 6000 | 平成30年2月 |

## 「温泉トラフグ」の誕生

　魚類は、体液の塩分濃度を一定に保つ浸透圧調整という生理的メカニズムをもっています。そのため海水魚では、エラの塩類調整細胞での浸透圧調整に多くのエネルギーが必要です。しかし、魚類の体液と飼育水の塩分濃度が同じ場合、塩分濃度調整があまり必要ではないため、それにともなうカロリー消費も少ないと考えられます。海域高塩分環境では、一キロに成長させるのに飼育期間が二年間を要しますが、低塩分+温泉熱による環境では消費カロリーが少なくなることから、六〜八か月の飼育期間に短縮されます。

温泉トラフグの「味上げ」の技術開発では、東京大学農学研究科の金子豊二教授の研究室で「味上げ」試験事業が始動しました。そしてトラフグの筋肉組織「可食部」のうまみ成分を増加させる化学的メカニズムが解明されたのです。その成果は養殖工程に組み込まれ、温泉トラフグのうまみ増加につながりました。具体的には、低塩分環境（〇・九%）で一年間養殖したトラフグを、出荷一二時間前に高塩分環境水（三・五%）に一二時間移行飼育することです。そうすると筋肉内の遊離アミノ酸量が最大値に達し、その前に比べ一五〜二〇%増加すること確認されました。試食会「食味官能試験」では高評価をいただき「うまみ」を感じる「温泉トラフグ」が誕生したのです。

また福井県立大学・東京大学の共同研究「DNAマーカーを利用したトラフグの性別別法」により、稚魚段階で雌雄遺伝子の解析をして雄個体が識別できるようになりました。そして二〇一三年五月から、雄魚のみ（二〇〇〇尾）の隔離飼育により、効率的な雄「白子」の生産ができたのです。その結果、一腹一五〇グラム〜二〇〇グラムの白子の生産が可能となり、一キロ当たり一万八〇〇〇円の高値で取引きされています。

**「温泉サクラマス」の商品化**

以前、栃木県の養殖業者はスモルト化（海水への適応段階で体色が薄くなり銀色になる現象）したヤマメ中間魚の商品価値の低さを嘆いていました。一方、その降海型であるサクラマスは高級魚として取引されています。ならば温泉水の「海」で飼育できないかと考え、水産総合研究センター日光試験場の協力を得て二〇一二年秋に着手しました。

トラフグと同じ塩分濃度〇・九%、水温二〇度以下に維持された水槽で養殖しはじめました。九月下旬に体長一五センチサイズであった一〇〇〇尾が、翌年四月には、一キロサイズに成長しました。最終の二ヵ月間はアスタキサンチンの色揚げ飼料を与え、活締め状態で地元旅館、飲食店などに出荷し、「富山の鱒鮨」風の「温泉サクラマス」の販売を開始しました。

**全国に広がる「温泉トラフグ」の輪**

いま全国一四ヵ所において温泉トラフグ養殖事業が順調に稼働しています。

これから「温泉トラフグサミット」を各養殖場で実施し完全循環陸上養殖事業の重要性について理解を求めたいと考えています。なお閉鎖循環式陸上養殖では、塩化物温泉水の塩分濃度と温泉熱の利用により、トラフグ以外の魚種も養殖可能です。これにより「海のない山間部で養殖をおこなう」という新しい産業に成長できる可能性が高いのです。

かつて国策において一億創生資金の使い道において一億円の金塊購入の市町村が話題になりました。その多くは温泉施設の建設事業にあてられましたが、その後町村合併にともなう温泉施設の維持管理費の増加に苦しんでいます。それに輪をかけたのが、新潟震災や福島の震災事故などでした。通常の経営ができなくなったなかで、新潟県十日町市、山形寒河江温泉、福島県郡山市のんびり温泉では、温泉トラフグ養殖施設の建設がはじまっています。二〇一八年には新たに二ヵ所が新規加わる計画です。

**温泉トラフグの経済効果**

平成二八年度の集計資料によると那珂川町では、年間一〇トンの温泉トラフグの生産出荷量に対し、地元での消費は六トンにのぼります。那珂川町共販会組織の温泉一八店舗で調理され、約六〇〇〇人が食したのです。宿泊費・種類販売費を合わせると約一億円の経済的効果がありました。また、平成二七年度よりふるさと納税返礼品に温泉トラフグの関連商品を掲載したところ、注文が殺到しました。また、関連商品の開発もさかんです。地酒と地元陶芸家による酒器・温泉トラフグ乾燥鰭を入れた那珂川町オリジナル商品「温泉トラフグ鰭酒（ひれさけ）セット」や宇都宮餃子製造元とコラボした「温泉トラフグコラーゲン餃子」（料理マスターズブランド認定品に選定）など多彩です。さらに、トラフグの徐毒作業後の未利用部位を発酵させ、うまみ成分を抽出した「温泉トラフグ醤油」が商品化されています。

**謝辞**

温泉トラフグ那珂川町活性化事業においては、技術的支援をいただいた東京大学大学院農学生命科学研究科の金子豊二教授、福井県立大学海洋生産資源学部の宮台俊明教授、宇都宮大学農学部の柳沢忠教授、飯郷雅之教授、独立行政法人水産総合研究センター、栃木県水産試験場、栃木県産業振興センター各位に深く感謝します。

# シーフードのエコラベル
## ―MSC認証とASC認証

大元鈴子（鳥取大学准教授）

## 国際資源管理認証制度

　地球規模で取引される「再生可能な資源」の持続的な利用と管理のための認証制度を「国際資源管理認証」という。国際資源管理認証のスコープには、生態系サービスでいうところの「供給サービス」機能を利用して効率的に生産される産物が含まれる。したがって、人の介入の程度の大きい産物も含まれる。例えば水産物や森林資源は再生可能な資源であり、水産養殖やプランテーションは、人の介入により効率的に生産される産物である。

　現在、一九八〇年代半ばに生産のピークを迎えた天然漁獲による水産物生産が減少する一方で、それを補うように養殖水産物の生産が急激に増加している。天然漁獲の減少は、資源増減のサイクルなど、生態的な原因もあるが、主に不十分な管理からくる資源の枯渇が最たる理由である。天然水産物資源の管理を難しくする理由として、資源の移動性と海洋の広大さがある。たとえば、マグロなどの高度回遊魚は、排他的経済水域外でも漁獲がおこなわれるため、その所有権は曖昧で、またその管理も一国ではおこなえない。そのうえ海洋は広大であるため、ＩＵＵ漁業（違法、無報告、無規制漁業）が横行し、管理計画に十分に反映できない漁獲が年間何千万トンもあると推定されている。これは、水揚げ時または流通の過程で、その漁獲物の出所を隠ぺい・偽装することが可能だからだ。

### 国際資源管理認証設立の背景

　国際資源管理認証は一九九〇年代、もっと正確にいうとＦＳＣ（Forest Stewardship Council：森林管理協議会）認証が一九九三年に設立されたことでその歴史がはじまっている。

九〇年代は、環境問題のグローバル化が一層進み、そのために異なるセクターによる協働が促された時代でもある。一九九二年にブラジルのリオ・デ・ジャネイロで開催された地球サミット（環境と開発に関する国際連合会議）で採択されたアジェンダ21には、認証の活用の推進と読み取れる以下の文章が盛り込まれている。

> 4.21. Governments, in cooperation with industry and other relevant groups, should encourage expansion of environmental labelling and other environmentally related product information programmes designed to assist consumers to make informed choices.（政府は、産業とその他の関係する団体との協力により、消費者のインフォームド・チョイス［理解したうえでの選択］を補助するように設計された環境ラベルとその他の環境に関連する製品情報プログラムの発展を促進しなければならない）（大元ほか　二〇一六）。

認証制度による資源管理がうまれた背景には、国家の枠を超えて取引される資源が増加し、①規制による資源管理の限界、②管理に消費サイドも参加する重要性、が浮き彫りになったことがあげられる。

認証制度による資源管理は、それまでの資源管理の手法とは大きく異なる。資源の管理は従来、法律や条約など、国または国家間の取り決めに大きく依存していた。これらは、環境に負荷を与える活動を罰する仕組みであり、制定や施行に長い時間を要する。そのため、法律や規制による管理には、「物事が動かないリスク」、つまり、ただ状況が悪化し続けるのを見守るという事態がおこる（大元　二〇一八：一二七）。

一方、資源管理認証は、法的な拘束力はないが、比較的短期間で生産活動の持続可能性を証明し、環境に負荷を与えていない（最小限にする）という努力を生産物のサプライチェーンへ周知することにより、資源管理をうながす仕組みである。国際資源管理認証の先駆けであるＦＳＣ認証設立の背景には、八〇年代に大きな環境問題として欧米を中心に注目された、アマゾン地域の熱帯雨林の減少がある。

当時の森林保全活動は、環境ＮＧＯが伐採に関わる企業に対してロビー活動をおこなうのが一般的であった。また、消費サイドは、熱帯材の不買運動が唯一のかかわり方であった（不買運動には、熱帯材生産国から不当な貿易障壁であると反発がでた）。このような状況のなか、国際的な自然保護団体である世界自然保護基金（ＷＷＦ）が中心となりＦＳＣを設立。森林保全の現場では、抗議活動により政府を動かし、法律や規制が施行されるのを待つという保全スタイルに限界を感じており（Auld 2014）、また、企業としても批判の拡大が企業活動に影響することを懸念し、無責任な熱帯雨林の伐採に加担していないという証明方法を模索していた。両者の「持続可能な森林利用」という目的を同時に達成することのできる仕組みがＦＳＣ認証だったのである。

二つめの背景は「資源管理に消費サイドも参加する重要性」である。そもそも資源は、食用やそのほかの用途のために市場流通するものであり、消費サイドからの影響（＝需要）が大きい。そのため、生産現場のみの規制では不十分である。つまり、持続可能な資源利用は、「資源管理のみならずそのほかの環境的、社会的、市場的課題がローカルからグローバルレベルで複雑にからみあっている。そのため、本来資源管理を主目的とする資源管理認証は、戦略的に、また副産物的に、その他の課題の解決を助ける役割を果たしている」といえる（大元ほか 二〇一六：七）。一般消費者も、認証取得の証であるエコラベル製品を選ぶことで資源管理にかかわることができるようになったのである。

このような背景から、国際的に適用が可能な資源管理認証がさまざまな資源に対して設立され、資源管理の一翼を担うようになったことから、「政府ではない市場に駆動された権威」（non-state market-driven authority）による管理とも呼ばれている（Cashore *et al.* 2004）。国際資源管理認証を取得した水産物は、世界的に広く普及すれば、トレーサビリティがはっきりしているため（後述）、世界的に広く普及すれば、ＩＵＵ漁業の締め出しも可能だ。これは、サプライチェーン全体で漁業管理に関わるという認証制度ならではの効果だといえる。

## ＭＳＣ認証とＡＳＣ認証

現在、世界的にみて天然漁獲漁業に関しては、ＭＳＣ認証（Marine Stewardship Council：海洋管理協議会）が、また、水産養殖業に対しては、ＡＳＣ認証（Aquaculture Stewardship Council：水産養殖管理協議会）が最も普及している。ＭＳＣは、ＦＳＣの成功をモデルに一九九七年に設立された。森林資源から水産物への応用であり、ユニリーバ（当時ヨーロッパの冷凍水産物の大きなシェアをもっていた）とＷＷＦ

による設立である。設立の背景には、カナダのグランドバンクで、乱獲によりタラ資源が枯渇し、九〇年代初頭に全ての漁場が閉鎖されるという、「漁場の壊滅」がある。漁業関係者数万人が失業し、水産物の資源管理の重要性が認識された。ＭＳＣの認証基準が新しかった点は、水産資源そのものの管理だけでなく、漁業活動の生態系への影響をも含めたこと、また、移動性の高い所有権のあいまいな資源を対象としたところである。

ＡＳＣ認証は、養殖水産物に対する認証制度であり、二〇一〇年の設立である。こちらは、ＷＷＦとＩＤＨ（オランダの持続可能な貿易を推進する団体）が支援して設立した。背景には、天然水産物の漁獲の頭打ち・減少を補うようにその生産量が急激に増加した養殖水産物の環境・社会的影響がある。水産養殖には、過密養殖による海洋汚染、病気・寄生虫の野生個体への伝染、薬品や抗生物質などの散布による人体と生態系への影響、餌として使われる天然魚の資源管理、などの課題がある。二〇一六年の全水産物生産量の実に四七％（食用のみ）が養殖由来となっており、二〇二〇年には五〇％を超え、二〇三〇年には五四％に達すると予測されている（FAO 2018）。

ＭＳＣ認証、ＡＳＣ認証の普及状況を、認証取得数ならびにエコラベル製品数からみると以下の通りである。

ＭＳＣ認証取得漁業は、世界で三四四あり、国内では三漁業（うち一つは認証一時停止中）である（二〇一八年六月時点、ＭＳＣ日本事務所）。ＭＳＣエコラベルが表示される製品数は、世界で二万九六五五アイテムあり、国内では、五三一製品が販売されている。これは、世界第一六位となっている。一位は、五〇五八製品のドイツで、二位のイギリスにおける二一五七製品を大きく引き離している（ＭＳＣ日本事務所）。

ＡＳＣ認証は、世界三八か国の六八六養殖場が認証を取得している。日本は、養殖場数でいうと世界第四位（四企業・団体の合計六〇ヵ所）で、後述するブリおよびカキで認証を取得している。世界で販売されているＡＳＣエコラベル付き商品の種類は、一万三〇二九（六九ヵ国）で、日本では二九九種類で世界第一二位である。ちなみに、一位は、ＡＳＣが本部を置くオランダで、一八七〇種類である（二〇一八年七月時点、ＡＳＣ日本事務所）。

それぞれ別の団体として活動するＭＳＣとＡＳＣであるが、効率的な海洋資源の管理に寄与するために、エコラベル製品のトレーサビリティを担保するためのしくみ（CoC認証：認証取得生産物のトレーサビリティのための認証のしくみ）については、ＡＳＣはＭＳＣの既存システムを利用している。また、世界的な需要のために生産量が大幅に増えている海藻（食用だけでなく、コスメティックやサプリメント、また飼料としての需要がある）の認証基準（二〇一七年発行）は、共同で策定した。逆に、無給餌（餌を与えない）による二枚貝の生産については、ＭＳＣ、ＡＳＣの両方が審査基準を持っており、両方の審査対象となる場合がおおい。この場合、審査を受ける主体が、審査費用や製品の売り先などで選択することになる。

### 水産物認証の基本構造

国際資源管理認証は、そのエコラベルが表示される製品に、世界中で認識される「ユニバーサル（普遍的）な価値」を与える（大元　二〇一八：一二七）。つまり、世界中どこでもそのエコラベルが表示してある商品は一律に持続可能だという情報を提供するものである。そうであるからには、国際的に広く用いられる認証制度には、たとえ管理対象の資源や生産活動の種類が違っていても共通の基礎的要件がある。

まず、国際的に普及する多くの認証制度が加入している団体にＩＳＥＡＬがある。ＩＳＥＡＬ（International Social and Environmental Accreditation and Labelling：国際社会環境認定表示連合）は、資源管理を目的とする認証制度だけでなく、フェアトレード認証などを含めた、持続可能性の担保を目的とする認証制度の信頼性や質の向上をはかる非営利団体である。ＭＳＣならびにＡＳＣもそのメンバーである。ＩＳＥＡＬには、Ｃｏｄｅとよばれる以下の三つの規範があり、メンバーはこの規範に準拠する必要がある。

・The ISEAL Standard-setting Code of Good Practice（基準設定のための規範）
・The ISEAL Assurance Code of Good Practice（基準に対する審査のための規範）
・The ISEAL Impacts Code of Good Practice（基準が持続可能性を達成するための規範）

次に、右記の規範に沿って策定された基準をつかって審査をおこなうことのできる審査機関（ＣＡＢ：Conformity

Assessment Body）の資格審査については、認定機関（Accreditation Body）という団体が存在する。MSCならびにASC認証の場合には、ASI（Accreditation Service International：国際認定サービス）という認定機関によってその資格を認定された認証機関のみが審査可能である。このように、基準設定者（MSCやASC）、と実際に審査する機関が互いに独立しておこなう認証のしくみを「第三者認証」（Third-Party Certification）とよぶ。審査の厳格さや信頼度から、国際認証制度のほとんどが第三者認証を採用している。

天然漁獲漁業を対象とする認証制度に関しては、FAO（Food and Agriculture Organization of the United Nations：国連食糧農業機関）が、Guidelines for the Ecolabelling of Fish and Fishery Products from Marine Capture Fisheries（「海洋漁業からの漁獲物と水産エコラベルのためのガイドライン」二〇〇九）を発行している。このガイドラインは、漁業が持続可能と判断され、その水産物にエコラベルを表示するために最低限必要な要件と基準が示されている。水産物のためのエコラベルを運営する認証制度の多くが、このガイドラインに準拠していると主張し、その信頼性をアピールしているが、これはあくまでガイドラインであり準拠しているという主張はあくまで自己申告である。養殖を対象にする認証制度に関しても、FAO Technical Guidelines on Aquaculture Certification（二〇一一）があり、養殖環境の最低限の標準として、動物の健康と福祉、食の安全性、環境保全、社会経済的側面が挙げられ、また認証の制度的な要件として、基準の設定、認証機関の認定、審査・認証について定めてある。こちらについても、あくまでガイドラインであり、準拠に関しては自己申告である。

## MSCとASCの基準策定

MSC認証とASC認証とでは、その基準策定のプロセスに大きな違いがある。MSCは基本的には（1）、すべての漁業に対応する基準セットを持つ。この基準セットは三原則である、

①資源の持続可能性
②漁業が生態系に与える影響
③漁業の管理システム

の下にぶら下がる二八の業績評価指標と呼ばれる具体的な基準項目によって成る。この基準の策定および見直しには、科学者、水産業界、環境保護団体などのいわゆる専門家や代表者による案がつくられたのち、そのドラフトがパブリックコメント用に公開され、広く意見を募るという手順を経る。

　次に、ＡＳＣ認証基準の原則は、次の七つからなる。

原則一：法令順守
自然環境に対する基準として、
原則二：自然環境・生物多様性への影響の軽減
原則三：天然個体群への影響軽減
原則四：飼料、化学薬品、廃棄物の適切な管理
原則五：養殖魚の健康と病害虫の管理
労働環境や地域社会に関する基準として、
原則六：適正な労働環境の整備
原則七：地域社会との連携、協働

　ＡＳＣ認証の最大の特徴は、認証基準が魚種ごとに策定されることにある。現在までに、ティラピア、パンガシウス（ナマズの一種）、サケ、二枚貝（カキ、ホタテ、アサリ、ムール貝）、アワビ、淡水性マス、エビ、ブリ・スギの基準が策定されている。また、基準策定のプロセスは、「アクアカルチャー・ダイアログ（水産養殖管理検討会）」と呼ばれるステークホルダーによる複数回の円卓会議を経る。この円卓会議には、かなり幅広いステークホルダーが参加し、基準の策定に参加できる。それには、生産者、加工会社、飼料会社、管理主体、養殖技術研究機関など直接的に養殖に関わる人々だけでなく、環境ＮＧＯや研究者も参加が可能である。筆者も、ベトナムで開催されたパンガシウスのダイアログに大学院生という身分で参加した。

　このダイアログ形式による基準の策定は、国際資源管理認証のなかでもユニークである。基準が最終化されるまでの行程を、日本での認証取得養殖場が存在する魚種であるブリ・スギ類を例にとって表1に示す。

　このブリ・スギ類の基準策定の経緯からはいくつかユニークな点が指摘できる。一つには、基準策定プロセスにＡＳＣがかかわらない点があげられる。ブリ・スギ類の基準の場合には、二〇一五年二月に基準の最終版がＡＳＣに提出されるまで、その基準策定にＡＳＣが関与していない。

表1　ASC ブリ・スギ類基準策定の経緯（ASC 2016）

| 日時 | 内容 | 基準策定の段階 |
| --- | --- | --- |
| 2009 年 2 月 19 〜 20 日 | WWF アメリカが調整役となり、シアトルで第 1 回 SCAD（Seriola and Cobia Aquaculture Dialogue; ブリ・スギ類アクアカルチャー・ダイアログ）を開催。基準の原則の草案が提示される。 | アクアカルチャー・ダイアログ①〜③ |
| 2009 年 24 〜 25 日 | 追加的な会議が、メキシコで開催される（第 2 回 SCAD） | |
| | 第 3 回 SCAD をブラジル開催で計画するも、十分な参加者を得られず中止となる。 | |
| 2013 年 2 月 12 〜 13 日 | 東京で、第 3 回 SCAD 開催 | |
| 2011 年〜 2012 年にかけて | 運営委員会（Steering Committee）による指標と要件の検討 | |
| 2013 年 2 月 15 日 | ブリ・スギ類認証基準の第一草案がパブリックコメント（1 回目）用に公開。パブリックコメント期間は 60 日間で、期間中に寄せられたコメントは、運営委員会によって基準文書の見直しに使われる。 | パブリックコメント① |
| 2013 年 8 月 19 日 | パブリックコメント期間に寄せられたコメントの概要とそれに対する運営委員会の回答を、WWF US ウェブサイトの SCAD ページに公開。これにより、2 回目のパブリックコメント期間が始まる。 | パブリックコメント② |
| 2013 年 10 月 | 最後の SCAD を鹿児島で開催。日本のステークホルダーからのコメントを受ける。 | アクアカルチャー・ダイアログ④ |
| 2015 年 2 月 | 運営委員会がコメントを確認し、要件を修正したのち、基準の最終版を ASC に提出。 | |
| 2016 年初め | パイロット審査が、オーストラリア、ブラジル、日本、パナマで行われる。ここで得られたフィードバックは、ドラフト基準と別添え審査マニュアルの改善に活用された。 | パイロット審査 |
| 2016 年 10 月 | 基準の発行。 | |
| 以後の国内における動き | | |
| 2017 年 12 月 16 日 | 黒瀬水産（宮崎県・串間市）が、世界初となるブリ類での ASC 認証を取得するなど、日本のブリ養殖場の認証取得が相次ぐ。 | 認証審査 |
| 2018 年 1 月 27 日 | イオンにて、販売開始。 | CoC 認証審査 |
| 2018 年 4 月 | 有限責任事業組合 日本ブリ類養殖イニシアティブ設立。 | |

二つめに、日本での養殖が非常に多い魚種であるブリが対象であるにもかかわらず、日本でのSCADの開催が二〇一三年になってからであるという点があげられる。

アクアカルチャー・ダイアログは、広く関係者に参加を促すために、開始前にウェブサイトでの告知や直接のレターの送付などを積極的に行う。ブリ・スギ類の時にも、WWF USが主導してこのような手続きを行い、日本のブリ養殖関係者にも招待状が送られた。しかしSCADがはじまった二〇〇九年にはASCはまだ正式には活動を開始しておらず、もちろんエコラベル製品も市場に出まわっていない。WWFジャパンから関係者への声かけもあったが、第一回、二回のダイアログに日本の関係者は参加していない。

三回目のSCADは、ブラジルでの開催が計画されていたが、参加者を十分に得られずに中止となる。代わりに第三回は、東京で開催されることになる。この裏には、WWFジャパンの担当者が、「ブリの生産の大部分を占める日本で開催せずに、日本の関係者が参加しないまま基準が決まっていくようでは、実質的インパクトの少ない基準になる」としてWWF USへ意義のある開催、つまり日本での開催に向けた支援を申し出たという裏話もある。そして、最終的には、ブリ類の生産の一番多い鹿児島県でダイアログが開催されている（第四回）。

とくに魚類養殖のASC基準を作る際に議論の中心となるのは、餌の組成とその効率（2）、それから投与される薬品の種類である。餌の効率に関しては、ブリ・スギ類のASC基準の発行（二〇一六年）から三年後、六年後の達成基準数値がすでに提示されており、現在認証を取得している事業者も常に餌効率の向上がうながされる仕組みとなっている。

次に薬品に関する基準には、国内法で禁止されている薬品や世界保健機関（WHO：World Health Organization）により非常に重要としてリストされている抗生物質（WHO's list of critically important antimicrobials for human medicine）の使用禁止があげられている。このリストは、人にとって重要な抗生物質を食用動物に使用することで、薬剤耐性を持つ微生物が増え、それが食べ物から人に移ることを防ぎ、抗生物質の人への有効性を維持するのが目的である。日本の事業者にとっての課題は、日本では許可されている薬品が、WHOリストに沿った基準では禁止されていることで、W

HOリストと国内法に相違があることは、二〇一六年のパイロット監査で初めて明らかになった。この事実がSCADの早い段階でわかっていれば、ワクチン開発などの対策に早くから取組むことができたという意見もある。

このように、魚種ごとにアクアカルチャー・ダイアログを開催して基準を策定してきたASC認証だが、新しい動きが出てきている。まず、魚種ごとに一からつくっていた基準セットは、共通のアライメント基準（コア基準）を土台にダイアログを開催せずに案を作成するというものである。その後、主要な生産国にて、この基準案を確認し、二回のパブリックコメントを経てASC内部での承認を受け、正式な基準として公開する。ダイアログがなくなれば、生産者の意見反映の機会は主にパブリックコメントとなる。二〇一七年九月には、ブリ基準策定当時にはなかったASC日本事務所が開設され、言語の問題などある程度の支援は期待できるが、国際的な認証基準の策定に関して、情報修正を含め、日本の生産者がより積極的にかかわっていく必要がある。

## 認証が向いている方向（生産者、流通・消費者）

### 国際資源管理認証に対する批判

国際資源管理認証に対する批判は、FSCが設立された当初から絶えずある。しかし、環境NGOと企業が協働することがグリーンウォッシュ（あたかも環境配慮をしているようにみせかけること）である、という批判は、そのような協働がさまざまな場面でみられるようになった現在では声高ではない。また、設定された基準が低く、持続可能でない生産活動が認証を受けているという批判も常にある。これに対しては、先に述べたように、認証制度の多くが定期的に基準全体を見直し、また随時特定の項目に関して基準を改訂している。これは、科学的知見や資源管理技術の進展に合わせたアップデートであり、認証基準がそもそも恒常的なものではない、という解釈ができる。

本来、エコラベルが添付されている製品を買うことは、生産現場におもむかなくても、環境的に配慮された活動を支援していることを保証してくれる。しかし、エコラベルの真正さを確保するためのトレーサビリティが確立されているために、逆に生産現場でおこっていることに無頓着な消費者と企業を生み出す可能性がある、という批判がある。グローバルバイヤーや企業が、自社の環境基準保証にかかるコストを、認証を取得する供給側に転嫁しているという指摘もある（Belton *et al.* 2011）。また、より根本的な批判もある。それは、現在の国際市場が、基本的には効率と低価格を重視するものであり、大量流通・消費を行う仕組みである限り、その仕組みを利用した持続可能な資源利用は矛盾するという指摘である（Taylor 2005）。

このような批判的議論を踏まえ、国際資源管理認証を実質的な持続可能性の実現に十分に活用するために、「誰のための認証制度か」という視点の転換が必要である。

### 視点の転換

先に述べたように、エコラベルを伴う国際資源管理認証が、「持続可能性」という価値を国際市場で流通させることにより、生産・流通・消費にかかわる主体が資源管理に参加することのできる新しい仕組みが誕生した。つまり、消費者がエコラベル商品を積極的に選ぶことではじまる制度であり、企業は、消費者に手に取ってもらえるエコラベル商品の開発や、持続可能なビジネスモデルの構築（原料の持続的確保）、またCSR（企業の社会的責任）の実現のためのツールとして活用してきた。つまり認証制度は、設計上、消費（者）の方を向いている（大元 二〇一六）。認証制度に関する研究についても、消費者のエコラベル商品に対する支払い意思額（willingness to pay）に関するものが多い。

生産者の認証取得に関して、エコラベル商品への需要が上がることで価格プレミアムがうまれ、高い対価を得ることができるというメリットがよく挙げられる。しかしながら生産者の視点から、経済的メリット以外の積極的な使いこなしの例をみてみたい。

個別の漁業としては、気仙沼のはえ縄漁業が、サメという魚種でMSC認証を目指している事例がある。フィニングとよばれる、重量当たりの価値が高いフカヒレだけを切り取ってサメのボディを廃棄する漁法が横行し、反対キャンペーンが大々的に行われた結果、フカヒレの扱いをやめるホテルやレストランが増え、フィニングを行わない気仙沼の漁業からのフカヒレも売れなくなっている。トレーサビリティが確立されている国際資源管理認証であれば、フィニングではないフカヒレという差別化が可能という判断からの挑戦である。

また、ASC認証では、南三陸のカキ（宮城県漁業協同組合志津川支所戸倉出張所管轄）が二〇一六年三月に日本初のASC認証を取得した。二〇一一年に起こった震災からちょうど五年目のことである。津波ですべての養殖施設を失い、復興に向けた話し合いのなかで、カキ筏を震災前の三分の一にすることを決定した。それは、震災前の筏の密度が高すぎることをみなが自覚していたからだ。筏の数を減らした結果、カキ養殖期間が、三年から一年に縮まり、また労働時間も短縮された（前川 二〇一六）。これは、津波により攪乱された海の一時的な状況からではなく、現在も継続しているという。南三陸におけるASC 認証の取得には、明確な基準を備える国際認証を適正な養殖密度の指針として活用し、生産者全員にフェアな資源利用配分を行い、地域産業の長期的な持続可能性につなげる意図を見出すことができる。

## 競争から協働へ——水産物の持続可能性認証における新しい動き

### 水産物のエコラベルの乱立とGSSI

国際資源管理認証が登場してから、四半世紀が経つ。水産物に関しては、鮮度や価格以外の価値判断の指標が私たちの生活に導入されてから二〇年である。認証制度とエコラベルがわれわれの生活の中で一般的になってきたといってよいと思う。その一方で、エコラベルの乱立が問題にされることも多い。水産物対象のものだけでも一〇〇を優に超えるという。そのような多数のエコラベルの中から、本当に持続可能なものを選ぶのは至難の業である。

認証制度のFAOガイドラインへの準拠はあくまで自己申告だが、二〇一三年に発足したGSSI（Global Sustainable Seafood Initiative：世界水産物持続可能性イニシアチブ）は、FAOのガイドラインにそのエコラベル制度が準拠しているかどうかを、申請ベースで審査する団体である。GSSIは、世界中の五〇以上の小売りや水産加工企業が資金提供パートナーとなり運営している。日本企業では、ニッスイ、イオン、日本生活協同組合連合会が参加している。

### 前競争的協働による認証制度の業界標準化

企業の枠を超えた持続可能性への取組みもASC認証をきっかけとしてはじまっている。GSI（Global Salmon Initiative：世界サーモン・イニシアチブ）は、二〇一三年に発足し、チリ、デンマーク、ノルウェー、ニュージーランド、オーストラリアなど主要なサケ養殖国の一四の生産企業で構成されている。環境の向上については、前競争的協働（Pre-competitive collaboration）であるという共通の理解のもと活動しており、すべてのメンバー企業が二〇二〇年までにASC認証を取得するという目標を掲げ、餌会社や薬品会社も巻き込んでいる。この活動は、批判にさらされることの多いサケ養殖業界全体の評価を上げることにもつながると位置づけられている（https://globalsalmoninitiative.org/en/）。

このような動きからは、同業他社との差別化や競争のために利用されてきた認証制度が、業界の標準へと移行しつつあることがみて取れる。先に紹介した、日本のブリ養殖についても、ASC認証取得企業もしくは取得を目指す企業により二〇一八年四月にJSI（Japan Seriola Initiative：有限責任事業組合日本ブリ類養殖イニシアティブ）が設立されている。

## プラットフォームとしての認証制度

資源管理認証は、資源管理のためのしくみではあるが、資源の持続可能性を保証できる範囲で最大限に利用するために構築されたものである。そのため、資源利用から恩恵を受ける多様なステークホルダーが対話と協働をはじめるのに都合のよいプラットフォームとなる。本節で紹介した事例からも、例えば、南三陸では地場産業の持続可能性という地域づくり（復興）にかかわる場面でも活用された。また、GSIのように国や企業を超えて、環境の向上を目指す取組みにもつながっている。

二〇二〇年に東京で開催されるオリンピック、パラリンピックの「持続可能性に配慮した水産物の調達方針」にもMSCならびにASC認証取得水産物は採用されている。これに向け、認証の取得を目指している漁業、養殖業が多くある。二〇一二年のロンドン大会から採用されたMSC認証は、二〇一六年のリオ大会ではASC認証も加わり、そして東京大会へと続く。イギリスでは、大会をきっかけに一気に持続可能な水産物の消費が広まりをみせた。ぜひ日本でも、目先の体裁や業界に対する不毛な配慮に走らずに、大会後の持続可能な社会につながるレガシーを残していきたいものである。

（1）サケ漁業や二枚貝生産など、孵化放流や種苗の採取などを含む漁業等には、特別な基準と審査方法が適用される。
（2）魚依存率（FFDR：Forage Fish Dependency Ratio）や増肉係数（FCR：Feed Conversion Ratio）

## 参考文献


大元鈴子・佐藤哲・内藤大輔　二〇一六「国際資源管理認証とはなにか—価値を付与する仕組み」大元鈴子・佐藤哲・内藤大輔編『国際資源管理認証—エコラベルがつなぐグローバルとローカル』東京大学出版会：一—一一

大元鈴子　二〇一八「生産者と世界のつながり—地域が使いこなす認証制度」佐藤哲・菊地直樹編『地域環境学—トランスディシプリナリー・サイエンスへの挑戦』東京大学出版会：二二七—二四四

前川聡（二〇一六）「海の再生と水産養殖認証—震災と南三陸の水産業」大元鈴子・佐藤哲・内藤大輔編『国際資源管理認証—エコラベルがつなぐグローバルとローカル』東京大学出版会：六六—八三

ASC 2016, ASC Seriola and Cobia Standard version 1.0 October 2016. (https://www.asc-aqua.org/wp-content/uploads/2017/07/ASC-Seriola-Cobia-Standard_v1.0.pdf)

Auld, G. 2014, *Constructing private governance: The Rise and Evolution of Forest, Coffee, and Fisheries Certification*, Yale University Press.

Belton, B./ Haque, M. M./ Little, D. C./ Sinh, L. X. 2011,"Certifying catfish inVietnam and Bangladesh : who will make the grade and will it matter?", *Food Policy* 36 (2) : 289-299.

Cashore, B./ Auld, G./ Newsom, D. 2004, *Governing through Markets : Forest Certification and the Emergence of Non-state Authority*, Yale University Press.

FAO 2018, The State of World Fisheries and Aquaculture 2018. FAO. Rome.

FAO 2009, Guidelines for the Ecolabelling of Fish and Fishery Products from Marine Capture Fisheries. Revision 1.

FAO 2011, Technical Guidelines on Aquaculture Certification.

Taylor, P. L. 2005, "In the market but not of it : fair trade coffee and Forest Stewardship Council certification as market-based social change", *World Development* 33 (1) : 129-147.

# 9 サメ資源保護と魚食文化

鈴木隆史（桃山学院大学兼任講師）

## はじめに

近年、世界中でサメ（エイ類を含む）の保護運動が激しくなっている。フカヒレ価格の高騰のためにサメが乱獲され、このままではフカヒレスープのためにサメが絶滅する恐れがある。だからフカヒレスープを食べるのを止めて、海の王者サメを守ろうというキャンペーンが展開されている。

IUCN（野生生物保護連合）作成のレッドリストをもとに、一九九四年以降のワシントン条約締約国会議では、サメの附属書への掲載が議論され、これまでに、ジンベイザメ、ウバザメ、メジロザメ、シュモクザメ、イトマキエイなどが次々と附属書に掲載された。

こうした流れと並行して、二〇一三年七月一日からアメリカのカリフォルニア州ではフカヒレの売買、所持を禁止する法律が施行された。違反者は一〇〇〇ドルの罰金、六ヵ月の禁固刑という厳しいものだ。また、キャセイパシフィック航空も積み荷としてのフカヒレなどのサメ由来の製品の取扱いを停止。ペニンシュラホテルやシャングリラ・ホテルズ&リゾーツなどがレストランでのフカヒレ提供をやめると宣言。中国でも二〇一二年七月に公式宴席でのフカヒレ提供を禁止した。またEUでもフカヒレを目的としたサメ漁業を全面禁止している。

このように、サメの資源保護とフカヒレ消費中止の動きは、世界最大のサメとエイの漁獲量を誇るインドネシアにも様々な影響をおよぼしている。海外からの抗議によって空港にある海産物土産店からフカヒレが撤去されたのをはじめ、有名人によるフカヒレスープ消費中止キャンペーンやガルーダ航空がカーゴでフカヒレを扱わないと決定するなど、古くからの交易品であり、中華料理の高級食材フカヒレがレストランのメニューや輸出品のリストから消えるかもしれないのだ。

さらに、国際NGOなどのロビーやキャンペーンにより、二〇一四年海洋水産大臣令によりヨゴレザメとシュモクザメの国外輸出禁止を決めるなど、二〇一〇年以降、インドネシア国内でもフカヒレ取扱い規制とサメ資源保護を訴える動きが活発化している。フカヒレ価格の高騰とフカヒレ料理の消費中止キャンペーンは、サメを漁獲し、フカヒレを扱ってきた人々の暮らしにどのような影響をおよぼしているのだろうか。サメとフカヒレの生産国であり、消費国でもあるインドネシアにおけるサメとフカヒレの切っても切れない関係について考えてみることにしたい。

## インドネシアにおけるサメ資源保護運動

そもそもこのフカヒレをめぐる問題が国際的に議論されるようになった背景には、一九九〇年代にはじまる急激なフカヒレ価格の高騰と需要の増大がある。高価なフカヒレだけを求めるフカヒレ漁が世界各地の海で繰り広げられ、ヒレだけを切取られたサメの魚体は生きたまま海に投棄された。ヒレを奪われたサメは泳ぐことはできない。海底で死を待つのみだ。この「フィンニング」と呼ばれる「フカヒレ漁」が世界の環境保護団体や動物保護団体などから「残酷」であり、サメとエイ類の資源の乱獲・絶滅につながるとして非難された。海の王者サメを守るためには、フィンニングをもたらしているフカヒレの消費そのものを止めるかしかないという主張まであらわれた。サメの資源保護運動には、フカヒレを食べるという食文化の否定といった問題も含まれている。

「絶滅の恐れのある野生動植物の種の国際取引に関する条約（CITES）」いわゆるワシントン条約でサメについて議論されたのは一九九四年のアメリカのフロリダで開催された第九回締約国会議だ。毎回サメやエイ類の附属書への記載が議論されてきたが否決され、ようやく二〇〇二年に開催された第一二回締約国会議でジンベイザメとウバザメが附属書Ⅱに掲載された。第一六回締約国会議では、ヨゴレザメ、ニシネズミザメ、アカシュモクザメ、ヒラシュモクザメ、シロシュモクザメ、ノコギリエイ、オニイトマキエイの掲載が決まり、さらに二〇一六年の第一七回締約国会議では、クロトガリザメ、オナガザメ、イトマキエイなどが追加された。

ＦＡＯ（国連食糧農業機関）は一九九九年にワシントン条約にみられるサメ類保護の動きを受けて「サメ類の保存管理のための国際行動計画（ＩＰＯＡ Ｓｈａｒｋ）」を採択し、各地域漁業管理機関にＩＰＯＡの作成を呼びかけるとともに、加盟国にも独自の国内サメ行動計画の作成が奨励された（中野ほか　二〇〇八）。

世界最大のサメ・エイ類の漁獲量を誇るインドネシアは、フカヒレの輸出国としても知られているが、サメ・エイ類の種類毎の漁獲量の正確なデータもなければ、資源管理のための国内行動計画も策定されていなかった。

二〇一一年のインドネシアの水産統計によると、サメ類が五万二一四トン、エイ類が五万二六九四トンで、合計一〇万二九〇八トンが漁獲された事になっている。この統計では二〇〇四年までは、サメ類とエイ類としか分類されていなかったが、二〇〇五年からそれぞれ六種類、五種類に分類されて漁獲量が示されるようになった。政府がサメ資源管理に向けて努力していることを示そうとした結果だと思われるが、現実には種類別の漁獲量を算出することは極めて困難だ。世界的にサメ・エイ類の資源への関心が高まり、インドネシア国内でもＦＡＯやＷＷＦなどからの指導や圧力によって、海洋水産省や研究者たちも本腰をあげたということだろう。その結果、海洋水産省はＷＷＦやインドネシアやコンサーベーション・インターナショナル（ＣＩ）などの協力を得て、ようやく「サメの保護および管理に関する国内行動計画（ＮＰＯＡｓ）」を策定した。

こうした国内外の動きを受けて、二〇一八年三月におこなわれた第二回インドネシアにおけるサメとエイに関するシンポジウムで、スシ海洋水産大臣が、フカヒレの消費が減り、フカヒレ売買を禁止すれば、サメの殺戮もなくなると語ったとされる。さらにジャカルタ市内のいくつかのレストランではフカヒレ料理の提供を中止し、また、二〇一三年一〇月からガルーダ・インドネシア航空がフカヒレの輸送を取りやめる決定を下した。グリーンピースも、海洋水産大臣宛にサメとエイの資源を守るためにフカヒレ輸出禁止を求める署名をウェブサイトで呼びかけている。

こうしたＮＧＯの積極的なアドボカシーやロビー活動を通じてインドネシアでも急激に国際的なサメ資源保護運動が展開されるようになった。フィンニングの様子の映像や海底に横たわるヒレを切り取られたサメの写真がＮＧＯのウェブサイトで公開されたことで、瞬く間にフィンニングだけでなく、フカヒレ消費に対する批判も高まり、アーティストや有名人がフカヒレ漁禁止とフカヒレスープ消費禁止を呼びかけた。

近年ダイバーたちの間で人気が上昇しているインドネシア、西パプアのラジャ・アンパットでは、フィンニングによって捨てられ、海底に横たわるサメの死骸にダイバーたちが遭遇した。しかも、サメ漁業がおこなわれたのは自然保護区だったこともあり、こうした違法操業への批判が強まっている。美しいサンゴ礁や環境を資源とした観光産業を守るために、漁業資源としてのサメの捕獲を禁止するという観光と生態系保護のための資源保護という考え方が強くなっている。しかし、そこで暮らす漁民たちの姿はみえてこない。

まず、インドネシアで展開されているこうしたサメ保護、フカヒレ取り扱い・消費中止運動の行方を考える前に、一九七〇年代から発展した流し網漁業と一九八〇年代後半のフカヒレ価格の高騰にともなって発展したサメ延縄漁業について紹介したい。

## インドラマユのサメ漁業とフカヒレブーム

### 流し網漁業の発展とサメ

インドネシアの首都ジャカルタから東に二〇〇キロほどのところにインドラマユという町がある。チマヌク川の河口にカランソン村、パオマン村、パベアンウディック村などの漁村があり、沿岸でアジやイワシなどの小型の浮魚を対象としたパヤン(手繰網)や小型のサメやハマギギなどの底魚を狙った延縄など発達していた。一九六〇年代には「ンガワ」と呼ばれた流し網漁業が急成長し、一九七〇年代初めには三〇〇隻近くの流し網漁船が操業するようになった。全長一〇メートルほどの小型帆船に塩を積み込み、三人から四人で、一ヵ月から二ヵ月ほどの航海をおこない、二トン以上の塩漬けのサメやソウダガツオ、ハマギギ、フエダイなどを持ち帰った。

船主の多くは村の魚商人から塩や米などの仕込みを受けていたが、三〇隻以上の漁船を所有する商人船主も生まれた。表1は、ある商人船主の漁労長KD氏が一九七九年から一九八二年までの間におこなった一二回の航海の漁獲成

表1　ある漁労長12航海の漁獲成績（商人船主H氏の帳簿をもとに作成）

魚種別漁獲量・単価

| | 1回 | 2回 | 3回 | 4回 | 5回 | 6回 | 7回 | 8回 | 9回 | 10回 | 11回 | 12回 | 平均 | % |
|---|---|---|---|---|---|---|---|---|---|---|---|---|---|---|
| サメ（キロ） | 990 | 750 | 1,015 | 1,070 | 960 | 400 | 765 | 860 | 850 | 900 | 410 | 610 | 798 | 39.2 |
| 単価（ルピア／キロ） | 200 | 320 | 350 | 240 | 325 | 400 | 300 | 400 | 275 | 300 | 325 | 250 | 301 | |
| フエダイ（キロ） | 745 | 1,090 | 690 | 810 | 840 | 1,500 | 840 | 105 | 530 | 1,025 | 360 | 294 | 736 | 36.2 |
| 単価（ルピア／キロ） | 120 | 220 | 250 | 130 | 210 | 300 | 200 | 300 | 180 | 200 | 175 | 170 | 209 | |
| ハマギギ（キロ） | 240 | | | | | | | 890 | 380 | 110 | 305 | 208 | 178 | 8.7 |
| 単価（ルピア／キロ） | 200 | | | | | | | 250 | 250 | 250 | 275 | 225 | 246 | |
| ソウダガツオ（キロ） | 170 | 205 | 47 | | 105 | 95 | 265 | 230 | 130 | 205 | 65 | 173 | 141 | 6.9 |
| 単価（ルピア／キロ） | 150 | 260 | 275 | | 275 | 150 | 100 | 150 | 250 | 100 | 225 | 170 | 173 | |
| 雑魚（キロ） | 200 | 85 | 120 | 390 | 212 | | | 60 | 100 | 230 | 295 | 487 | 182 | 8.9 |
| 単価（ルピア／キロ） | 80 | 150 | 150 | 90 | 125 | | | 75 | 100 | 50 | 125 | 100 | 101 | |
| 魚小計 Kg | 2,345 | 2,130 | 1,872 | 2,270 | 2,117 | 1,995 | 1,870 | 2,145 | 1,990 | 2,470 | 1,435 | 1,772 | 2,034 | |
| 単価（ルピア／キロ） | 161 | 256 | 298 | 175 | 257 | 313 | 227 | 297 | 234 | 216 | 231 | 185 | 236 | |

フカヒレ漁獲量・単価

| | 1回 | 2回 | 3回 | 4回 | 5回 | 6回 | 7回 | 8回 | 9回 | 10回 | 11回 | 12回 | 平均 | % |
|---|---|---|---|---|---|---|---|---|---|---|---|---|---|---|
| フカヒレ混合（キロ） | 10 | 6 | 23 | 17 | 11 | 3 | 12 | 13 | 9 | 10 | 6 | 3 | 10.2 | 31.5 |
| 単価（ルピア／キロ） | 1,500 | 1,700 | 1,700 | 1,700 | 1,700 | 1,700 | 1,700 | 2,000 | 2,000 | 2,500 | 2,500 | 3,000 | 1,910 | |
| その他のフカヒレ（キロ） | | 2 | 3 | | | 2 | 2 | | 1 | | | 2 | 3.1 | 2.8 |
| 単価（ルピア／キロ） | | 6,000 | 6,000 | | | 7,000 | 7,000 | | 1,200 | | | 1,000 | 7,631 | |
| プレン（キロ） | 17 | 17 | 28 | 34 | 39 | 11 | 27 | 22 | | 21 | 16 | 23 | 21.3 | 65.7 |
| 単価（ルピア／キロ） | 1,000 | 1,200 | 1,000 | 1,000 | 1,000 | 1,000 | 1,100 | 1,400 | | 2,000 | 2,000 | 2,000 | 1,294 | |
| フカヒレ合計（キロ） | 27 | 24 | 54 | 51 | 50 | 16 | 41 | 35 | 10 | 31 | 22 | 28 | 32.3 | |
| 単価（ルピア／キロ） | 1,185 | 1,615 | 1,599 | 1,233 | 1,154 | 1,716 | 1,537 | 1,623 | 3,589 | 2,161 | 2,136 | 2,629 | 1,665 | |

績を示したものだ。一回の航海日数は、二ヵ月半から三ヵ月近くにおよんだ。

一回の航海で漁獲された魚は約二トン。そのうちサメが三九％、フエダイが三六％、ハマギギが九％、ソウダガツオが七％を占めている。水揚げ金額では、サメが五〇％、フエダイが三二％を占め、サメ割合が高いことから、単価が高いことがわかる。一方、フカヒレは、一二航海平均で三二・三キロだが、プレンと呼ばれる小型のサメのヒレが六五・七％を占めている。このことから、ンガワ漁業で漁獲されるサメは、大型よりも小型が多かったと推測できる。フカヒレの価格は、種類と大きさによって異なるが、サメ塩漬け肉、二四〇ルピアに対して、フカヒレは平均で一六六五ルピアと魚の約七倍もしたものの、フカヒレの総水揚げ金額に占める割合は一〇％と低く、サメ肉の副産物にすぎなかった。

水揚げされたサメの中でも小型のサメは、西ジャワ州のクニンガンでは贈答用の塩干魚として用いられ、人気が高かった（図1）。また、サメ肉は他の塩干魚と同じく、油で揚げて食されたが、山間部の村々ではサメ肉は食べると身体が温まると喜ばれた。水揚げされた大型の塩漬けサメ肉は、塩を洗い流して乾燥させた後、ジャカルタ、ボゴール、バンドン、チレボンなどの西ジャワ州の塩干魚市場へ出荷された。

また、村にある魚商人の倉庫では、多くの女性たちがこうした作業に従事しており、彼女たちの貴重な収入源だった。また、魚を倉庫まで運搬するベチャ屋、漁船を建造・修理する船大工たちもンガワ漁業の発展と深く結びついていた。

図１　クニンガンの市場の塩漬けサメ肉
（1989 年撮影）

しかし、このンガワ漁業と塩漬けサメは、一九八〇年代に漁船の動力化と氷の利用により、エスエサンと呼ばれる流し網漁業が台頭してくると、サメと漁民たちの関係も変わりはじめた。

## 流し網漁業の近代化とサメ

一九八〇年代になると、ディーゼルエンジンを搭載し、魚の保存用に氷を用いて操業する流し網漁船が誕生した。漁船の魚倉を氷と魚が入るように改造したもので、「エスエサン」と呼ばれた。漁獲物は「テーペーイー（ＴＰＩ）」と呼ばれる漁業協同組合が管理する施設に水揚げされ、そこでセリにかけられた。セリには女性の商人も数多く参加しており、場外にも零細規模の魚商人たちが籠からこぼれた魚や船底で傷んだ魚を買い取り、インドラマユの町の市場や周辺の村で販売した。一方、競り落とされた魚は、ただちにドラム缶型のプラスチック容器に氷と一緒に詰め込まれ、トラックでジャカルタなど各地の卸売市場や加工場へと出荷された。

動力化と氷の利用で航海日数は二週間ほどに短縮されたため、年間の出漁回数も増加し、一航海あたりの水揚げ金額も大幅に増加した。例えば一九八四年までンガワ漁業を

図2　ンガワ漁船と建造中のエスエサン漁船（1989年撮影）

おこなっていたS漁労長の水揚げ金額は、二ヵ月間の航海で七〇万ルピアだったが、エスエサンに転換した後は、二〇日間で九四万ルピアと大幅に増加している。残念ながらエスエサンは、漁船ごとの漁獲量の記録がないため、量的な比較はできないが、一航海あたりの操業利益は、エスエサンの方がンガワに比べてはるかに大きかった。

航海日数の短縮化で、ンガワが一航海（二ヵ月）する間に、エスエサンは三回も出漁できた。しかも、操業利益が増加したことから、船主、漁労長、乗組員が得る分配金もンガワの時の分配金をはるかに上回った。魚商人に操業資金や生活費までも依存していた船主や乗組員たちは借金を返済し、仕込みや前貸しから自由になった。そして、自立した船主たちの中から、次々と新たな漁船を建造する船主があらわれた（図2）。

漁船は徐々に大型化し、氷積載量を八五ブロックから、二〇〇ブロックへと増加し、やがて四〇〇ブロックを積載できる漁船も登場した。また、漁網の規模も、ンガワ時代には二〇〇メートルから五〇〇メートルだったのに対し、エスエサンでは、二キロメートル以上の長さの網を使用するようになった。このような漁船の大型化によって、一航海当たりの水揚げ量も増加したが、その一方で操業日数も増加し、やがて一ヵ月以上の航海をおこなうようになった。

こうしたンガワからエスエサンへの変化によって船主たちの関心は、水揚げ量ではなく、水揚げ金額の多少へと移り、航海によっていくら儲かったかが漁民たちの間での話題となった。どの魚がどれだけ獲れたかについては、関心が払われなかった。

漁獲物が塩蔵魚から鮮魚へと変化したことで、水揚げされた魚種の構成にも変化がみられた。サワラやソウダガツオなどが増加し、サメの占める位置は低下した。図3は、流し網で漁獲されたと思われる魚種のＴＰＩでの取扱量を示したものだ。一九八二年がわずか六九七トンだったのが、一九八五年には三〇〇〇トンへと増加し、一九八八年には四六〇〇トンへと増加している。統計が不十分なのではっきりしたことはいえないが、サメは常に取扱量の一〇％を占めており、一九八二年には七〇トン足らずだったのが、一九八八年には五〇六トンへと増加している。ンガワからエスエサンへの転換によって、ソウダガツオなどの漁獲が増加しているが、サメも重要な位置を占めていることがわかる。

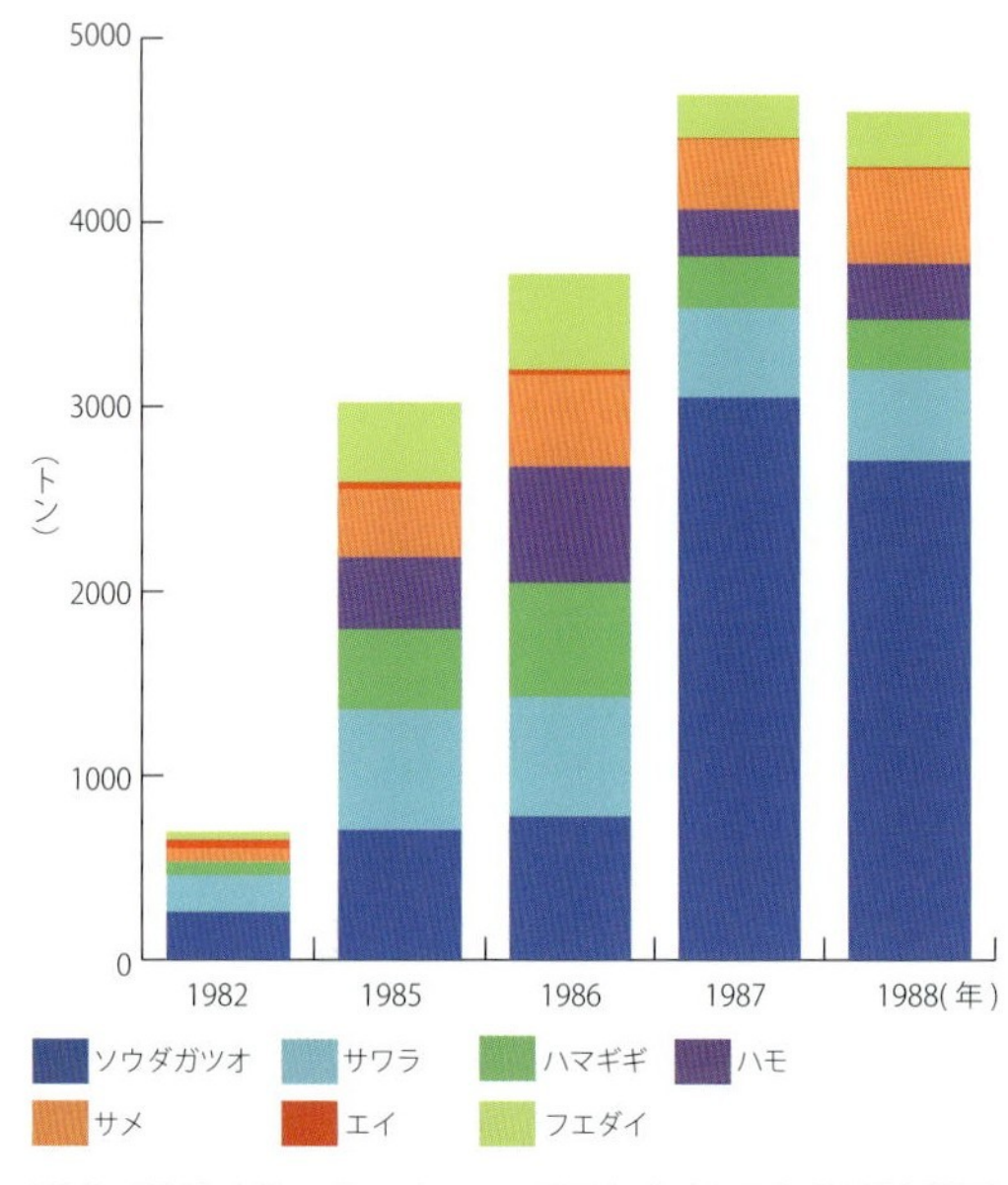

図３　KUD Mina Sumitra のTPIにおける魚種別取扱量
（KUD　Mina Sumitra の統計資料をもとに作成）

　鮮魚として水揚げされたサメの多くは、鮮魚商人たちから加工業者へと販売され、そこで塩魚に加工された。フカヒレは、セリが終わった後、すぐにサメから切り落とされ、フカヒレ商人のところに運ばれて加工されたが、その行く先はジャカルタやスラバヤの輸出業者だった。ＴＰＩでの観察では水揚げされたサメは、小型のプレンと体長一・五メートルほどのものが多く、大型のサメはあまりみられなかった。ンガワ時代に漁獲量、金額ともに重要な位置を占め、村の経済にとっても重要な役割を果たしたサメは、エスエサンで大量に漁獲されたサワラや、ソウダガツオなどの中に埋もれてしまったが、漁獲量は増加し続けたのだった。観察では、一メートル足らずの小型のシュモクザメも水揚げされており、プレンだけではなく、成魚になっていないサメを混獲していた可能性もある。

## フカヒレブームとサメ延縄漁業の誕生

村で漁船の動力化がはじまった一九八二年に、魚商人が

図4　塩漬けサメを水揚げするサメ延縄漁船(1990年撮影)

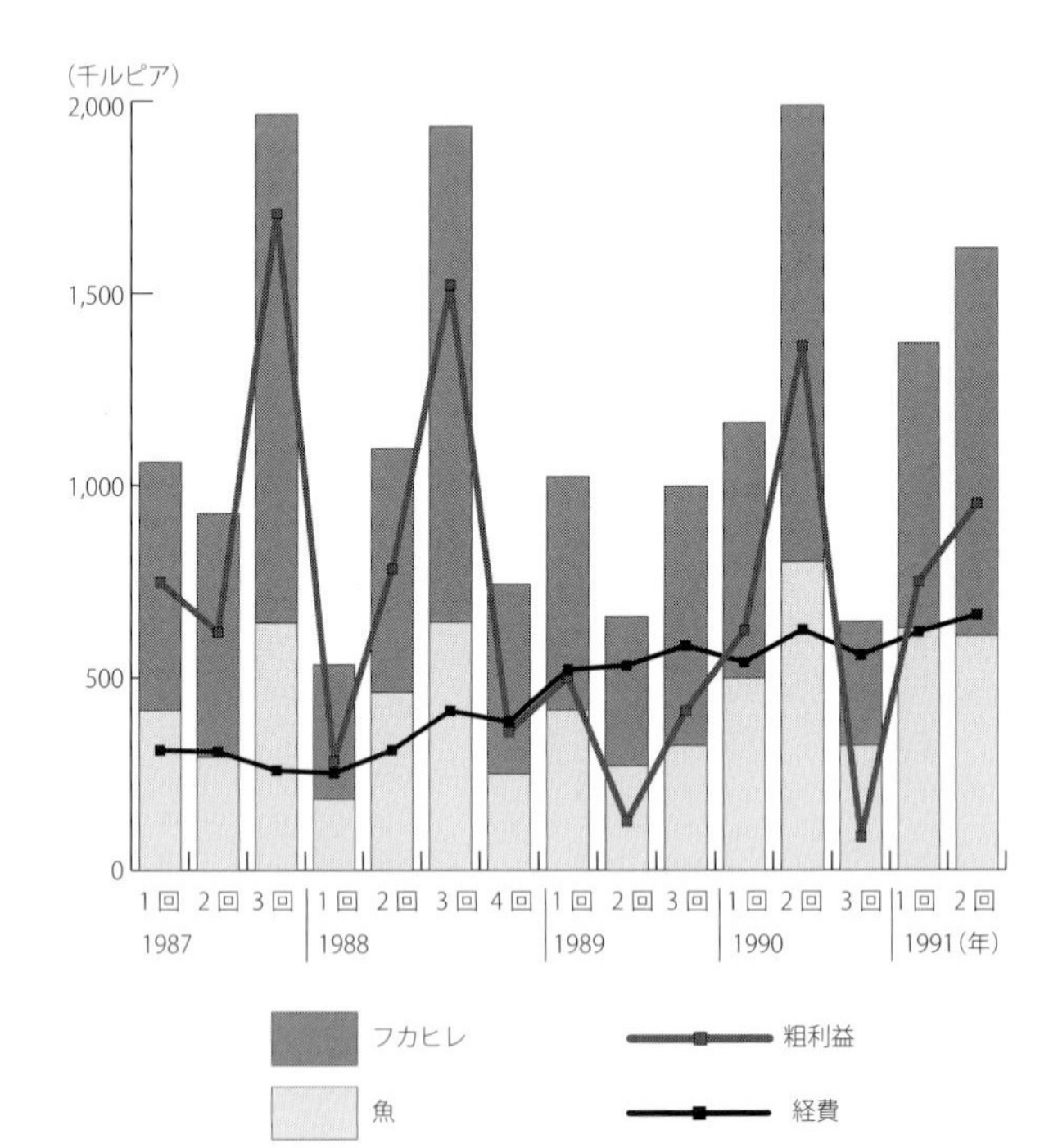


図5　ある漁労長15航海の漁獲成績(魚・フカヒレ・操業経費・粗利益：商人船主SD氏の帳簿をもとに作成)

所有するンガワ漁船の漁労長の一人が大型のサメを対象としたサメ延縄漁業をはじめた。彼は商人から仕込みを受けつつ、ディーゼルエンジンを装備した漁船で出漁した。

漁場はカリマンタン島沿岸から、ブリトゥン島、タンベラン諸島、アナンバス諸島、ナトゥナ諸島といった海域にまで出漁した。ンガワでは大型のサメが獲れなかったので、延縄だと獲れると思ったというのだが、当時はまだフカヒレの価格はンガワ時代と変わっていない。

ソペと呼ばれる一〇メートル前後の木造船に四人が乗り込み、塩を積んでの航海だった。全長三キロの長さの縄に一六〇本ほどのサメ専用の釣り針がつけられており、航海日数も一ヵ月から二ヵ月におよんだ。西風が吹く一一月から翌年の四月頃までは南カリマンタン州ラウト島のコタバルにあるブギス人商人の集落を基地にカリマンタン東部沿岸で操業している。

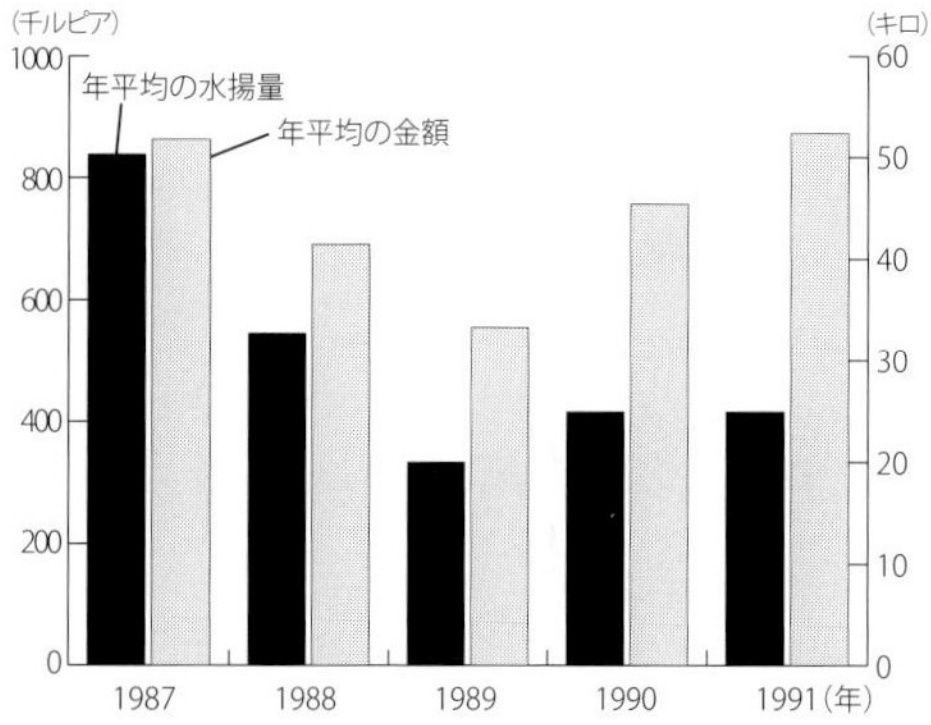

最初にサメ延縄漁業をはじめた漁労長の漁獲成績をみると、水揚げ金額に占めるサメなどが六〇%、フカヒレが四〇%とフカヒレが水揚げ金額に占める割合がンガワ時代に比べて増加している。これは、価格の高い大型のフカヒレが多いためだ。ということは大型のサメが釣れていたことになる。大型のサメを獲れば、価格の高い大きなフカヒレが取れる。すると、水揚げ金額も多くなり、分配金も増加する。これを知ったンガワ船主のなかから漁労長とともにサメ延縄に転換する者が出てきた。

図6　ある漁労長12航海の年平均のフカヒレの水揚量と金額（商人船主SD氏の帳簿をもとに作成）

やがて、一九八七年のフカヒレ価格の高騰をきっかけに、村ではフカヒレブームが起き、サメ延縄漁船が急増する。一九八七年には、ついに水揚げ金額に占めるサメとフカヒレの割合が逆転し、フカヒレが水揚げ金額の六〇%を占めるようになった。こうして生まれたサメ延縄漁業は、サメ漁業であると同時にフカヒレ漁業でもあった（図4）。

図5は、商人船主が所有する漁船のある漁労長の一九八七年から一九九一年までの一五航海にわたる漁獲成績を示したものだ。この図が示すように、航海ごとの漁獲成績は非常に不安定であり、水揚げ金額から操業経費を差し引いた粗利益は、フカヒレの水揚げ金額によって左右されていることがわかる。船主の儲けも漁民たちの分配金も商人の利益も、フカヒレの種類と大きさ次第ということだ。

図6は、同漁労長のフカヒレの水揚量と金額を示したものだ。これをみると年々サメの漁獲量が減少しているにもかかわらず、水揚げ金額が上昇しているのがわかる。これは年々フカヒレの市場価格が高騰し、それが商人船主による買取り価格に反映されていることと、フカヒレの余った

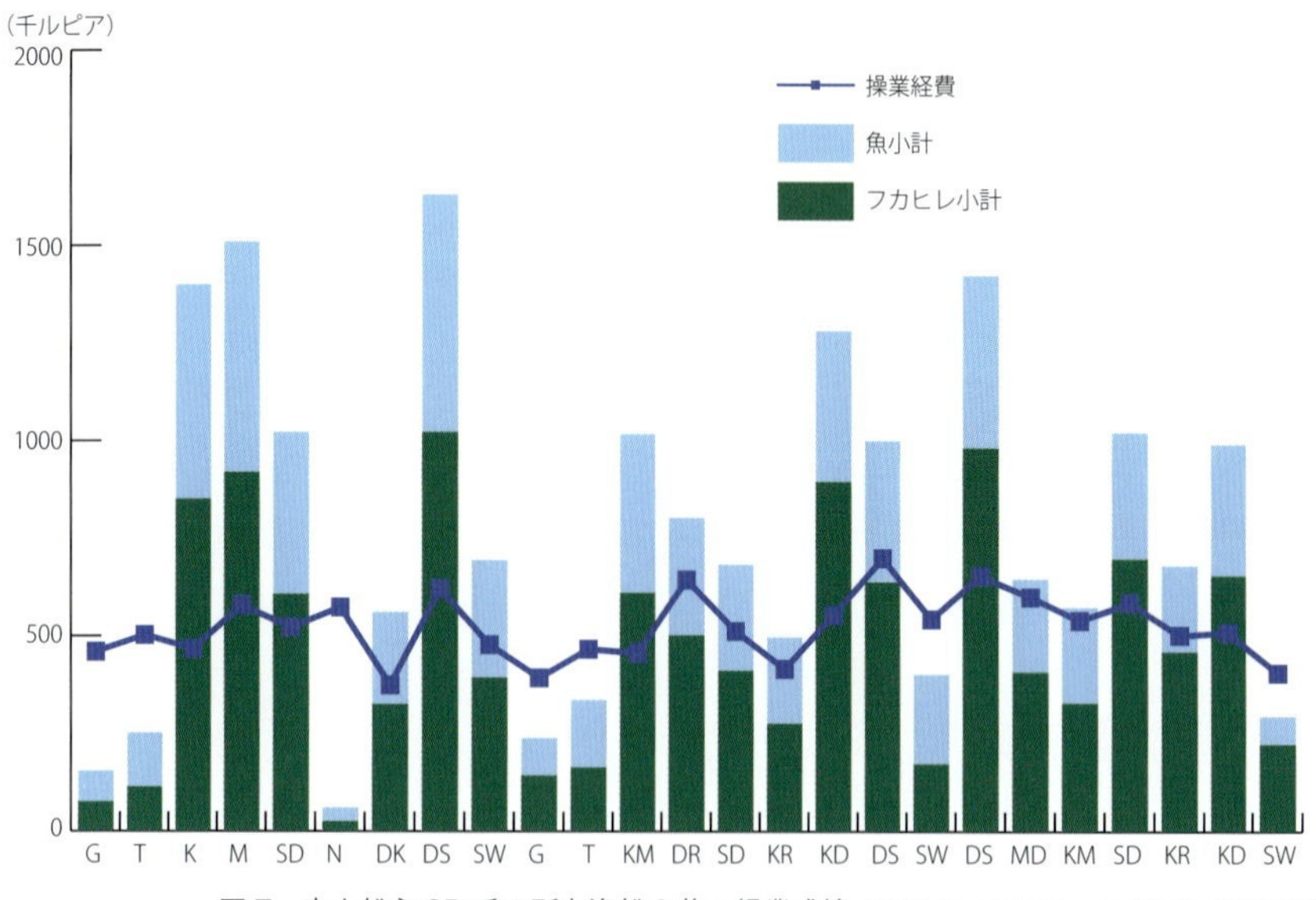

図7　商人船主SD氏の所有漁船9隻の操業成績（1989年、フカヒレ・サメなど・操業経費）



肉を切り落とす整形作業により単価が上がったことによるものだと思われる。また、フカヒレは必ず背びれ、胸ビレ、尾ビレと計四枚を一組として取り扱われた。

しかし、これらのサメ延縄漁船の船主は、エスエサンのように独立した船主ではなく、フカヒレを扱っていた新興商人や塩蔵サメ肉を扱っていた商人たちだった。航海が長期におよんだこともあり、ンガワと同じく操業経費や生活費などは商人船主の仕込みによるものだった。

漁船が増加するに従って漁労長の能力にも差がみられるようになり、船主にとって優秀な漁労長を雇えるかどうかが漁獲成績を左右し、商人としての利益も左右した。図7は、一九八九年のある商人船主SD氏所有漁船九隻の操業成績を示したものだ。これをみると、漁労長によって漁獲成績に大きな差があることがわかる。常に一定の成績を上げている漁労長もいれば、水揚げ金額が操業経費を下回るケースもある。漁船や漁具の規模や性能が変わらない中で漁労長の経験や能力は、漁獲成績を左右する極めて重要な要素だったのだ（Suzuki 1997; 鈴木　一九九七）。

商人船主たちは、優秀な漁獲成績を上げる漁労長を自らの漁船に繋ぎ留めておくために、様々な仕組みを作り上げた。通常、帰港後に水揚げ金額から操業経費を差し引いた残額を船主と乗組員とで二分するのだが、船主への分配金をそのまま漁労長に与えるというものだ。これまでは漁労長として乗組員の二倍の分配金しか貰えなかったのが、船主分の分配金が手に入るので漁労長は喜んだ。つまり見かけ上の船主にすることで、漁労長を繋ぎ止めようとしている。借金も利息なし、催促なしで与えられた。商人船主にとって、優秀で忠実な漁労長をもつことが、フカヒレによる利益をもたらす。すべては商人船主による漁労長への投資だと考えられた。中には成績優秀だった漁労長に新築の家を与えた商人船主もいる。

しかし、その実態は安定や持続性とは程遠く、突然安定していた漁獲成績が落ちることもあった。エスエサンのような技術的な改革ではなく、漁労長の能力や運に頼らざるを得なかったからだ。技術的に漁獲効率を高めるには限界があり、リスクが極めて高い漁業だったといえるだろう。それでも高騰し続けるフカヒレから得られる利益は、フカヒレ商人にとって魅力的なものだった。

村のフカヒレ商人から輸出業者へのフカヒレ販売価格は、漁船からの買取り価格のおよそ一・五倍であり、買い取り価格と販売価格の差額がフカヒレ商人の利益となった。ただ、このサメ延縄漁業を成立させていたのは、フカヒレではなく、塩漬けサメ肉だということに注目したい。サメ肉の水揚げ金額と操業経費がほぼ同額であり、サメ肉の水揚げ金額が操業経費を賄っていた。つまり、このサメ延縄漁業は、サメ肉塩蔵肉の市場がなければ、フカヒレだけでは成立しないのだ。ンガワ時代からサメとフカヒレの切っても切れない関係が築かれてきたといえるだろう。

フカヒレ輸出業者への販売価格が上昇すると、村のフカヒレ商人による漁船からの買い取り価格も上がり、漁民たちの分配金も増加した。こうしてカランソン村のサメ延縄漁業は急成長を遂げ、一九九一年当時、村には一七〇隻に上るサメ延縄漁船が存在し、一人で四〇隻の漁船を所有する商人船主も生まれた。しかし、エスエサンのように漁船と漁具の大規模化は進まず、水揚げ金額が操業経費を下回る漁船も多かった。一定のサメが漁獲できなければ、利益どころか操業経費も賄えない。毎回の水揚げ高は不安定だ。商人船主たちは、そのリスクを分散させるために漁船数を増やした。しかし、同時に不確定要素を抱え込むというジレンマに陥った。それでも経営的にどうにか成立したのは、年々のフカヒレ価格の上昇だった。当たるかどうかは漁労長と運次第。当たれば儲けは大きいといった投機性の高い漁業でもあったといえるだろう。村のサメ延縄漁業は、一九九〇年代の後半になると、徐々に大型のサメが獲れなくなり、その一方で経費が増加したため、経営的に成立できなくなり、漁船数は減少し、廃業する商人船主が相次いだ。この大型のサメ資源の減少は、同じ漁場で操業していた、エスエサンによるサメの混獲によってもたらされた可能性も否定できないが、その根拠となる漁船ごとの魚種別水揚げ量などのデータは一切記録されていないため、検証は不可能だ。

## フカヒレブームの背景

### 新興フカヒレ輸出業者P氏

カランソン村のサメ延縄漁業が発展したのは、延縄をはじめた村の漁民たちとサメ塩蔵肉やフカヒレを扱った商人たちと彼からフカヒレを買い取り、フカヒレの知識を与えた新興フカヒレ華人商人との出会いがあったからだ。

フカヒレの価格が急騰した一九八〇年代の半ばになって、インドネシアにも新たなフカヒレ輸出業者が誕生する。それが、華人商人のP氏だ。当時ジャカルタで弟と共同でフカヒレとサメの肝油を扱う事業をおこなっていたが、インドネシア各地の華人商人たちからフカヒレを集荷し、香港向けに輸出をはじめたのだった。一方インドラマユのフカヒレ商人I氏は、このP氏と出会うことで急成長を遂げ、村で延縄船主兼フカヒレ商人として成功し、四〇隻もの漁船を所有し、村にフカヒレブームをもたらした。

P氏は、フカヒレ価格が高騰しはじめた一九八七年からフカヒレを扱いはじめる。アル島のドボ、メラウケ、マカッサル、クパン、バリなどで古くから特殊海産物を扱っていた華人商人たちからフカヒレを買い集めて香港へと出荷しはじめる。当時のインドネシアの主なフカヒレの輸出先はシンガポールだったが、P氏は中国へのフカヒレ輸出窓口でもあった香港に目をつけたのだった。

P氏によると香港にはフカヒレを扱うフカヒレ業者協会が存在し、入札によって価格を決めていたという。より正確な価格情報を得るために、現地にP氏のエージェントを置き、彼から随時得る香港のフカヒレ相場情報を元にインドネシアでの買い付け価格を決定していた。一九九一年当時、一ヵ月当たり平均一五トンから二〇トンのフカヒレを香港に輸出しており、輸出金額は一〇〇万ドル、この時の為替相場で一九億六九〇〇万ルピアに上った。一九八九年の一一月には一ヵ月一〇～一四トンで、五〇万ドル、九八億ルピアだったというから、フカヒレ価格の高騰と輸出量の増加によって輸出金額も二倍近くになったことになる。

当時P氏は、インドネシアから香港へのフカヒレ輸出量の七五％を扱っていたというが、ドボやメラウケなど東インドネシア海域でとれたトンガリサカタザメの高級フカヒレのシロを中心に高価なフカヒレがP氏を通じて香港に輸出されていた。

表2　インドネシアのフカヒレ輸出量と金額の推移（インドネシア水産貿易統計各年度版より）

| 年 | 単位 | シンガポール | 香港 | 日本 | 小計 |
|---|---|---|---|---|---|
| 1980 | Kg | 119,550 | 58,644 | | 178,194 |
| | US$ (FOB) | 188,671 | 69,757 | | 258,428 |
| | US$/Kg | 1.6 | 1.2 | | 1.5 |
| 1986 | Kg | 201,227 | 112,835 | | 314,062 |
| | US$ (FOB) | 435,506 | 555,599 | | 991,105 |
| | US$/Kg | 2.2 | 4.9 | | 3.2 |
| 1987 | Kg | 337,530 | 184,190 | 394 | 522,114 |
| | US$ (FOB) | 1,100,591 | 1,526,883 | 2,740 | 2,630,214 |
| | US$/Kg | 3.3 | 8.3 | 7.0 | 5.0 |
| 1988 | Kg | 245,064 | 167,642 | 77,543 | 490,249 |
| | US$ (FOB) | 3,187,916 | 2,781,500 | 138,576 | 6,107,992 |
| | US$/Kg | 13.0 | 16.6 | 1.8 | 12.5 |
| 1989 | Kg | 292,795 | 164,927 | 12,130 | 469,852 |
| | US$ (FOB) | 4,468,753 | 5,243,456 | 271,965 | 9,984,174 |
| | US$/Kg | 15.3 | 31.8 | 22.4 | 21.2 |
| 1991 | Kg | 133,296 | 127,836 | 26,770 | 287,902 |
| | US$ (FOB) | 3,383,223 | 6,494,576 | 473,986 | 10,351,785 |
| | US$/Kg | 25.4 | 50.8 | 17.7 | 36.0 |

表3　香港に輸入されたインドネシアのフカヒレの量と金額（Statistic of Hong Kong Trade Council, 1975-1990 年版より作成）

| 年 | 量 (Kg) | 金額 (HK$) | 単価 (HK$/Kg) |
|---|---|---|---|
| 1975 | 29,718 | 476,699 | 16 |
| 1980 | 75,161 | 217,007 | 3 |
| 1985 | 62,134 | 1,788,097 | 29 |
| 1986 | 76,738 | 4,721,331 | 62 |
| 1987 | 155,379 | 28,215,655 | 182 |
| 1988 | 170,073 | 38,955,339 | 229 |
| 1989 | 170,073 | 59,477,555 | 350 |
| 1990 | 116,652 | 45,339,304 | 389 |

## インドネシアのフカヒレ輸出の特徴

表3はインドネシアのフカヒレの輸出量と金額および主な輸出先別の数値を示したものだ。一方、表4は香港に輸入されたインドネシアのフカヒレの量と金額を示したものだ。インドネシアのフカヒレ輸出量は、一九八一年の二二五トンから年々微増し、一九八六年には四二九トン、一九八七年には五四七トン、一九九一年には三七六トンと上下しながらも輸出量を増加させてきた。金額も一九八六年から急増し、一九八九年には一〇〇〇万ドルを超え、

単価も一九八六年の二・四ドルから二二ドルへと一〇倍に増加した。フカヒレブームをもたらしたのは、この急激な輸出価格の上昇だったことがわかる。さらに、インドネシア国内では、為替レートの変動や通貨の切り下げなどの影響もあり、国内でのルピアでの取引価格は高騰し、ルピアで日常の暮らしをしている漁民や商人たちは、一攫千金を狙ってサメの漁獲とフカヒレ取引へ殺到したのだった。

また、シンガポールと香港への輸出量と金額を比べると、一九八〇年当初はシンガポールへの輸出が六七％を占め、香港はわずか三三％だったのが、一九八六年から香港へのフカヒレ輸出単価が急上昇し、輸出量も増加した。毎年のように単価は倍増しており、一九九一年には、五〇・八ドルにまで上昇している。同年のシンガポールへの輸出単価の二倍だ。香港におけるフカヒレ価格の高騰が、インドネシアのフカヒレ輸出に大きな影響をおよぼしていることがわかる。この動きを香港の統計でみると、香港におけるインドネシアからのフカヒレ輸入量が倍増するのは一九八六年から一九八七年だ。また輸入単価も倍増しており、一九九〇年には一九八六年当時の六倍になっている。これは、香港でのフカヒレ価格の高騰が反映されていることと、より高価なフカヒレが輸出されていたことを示している。先のインドネシアのフカヒレ輸出業者P氏はまさに香港への高級フカヒレ輸出の仕掛け人であったと思われる。

P氏はフカヒレ輸出による利益は、取り扱い額の四％だというが、取扱高が一〇〇万ドルだと利益は四万ドルに上る。単純計算で年間四八万ドルもの利益を上げていたことになる。

高価なフカヒレの取引には何といっても信用が第一だ。「お金を先に送金してもフカヒレが送られてこないこともあれば、その逆もあった」という話は香港のフカヒレ業者から聞いた。高額の取引だけにリスクもともなう。相場を読む能力も必要だ。フカヒレの取引は巨額の富をもたらしてくれる反面、一歩間違えば巨額の損失をもたらす極めてリスクが高く、投機性の高いビジネスなのだ。だから、香港の業者から「自分がどこにどれだけのフカヒレを保存しているかは、同業者には決して語らないのだ」と聞いた。

しかし、P氏はその後間もなく、フカヒレ取引から撤退する。理由はフカヒレが儲からなくなったからだという。くわしい理由は語らず、一九九四年には自宅兼倉庫に水槽を置き、活きたロブスターをインドネシア中から集荷して、香港向けに輸出していた。一九九一年当時、フカヒレ以外にも日本向けのサメの肝油を一ヵ月あたり一〇トン、一〇万ドルを輸出していた。さらに、スラウェシ島のケンダリ沖でナポレオンフィッシュやブダイを香港からやってきた活漁船に移し、香港へと輸出していた。こうした活魚輸出も、その後インドネシアで急成長し、釣りや毒漁で捕獲されたハタやナポレオンフィッシュなどを生簀で一時的に蓄養した後、活漁船でシンガポールや香港へ輸出された。この活魚輸出も各地で一大ブームを巻き起こしたが、彼はこうしたブームが起きる前から輸出を手がけており、数年で事業から撤退し、また新たな事業へと投資するという事業をおこなってきた。

図８　ドボの町に干されていたフカヒレ（トンガリサカタザメ）（1988年撮影）

## アラフラ海におけるサメ（フカヒレ）漁業

### アル島ドボのフカヒレ漁

図８は、一九八八年に訪れたアル島のドボの路上に干されていたトンガリサカタザメというエイのヒレだ。大きなヒレが一尾から四枚取れる。インドネシアではプティ（シロ）と呼ばれる最も高価なフカヒレだ。このエイはアラフラ海やジャワ海の比較的浅い砂地の海底に生息しており、ドボでは目合が五〇センチにも上るレーヨンブンと呼ばれる底刺網を使って漁獲されていた。網の全長は一、五キロにもおよんだ。一九八六年頃からドボではフカヒレブームに湧いており、サメを追ってアラフラ海をオーストラリア領海にまで侵入して拿捕される漁船が相次いだ（鈴木 一九九四）。この刺し網漁船の所有者は、地元ドボに住む華人たちであり、乗組員は地元の漁民、ブギス人、ブトン人など様々な地域の漁民たちだった。アル島は一九世紀末からボタンの原料となる真珠貝（白蝶貝）の潜水漁が盛んであり、明治時代から日本人のダイバーたちも出稼ぎにきていた。

図9　ドボの港に停泊中のサメ刺し網漁船（1991年撮影）

一九七〇年代後半、日系の南洋真珠養殖場がアル島の各地に誕生し、その養殖場に核入れの母貝となる白蝶貝の採取・供給を担ったのがドボの華人たちだった。もともと彼らは島で捕れるナマコ、フカヒレ、ツバメの巣などの海産物を扱う商人だったが、真珠養殖場で母貝が大量に必要となったため、アル島やブギス人、ブトン人、バジャウ人などの海人たちを雇い、コンプレッサーを使った潜水漁をおこなっていた。

やがて、天然の白蝶貝が減少したことと、人工種苗生産技術が確立し、需要が減少した頃にフカヒレ価格が高騰したことを受け、ドボにいたダイバー船の多くは、サメ刺し網漁船に転換し、大型で高価なフカヒレを求めた。一九八八年当時のドボには四〇〇隻近くのサメ延縄漁船が操業していた。

一九九一年ドボを再訪すると、華人所有のサメ刺し網漁船は姿を消し、変わってスラウェシのブトン人たちがサメ刺し網漁業をおこなっていた（図9）。華人たちはフカヒレによる利益が減少したために、真珠養殖へと資本を移転させていた。このようにドボに住む華人たちは、交易だけでなく、様々な事業に資本を移転させながら利益を上げ、資本を蓄積した。わずか三年の間で、ドボの町には大きなパラボラアンテナを備えた二階建てのコンクリート製倉庫兼店舗兼住居が何軒も建ち並び、ドボ出身の華人の中にはアンボン市内にホテルを買い取り、スラバヤに豪邸を建てた者も誕生した。

このことから華人たちの漁業に対する投資のあり方を垣間みることができる。投資に見合うだけの利益をいかに極大化して、資金をいかに早く回収し、次の事業へと投資するかというのが基本的な投資戦略だ。だから真珠母貝採取も、サメ刺し網漁業とフカヒレ輸出も、真珠養殖も全て投資対象なのだ。だめだと思ったらすぐに資本を引き上げて、別の事業に資本を移転させることが、華人たちのビジネスの鉄則だという哲学が彼らにはあることがフカヒレ輸出業者P氏の事業の変遷をみてもわかる。

一方、ドボから遠く離れた村々に住む華人たちは、日用雑貨店を営むだけでなく、住民たちが持ち込んだフカヒレ、ナマコ、ツバメの巣、シカの燻製肉、コプラ、真珠母貝など様々なものを受け取り、現金だけでなく、食料などとも交換していたが、フカヒレブームの到来は、こうした村の華人や村人たちをも巻き込んだ。華人商店にはまだ肉が付いたままの大小のフカヒレが店内に吊るされているのをみたが、すでに住民たちにはフカヒレ価格の高騰の情報は伝わっており、高価なフカヒレは、現金獲得のための重要な漁獲物になっていた。

アル島に移り住んだブギス人も、小型の漁船にサメ刺し網を積み込み、沿岸で操業していた。こうした零細漁民にとって、大型のサメが数尾漁獲できれば、そのヒレから得られる利益は家族が生活するには十分な収入を得ることができるのだ。高騰するフカヒレによって一攫千金を求める華人商人や島内外の漁民たちの姿をアル島の各地でみることができた。

サメ刺し網漁船の漁場は、アラフラ海全域に拡大しており、パプア沿岸域も好漁場であり、メラウケを基地としたサメ刺し網漁船も存在した。これらサメ刺網漁業は、フカヒレだけを切り落として魚体は海洋投棄していた。いわゆるフィンニングだ。大量のサメをドボやメラウケなどの港に水揚げしても、地域内には需要がなく、サメ肉市場も遠いため、輸送しても割に合わない。また、大きな魚体を船に保管するスペースもないため、ヒレだけを切り取っても って帰る方が合理的だ。面倒でコストも掛かることはしないという考え方だ。

漁民たちにすれば、金になるフカヒレこそが重要で、資源の乱獲や無駄にしているという認識もないと思われる。サメ肉はお金にはならないのだからわざわざ持ち帰る意味はないというわけだ。もはやサメ漁業は、サメ抜きのフカヒレ漁業に変わっていた。サメ肉を持ち帰っていたインドラマユのサメ延縄漁船とは異なる。

しかし、フィンニングへの批判とサメ資源保護の運動の広がりにより、フカヒレの価格が下落し、ドボでも漁民たちはサメ漁業から別の漁業へと転換しているという報告もある。フィンニングは高価なフカヒレの高騰によって成立している異常な漁業だ。フカヒレ価格が低下すれば、経営は成り立たなくなる可能性は高い。操業経費が高騰して経営が圧迫され、最終的には乗組員たちの分配金に跳ね返ってくることになる。いずれにしても異常なバランスの上に成立している漁業であることは間違いない。

## アラフラ海で増加するフィンニングと違法操業の背景

アラフラ海やティモール海などでおこなわれているサメ漁業は、二〇〇〇年以降サメ保護運動が進展する中で、新たな問題が指摘されるようになった。トンガリサカタザメやノコギリエイなどの資源の減少がすでに指摘されているなかで、アラフラ海のオーストラリアの領海内のアシュモア環礁、スコット環礁などの海域にインドネシアの帆船で移動する漁民たちが自由にナマコや高瀬貝などを漁獲できる海域が存在する。一九七四年にオーストラリアとインドネシアの間で締結された入漁覚書に基づき「ＭＯＵ　Ｂｏｘ」と呼ばれているこの海域では、古くからバジャウ人、マドゥラ人、ブギス人、ブトン人たちが操業していたが、近年ナマコやフカヒレの国際価格の高騰にともない、動力船などを用いたもはや伝統漁業とはいえない操業がおこなわれているだけではなく、オーストラリア領海内に侵入して操業する違法操業が増加していることが指摘されている（Fox *et al.* 2002; Fox 2009）。

また、この入漁権を利用して操業していたバジャウ人の漁民たちの漁船が拿捕され、船が燃やされるという事件が多発していると報告されている（Stacy 2007）。

フカヒレの高騰が、古くからこれらの海域でナマコやフカヒレ、高瀬貝、ベッコウなどの特殊海産物を採取・捕獲してきた、海人たちの行動に影響をおよぼしていることだ。オーストラリアが彼らの操業を許可したのは、彼らが生きるためにこれらの海産物を採取してきたからだ。ところがナマコやフカヒレの高騰が彼らの行動を大きく変えたと指摘されている。ＭＯＵ　Ｂｏｘの見直しが検討されている理由だ。しかし、こうした海域から漁民たちが追い出された場合、新たな漁場をみつけることは困難だ。なかには違法入国を手助けする漁船もあらわれており、オーストラリア政府は監視を強めている。このように、地域によってはサメ漁業を規制することで引き起こされる問題は異なる可能性がある。このようにサメとフカヒレ問題からみえてくるのは、サメを保護し、フカヒレ消費を禁止することではない。むしろサメとフカヒレと人間との古くて新しい関係をもう一度見直すことだ。なぜこのような事態に陥ったのか、今どのような状況にあるのかを冷静に、実証的に明らかにすることだ。しかも、それは漁民たちの置かれている現在の状況をしっかりと把握することからはじめる必要がある。

東インドネシア海域で長期間に渡るフィールド調査をおこなったジャイテ（Vanessa Flora Jaiteh）はこれらの海域でサメとフカヒレを獲り続けてきた漁民たちの姿を明らかにした。そこで高騰するフカヒレに翻弄され、違法操業にいたるジレンマを描き出している。しかし、彼女はNGOなどが訴えるサメ漁業全面禁止は、必ずしも適切な解決策ではないと指摘している。漁民たちの生計の維持と資源乱獲の矛盾する問題を解決するための様々な提言がなされており、多様な問題解決のためアプローチが存在することを教えてくれる。

### サメ資源保護とフカヒレ消費中止キャンペーンの波紋

P氏は現在、二〇一四年に設立されたというインドネシアフカヒレ・エイ輸出業者協会の代表を務めており、息子はスラバヤでフカヒレの輸出業を引き継いでいた。この協会にはスラバヤ、メナド、タンゲラン（ジャカルタ）などの六社が加盟しており、政府関係者と輸出許可をめぐる交渉中とのことであった。インドネシアはワシントン条約の締約国であるが、これまでサメの資源管理や保護活動についてはおこなってこなかった。しかし、国際機関やNGOなどの圧力を受けて、二〇一四年にシュモクザメやヨゴレザメなどの取り扱いを海洋漁業省が禁止している。P氏によると、現在は、輸出業者に対する輸出割当を待っているが、許可がなかなか出ないと関係省庁での事務手続きが滞って全く進展しないと語った。

また、政府に提出した協会メンバーの輸出実績では、二〇一六年八月から二〇一七年八月までの一年間に香港へ輸出したクロトガリザメのヒレは、総輸出量の一二九トンの内の四八トン（三七％）に当たるとしている。P氏はどのフカヒレがどのサメのヒレなのかを簡単に見分けることができるという。こうした細かい基準に基づいた書類の提出が求められるようになったものの、現場では水揚げされたすべてのサメの種類と量を記録して情報を集めるまではおこなわれていない。最近、インドネシアでサメは減少しているのかという筆者の問に対して、P氏は全く問題なく、どこでもまだサメは水揚げされており、資源的には大丈夫だと思うと語った。長年インドネシア各地からフカヒレを買い取り輸出してきた専門業者の実感であり、漁民や研究者や政府関係者間の認識の違いが大きい。彼は今輸出ができないのは、インドネシア政府がシュモクザメとヨゴレザメの漁獲を禁止したことの影響だと強調した。

現在のフィンニングとフカヒレ消費中止を求める環境保護団体の圧力が強まることで、サメ類の漁獲そのものができなくなる懸念もある。外国船を含む大型漁船によるインドネシア領海内での密漁や海洋保護区内でのフィンニング、さらにオーストラリと領海内での違法操業などの問題がすでにサメをめぐって起きており、今、インドネシア政府が適切な対応を取ることができなければ、やがてこうした圧力によりすべてのサメ漁獲が禁止される可能性は強い。

さらに、サメを混獲する確率の高い流し網やマグロ延縄などに対し、サメの混獲防止を強く求め、それができない場合には操業禁止といった規制がかけられることはこれまでの流れをみれば容易に予想できる。エイも含むサメ類の漁獲の全面禁止といった方向にサメ保護運動の方向は向かっているからだ。

比較的資本規模の大きなマグロ延縄などでは混獲を避ける様々な装置が開発され、混獲防止への努力がなされているものの、本稿で述べたようなサメ延縄や流し網では漁獲するサメの種類を選択できないし、リリースも不可能だ。このまま対策を講ぜずに放置すれば、こうした漁業が存続できなくなる恐れがある。そうすれば、これまでサメとフカヒレを扱うことで生きてきた漁民たちの暮らしにも大きな影響をおよぼすことになるだろう。

今日、フカヒレ消費中止を呼びかける運動が主なターゲットにしているのは、華人たちだ。たしかに、サメ資源保護とフカヒレ消費中止キャンペーンに参加する華人の若者たちもいる。しかし、残酷なフィンニングの原因はフカヒレの消費であり、その主な消費者は華人だということになれば、フィンニングとフカヒレ消費がなくならないのは彼らの食文化のせいだということになる。実際、レストランなどのメニューからフカヒレスープが消えているのをみれば、明らかだ。インドネシア国内で、あるいは世界中でフカヒレを消費する食文化を発展させてきた中国人や華人たちへの非難や差別を引き起こす可能性を内包している。

すでにサメ資源保護のために、国際NGOのワイルドエイド(WildAid：https://wildaid.org/)がフカヒレスープ消費を止めさせるために、中国人の元NBAバスケットボール選手のヤオ・ミン氏やジャッキー・チェン氏を起用したキャンペーンを大々的にYoutubeやネットを通じて二〇〇六年頃から展開している。「買うのをやめれば殺戮は止められる」といった内容でヒレを切り落とされたサメが苦しむ姿が映像で流され、フカヒレスープを食べようとしていた客が全員食べるのを止めるというものだ。

こうしたキャンペーンは、中国人や華人の若者たちにも支持されており、インドネシアでも、知識人や芸能人、アーティストたちが呼びかけをおこなっている。また、スシ海洋水産大臣も同様の発言をするなど、サメ資源の減少はフィンニングによってもたらされていると人々が思い込むことがサメ保護の必要性を訴える国際NGO側の戦略だ。

一方、サメ資源量の科学的な把握は未だ不十分であり、インドネシアではようやく、各地での水揚げ状況を把握しようとしはじめたばかりだ。また、フカヒレのDNAを分析したトレーサビリティの研究もおこなわれているが、まだ十分な成果を上げているわけではない。しかし、いずれの場合も、サメ資源の適切な管理と有効利用を目的にしているのではなく、最終的には生態系とサメやエイ類を守るためのサメの禁漁とフカヒレ貿易と消費の禁止が目的だ。この動きは、世界中でまだ合意が取れているわけではなく、各国が独自にサメ資源の管理は任されているのが現状だ。本稿で明らかにしてきたように、インドネシアにおけるサメ漁業は異なる歴史的背景をもっており、フカヒレ高騰が漁民社会にもたらした影響も異なっている。つまり、地域や海域ごとで異なるサメ資源管理や利用のあり方を考えることが重要なのだ。

ヨーロッパで実施されているように、ヒレだけの水揚げを禁止し、サメの魚体とともに水揚げすることを義務付けるなどの法的な整備は、インドネシアでも有効かもしれない。日本の気仙沼のように、獲れたサメを肉、ヒレ、皮、骨まですべて利用するする方法を開発すれば、経営的には安定するし、フィンニング対策にもなるかもしれない。そのためには、漁業関係者、行政、研究者たちが、一緒にこの問題について議論する場を形成することが重要だ。

この問題に着目し、各国の政策や資源管理の現状について整理し、今後の課題を明らかにした研究も生まれている（Tran 2016）。

## むすびにかえて

こうした運動が内包する最も懸念される問題は食文化への無自覚な批判だ。中国人社会ではナマコやツバメの巣と並び、フカヒレは高級中華料理食材であり、結婚式や接待宴会など特別な場で食されてきた。もともと皇帝が食した料理に用いられたことから、幸福、成就、健康、権威などを象徴する食材になり、フカヒレ料理は大切な相手をもてなす場ではなくてはならない料理となった。料理が高価なのは材料のフカヒレ自体が高価なだけではなく、乾燥ヒレを水で時間をかけて戻し、スープでじっくり煮込むという調理に膨大な手間を欠けているからだ。しかし、フカヒレスープのボイコットキャンペーンは、中国では政府の会食の場での提供を禁じるなど、政府の政策にまで影響与えている。フカヒレ消費を止めようというキャンペーンは、中国人社会が長い時間のなかで築き上げてきた食文化の否定だ。それを進めているのは、自分は食べないからという傲慢な考え方が背景にはある。声高にサメ資源保護を叫ぶ前に、サメとフカヒレと人との切っても切れない関係についてもう一度学ぶ必要がある。その関係を無視したサメの資源保護は無意味だと考える。

### 参考文献

鈴木隆史　一九九四『フカヒレも空を飛ぶ』梨の木舎

鈴木隆史　一九九七「フカヒレ価格の高騰とサメ延縄漁業の発展―インドネシア、西ジャワ州、インドラマユ県、カランソン村の事例―」『上智アジア学』第一五号、上智大学アジア文化研究所

鈴木隆史　二〇一三「国際的なサメ保護運動の行方」『Ocean Newsletter』三〇八号、海洋政策研究所

中野秀樹ほか　二〇〇八「サメ保護問題と資源管理」『日本水産学会誌』七四（二）：二二一―二二五

Fox, James J./ Sevaly 2002, "A Study of socio-economic issues facing traditional Indonesian fishers who access the MOU Box" ,a report for Environment Australia, Canberra, October.(http://repas.anu.edu.au/people/personal/foxxj_rspas/Fishermen/MOU/BOX.pdf)

Fox, James J. 2009, "Legal and Illegal Indonesian Fishing in Australian Waters", in Robert Cribb and Michele Ford (ed.), *Indonesia Beyond the Water's Edge: Managing an Archipelagic State, Institute of Southeast Asian Studies* (ISEAS), Singapore: 195-220.

Stacy, Natasha 2007, *Boats to Burn: Bajo Fishing Activity in the Australian Fishing Zone*, ANU E Press.

Tran, Stella 2016, "Tradition Without Borders: Comparative Responses to the Shark Fin Trade After the Chinese Diaspora", Master's thesis, Harvard Extension School.

Suzuki T. 1997, "Development in shark fisheries and shark fin export in Indonesia:case study of Karangsong village, Indramayu, West Java", Flower SL, Reed TM, Dipper FA(eds), *Elasmobranch biodiversity, conservation and management*; proceedings of the international seminar and workshop, Sabah, Malaysia, July 1997: 149-157

# コラム◉「持続的」サメ漁業認証にむけた気仙沼近海延縄漁業

石村学志（岩手大学農学部准教授）

## 気仙沼近海マグロ延縄船とヨシキリザメ

二〇一一年三月一一日、大地震が引き起こした大津波は漁業、そして気仙沼の中心産業であった水産加工業を壊滅させた。大津波、そして、その後の燃料タンク流出による大火災によって大半の漁船が失われるなかにあって、遠く中西部北太平洋の公海上で操業していた気仙沼を基地とする近海延縄漁船はその多くが生き残った。

気仙沼近海延縄漁船団の年間水揚げ金額は約五五％がメカジキ、約三五％がヨシキリザメのそれぞれの漁獲からのものであり、この二魚種で約九割を占める。世界中でヒレのみを利用して魚体を遺棄するフィンニングがサメ資源乱獲という観点から問題となるなかで、気仙沼には世界で唯一、サメの高度利用が可能な産業クラスターが存在し、身をすり身やフィレに、骨や皮を健康食品や化粧品へとサメを余すことなく利用することができる。

気仙沼近海延縄漁船団からのヨシキリザメ水揚げに、基幹産業であるサメ加工業は大きく依存してきた。気仙沼近海延縄漁船団は地域の雇用創出の原動力の大きな要であった。

震災からすでに三年がたっているが、気仙沼近海延縄漁船団によるヨシキリザメ漁業の再生にはいまだに多くの問題が横たわる。震災前は一キロ二〇〇円以上だったヨシキリザメの水揚げ価格は、いまは一五〇円を下まわり、経営は苦境に陥っている。震災によるヨシキリザメ水揚げ価格低迷の原因は震災による加工施設喪失と震災後の供給停止による市場喪失（震災で水揚げがない間に県外の加工業者が代替品への切り替えをおこなった）ための需要減少が大きい。

しかし、それ以上に深刻な影響を与えているのがサメ漁業に対する偏った海外メディアによる報道や国内外の環境団体による反サメ漁業キャンペーンによる需要の落ち込みである。

フィンニングは、ヒレだけを切ってサメの魚体を海上で投棄することによって、漁船の本来の収容量以上のサメ漁獲を可能にする。ヒレだけをとり、魚体は捨てるというフィンニングによるサメ漁が、サメ資源の乱獲を招いてきた（1）。世界という大きな視点にたつのならば、それは言い逃れようのない現実であるかもしれない。また、他の魚類と比較し成長速度の比較的遅いサメ類には予防的措置（precautionary approach）による資源管理をおこなうことも大切だ。

しかしながら、世界中にさまざまな人種がいるように、サメにもさまざまな種類がある。さらに、同種のサメであっても地理的に独立した個体群（stock）が生息する。そうした、個別の個体群の資源状態とそれを漁獲する個々の漁業をしっかりと見極めることなく「サメ」というだけで一括りにする盲目的な批判やキャンペーンが国内外問わず多い。

気仙沼近海延縄漁船団が漁獲対象としているヨシキリザメの北太平洋群は資源管理をおこなう地域漁業管理機関（Regional Fisheries Management Organization）科学委員会から一九九〇年から資源量指標が増加しているとする報告がされている（2）。また、前述のとおり、フィンニングも現在おこなわれておらず、サメ漁獲のすべての部位が有効に利用されている。

しかし、二〇一三年から国内の一部の団体の心ない反サメキャンペーンのターゲットとされ続けている（3）。歴史や文化を含め、さまざまな理由からサメ漁業に生きる人びとが、そして、そのサメ漁獲の加工を生業とする人びとがこの気仙沼に生活する現実をないがしろにし、一方的な情報を一瞬で世界に広げる彼らの手法は、世界に対し自分たちの思いを伝える手段をもたない気仙沼には、あまりに非情で理不尽な「正義」ではないだろうか。

## 国際共有資源と持続的漁業認証

いま、この気仙沼近海延縄漁船団はヨシキリザメ漁業における持続的漁業認証であるMSC認証取得に向かって動き出している（4）。しかし、その動機とは、一般的なMSC取得動機とは異なる。

まず、ヨシキリザメの北太平洋群は公海上で漁獲される国際共有資源である。また、フカヒレ市場は日本国内に留まらず、海外、とくに中華圏での需要が高い。国際的に認められる漁業で国際共有資源を漁獲し、海外の消費者にも、水揚げを買ってもらわなければ、この漁業を存続させることはできない。

大震災により打ちのめされ、追い打ちをかけるように価格低迷や驕慢なネガティブキャンペーンで、財政的にも、精神的にも追い詰められている気仙沼

近海延縄船から気仙沼港への水揚げは23時頃に始まる

気仙沼港に水揚げされたヨシキリザメ

近海延縄漁船団にとって、こうした国際認証を取得するための人材や資金をだすことは容易なことではない。

しかし、それ以上に、誇りをもって漁を続けるため、国際的に認めてもらうことは重要であると漁業者はいう。気仙沼近海延縄漁船団が目指すのは価格向上・市場開拓ツールとしての水産エコラベルではない。海外メディアや国内外環境団体によって湾曲されたイメージを与えられがちなヨシキリザメ漁業にMSC認証を得ることで、持続可能な漁業を実践していることを世界に示すためである。

## 最後に

日々のなかに埋もれている、日本の漁業が抱える苦難も、葛藤も、そして宿命さえも、気仙沼近海延縄漁船団はしっかりと受け止めようとしている。偏見に屈したり、黙したりするのではなく、日本の論理に抱きかかえられるのでもなく、いまここにある現実の日々を生きるために、このサメ漁業に対する国際的な持続的漁業認証取得へ歩みはじめている。必要なのは、この漁業が日本のみならず、世界のできる限り多くの人びとに認めてもらうこと。魚を獲り、糧とし、日々を生きることの誇りをこの漁業にたずさわる人びとがみいだすことを私は願う。いま、気仙沼近海延縄漁船団は、日本のあたらしい漁業の形をもとめて一歩を踏み出している。

（1）フィンニングについては「国際的なサメ保護運動の行方」（鈴木隆史、『Ship & Ocean Newsletter』三〇八号）を参照。

（2）報告書 /13SHARKWG-2/02
http://isc.ac.affrc.go.jp/pdf/SHARK/ISC13_SHARK_2/02-Summary_Hiraoka-final.pdf

（3）「『ふかひれスープ』販売中止運動に対する無印良品の毅然とした反論が素晴らしい（二〇一三年六月九日）」
http://bylines.news.yahoo.co.jp/shinoharashuji/20130609-00025565/

（4）ＭＳＣ認証については「日本でも広がり始めた海のエコラベル」（石井幸造、『Ship & Ocean Newsletter』二〇三号）を参照。

# 第3章

# 魚食大国の復権のために

# 海とつながる暮らしのなかで ―御食国若狭おばまの食のまちづくり

中田典子（小浜市政策専門員（食育）・御食国若狭おばま食文化館館長）

## 御食国

福井県の南西部、京都の真北に位置する福井県小浜市は人口約二万九〇〇〇人の小さな市である。目の前には日本海側唯一の大規模リアス式海岸である若狭湾が広がり、この海岸沿いに点在する小さな一七の漁港では、それぞれの漁場環境に応じ、トラフグやマダイの養殖、ブリやサワラなどを対象とした定置網・刺網漁、カレイなどの底引き網漁、グジなどを対象とした延縄漁といった多様な漁業が営まれ、一年を通じてさまざまな魚が水揚げされる。

飛鳥・奈良の時代には、豊富な海産物や塩を朝廷に献上した御食国として知られており、膳臣という天皇の食を司る役人がこの地域を治めていたという歴史もある。

このような歴史的背景をもとに、市内各地区には、現在でも四季折々の民俗行事や年中行事が数多く残り、これらからは、自然を敬い寄り添いながら生き、「いただきます」に象徴される和食の精神を感じることができる。実際、小浜市が二〇一二年に実施した「小浜市の伝統行事と食」の調査によると、市内には、食と関わりが深い行事として、六〇〇を超える行事がおこなわれている。

## 食につながる「ふたつの日本遺産」

「御食国」とは朝廷に食料を恒常的に献上していた地域のことであり、天皇に贈られた食料は御贄と呼ばれていた。小浜を中心とする若狭地方からは、タイやイガイ、アワビ、イワシなどの海産物や塩を献上していたことを証明する「木簡（荷札）」が、平城京など都の遺跡から出土している。

御食国の時代以降も、若狭湾で水揚げされる海産物の数々は、「若狭もの」または「若狭の美物」と呼ばれ、都に運ばれ、京都の食文化を支えてきた。若狭小浜から京都まではいくつもの道があり、特に「サバ」がたくさん運ばれたことから、近年それらは「鯖街道」と呼ばれ親しまれている。

現代のように、車や鉄道、保冷運搬技術が存在しない時代には、朝、若狭湾で水揚げされた海産物が腐敗しないよう一塩して背負い、「京は遠ても十八里」といわれる七〇キロあまりの「鯖街道」を一昼夜かけて運んだという。京都に到着するころには身がしまり、ほどよい味加減となったサバは、京都のハレの日には欠かせない「鯖寿司」という日本を代表する食文化に繋がった。

大正から昭和にかけて、書、篆刻、絵画、陶芸の分野で活躍し、美食家としても知られていた北大路魯山人も、自身の著書において「さばを語らんとする者は、ともかくも若狭春秋のさばの味を知らねば、さばを論じるわけにはいかない」とほめたたえたという。

また、たくさん水揚げされた海産物は、先人たちの知恵や技により、無駄にせず、美味しく健康的にいただくためのさまざまな工夫が施され、発酵食品「鯖のへしこ」や「鯖のなれずし」、「若狭小浜小鯛ささ漬」など、巧みな海産物の加工技術が集積する地域である。

この「鯖街道」と呼ばれる若狭と都をつなぐ街道群は、食材だけでなく、さまざまな

小浜の漁村で魚を運ぶ女性行商人（昭和初期　小浜市教育委員会提供）

鯖のへしこ（塩漬けしたサバを糠と塩で再度漬け込んだ保存性の高い発酵食品）

物資や人、文化を運ぶ交流の場であった。現代でも、街道沿いには、社寺・町並み・民俗文化財など多彩で密度の高い往来文化遺産群がみられ、それらは、二〇一五年に「海と都をつなぐ若狭の往来文化遺産群—御食国若狭と鯖街道」として日本遺産に認定されている。

また、天然の良港である小浜港は、中世から重要な港であった。江戸時代以降は北前船の寄港地として多くの船が寄港し、昆布やニシンなどさまざまな物が行きかった。北前船は途中の港でその地の産物を買い、別の寄港地で積荷を売り払うのが特徴で、荷物だけではなく、さまざまな食文化を運んだため、若狭小浜の食文化はより豊かなものとなった。

小浜市は、二〇一八年に「北前船寄港地・船主集落」の認定自治体となり、先に認定された「御食国若狭と鯖街道」と合わせ、食に関わるふたつの日本遺産をもつまちとなった。

## 食のまちづくり

二〇〇〇年八月、当時の市長が就任した際に、地域の資源を活かしたまちづくりを進めようと考え、その資源として御食国の誇れる歴史と現在も連綿と受け継がれている豊かな「食」に着目した。そして「食」を重要な施策の柱としたまちづくり、いわゆる「食のまちづくり」を開始、翌年九月には、全国で初めて食をテーマにした条例である「小浜市食のまちづくり条例」を制定した。

この条例においては、「食」を「食材の生産、加工および流通にはじまり、料理、食事に至るまでの広範な食に関わる様相ならびに食に関連して代々受け継がれてきた物心両面での習俗である食文化および食に関する歴史、伝統をいう」と広く定義し、単に「おいしいものでまちおこし」との発想ではなく、食を中核として、産業や観光の振興、環境保全、食の安全安心の確保、福祉および健康づくり、食育の推進など、総合的な食の取組みを目指し、それを進めるにあたっての市民や事業者と行政の役割を明確に示した。

当時の日本は現在ほどに「食育」「地産地消」「食の安全安心」など、消費者視点での「食」の在り方について関心をもつ人は少なく、まして、まちづくりのテーマとして「食」を掲げるのは相当な勇気が必要だったのではないだろうか。しかしながら、小浜市は、もともとその土地に根づくもの、つまり、「在るものを活かしたまちづくり」に拘り、あらためて、「御食国」「鯖街道」といった誇れる食の歴史や、先人たちから大切に受け継いできた豊かな食や食文化に着目し、それらに対する誇りを共感するとともに、協働で取組もうと踏み出したのである。

## 御食国若狭おばま食文化館

「食のまちづくり」をはじめた小浜市は、条例制定の準備とあわせて拠点施設整備も検討しはじめ、二〇〇三年九月、「御食国若狭おばま食文化館」（以下、食文化館）を開館した。

御食国若狭おばま食文化館

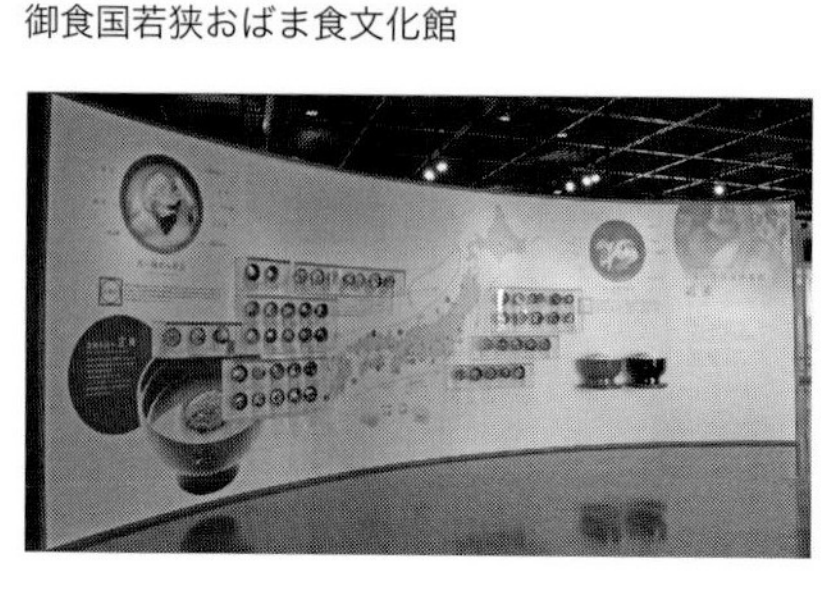

館内展示の一例「全国のお雑煮」

食文化館一階のミュージアムスペースには、若狭地方を中心に幅広い日本の食文化に関する見事な料理の再現レプリカや写真が並び、二〇一五年の大規模リニューアルを経た現在は、二〇一三年一二月にユネスコ無形文化遺産に登録された「和食―日本人の伝統的な食文化」について、六〇〇種類を超すレプリカ、人形、写真、映像などで紹介している。

地域の特色が色濃くあらわれる「全国のお雑煮」は、人気のコーナーであり、多くの来館者がここで足を止めて時間をすごす。中高年の方々は、自分の生まれ育った土地のお雑煮を探し、幼いころの思い出を語り、若い世代は、日本全国にこのような多様なお雑煮が存在するという事実に驚き、現在の自分の正月の食べ物を振り返る。

また、発酵食品のコーナーでは、「すしのルーツ」として、小浜市の「鯖のなれずし」や「鮒（ふな）のなれずし（滋賀）」「鰰（はたはた）のなれずし（秋田）」などを紹介する他、酒、みりん、味噌、醤油などの発酵食品の匂いをかぐこともできる。ちなみに、小浜市の「鯖のなれずし」は、生の魚からつくる一般的な

箸研ぎ（研ぐほどに浮かびあがる文様は若狭湾海底のきらめきを表現している）

若狭塗箸

「なれずし」とは異なり、鯖を糠に漬け発酵させた「へしこ」から仕立てるもので、ほのかな甘みを感じるやさしい味である。自然の恵み、手間、知恵などが結集したこの逸品は、二〇〇六年にイタリアスローフード協会より、食の世界遺産といわれている「味の箱舟」に選ばれた。

　さらに、四季折々の山や海、里の幸を活かした家庭料理のコーナーには、山菜の白和え、里芋とイカの煮物、煮魚、叩きごぼう、いとこ煮など、季節ごとの日本のおふくろの味が、一〇〇種以上も並ぶ。これらのレプリカを制作する際には、地元の主婦の皆さんからていねいに聞き取り調査をし、実際に全ての料理を手作りしていただいた。展示されている料理レプリカの一つひとつには、ハレの日を彩る華やかな行事食と、季節感と温かみのある日常の家庭料理、その両方を、絶やすことなく次代に繋いでいこうという市民の思いも込められている。

　そして、食文化館最大の特徴は、ミュージアムに「キッチンスタジオ」が併設されていることである。食や食文化を観て読んで学ぶだけでなく、地元の主婦たちからなる市民グループの指導のもと、実際に自分でつくり（料理）味わう（食べる）ことができるのである。

　以下に事例とともに詳しく述べるが、「生涯食育」を標榜する小浜市では、世代に合わせたきめ細やかなアプローチをおこなっており、キッチンスタジオでは、ベビーキッチンに参加する二、三歳から、ご高齢者の料理教室に参加する八〇代超の方々まで、年間のべ三五〇〇名以上が調理体験をおこなう。

さらに、食文化館二階には、若狭塗や若狭和紙、若狭めのうなどの伝統工芸の体験ゾーンが設置されている。特に若狭塗箸（ぬりばし）は、江戸時代に小浜藩主酒井忠勝公が基幹産業として奨励したこともあり、現在も、塗箸全国シェア八〇%を占める市の重要な産業である。日本の食文化を知る上で大変重要な箸。食文化館では、箸の歴史や文化、作法を学ぶとともに、伝統工芸士指導のもと、世界にひとつだけの「マイ箸」を制作することもできるのである。

　このように、食文化館は、さまざまな角度から日本の食や食文化を学び体験できる施設であるが、観光施設という側面だけでなく、小浜市の食育事業の拠点施設として、これまでにさまざまな食育事業を生み育てている。

## 食材はすばらしい教材である

　小浜市は「食のまちづくり条例」において、食育を重要な分野として位置づけ、「人は命を受けた瞬間から老いていくまで生涯を通じて食に育まれる」との考えから、「生涯食育」という概念を提唱している。そして、「身土不二（しんどふじ）」の理念にもとづく地産地消とともに、世代ごとの食育事業を数多く実施している。

　私は、食文化館が開館した二〇〇三年の春に、小浜市食育専門職に就任した。前職、県外の私立大学に勤務し、学生たちと過ごす暮らしのなかで、また、自身の子育てを通じて、「食環境と人の育ち」について強い関心をもっていた。食育を栄養学からのアプローチに留まることなく、「食を通じた総合的な人間教育」、特に「心を育む教育」ととらえ、地域の食材や食文化のもつ教育力に関心をもち、それを具現化したいとの思いで就任した。このような私自身の食育観が色濃くみられる、小浜市の食育事業の事例を紹介する。

### 幼児の料理教室　キッズ・キッチン

四歳から六歳までの幼児を対象にしたキッズ・キッチンは「料理を教えるのではなく、料理で教える」つまり、料理を手段とした教育プログラムと位置付けている。一場面を紹介しよう。

　子どもたちは、鋭く切れる本物の和包丁の扱いを学び、講師と交わした安全ルールを守りながら、食材によって微妙な力加減や切り方を工夫する。例えば、柔らかい豆腐

キッズ・キッチン（手のひらの上で豆腐を切る）

は壊れないように手のひらの上でゆっくり切って、熱湯が跳ねないようにていねいに鍋に入れる。また、捨ててしまいがちな出汁をとった後の煮干しや昆布は、食べやすいように長さを揃えて細く切り、少しの味付けをして新たな一品をつくる。

食べる人の事を思い、きれいに盛り付けた小さな器の数々を配膳し、お茶についても、お湯の温度を気にしながら、皆が同じ濃さのお茶をいただけるように湯呑に少しずつ注いでいく。すべてが用意でき全員が席に着いたところで、背筋を伸ばして手を合わせ「いただきます」。そしてともに食べる人に気を配りながら、茶碗にごはん粒が一粒も残らないようにいただく。

子どもたちの小さな手で進めるこれら一連の作業は、何もいえないくらい繊細で、やさしさがあふれているのである。そして、このような体験から「ていねいな所作」「もったいない」「人を気遣う」「協調する」ということを自然に身につけ育っていくのだと実感する。また何より、地元で採れた新鮮な旬の食材は、ほのかな甘みや自然の風味を子どもたちの舌に運んでくれる。

日本食の一分野である精進料理では、塩味、甘味、酸味、苦味、旨味の基本五味の他に「淡味」という味覚を大切にするそうだ。私が理解する「淡味」とは、淡い味付け、薄味ということではなく、「素材そのものを活かした味」「ほのかな味」というニュアンスが近い。現代の食事は油分や塩分が多く濃い味付けの傾向があるため、素材そのものの風味や味がマスキングされ、どれもよく似た味になりがちであるが、大自然からいただく本物かつ繊細な味「淡味」は、体の健康とともに情緒の安定にもつながるのではないだろうか。おだやかな表情で出汁を味見し、できあがった料理を満足げに味わう子どもたちの表情からそんなことを思う。

さらに、キッズ・キッチンでは魚を捌く機会をあえて多くもつ。鮮魚を捌き、血や内臓に触れながら「食べるということは命をいただくこと。命をいただいて自分たちは生かされている」ということを実感してほしいのである。余暇の多くをバーチャルの世界で過ごしがちで、自然や命のぬくもりに触れる機会が希薄になった現代の子どもたちに、言葉で伝えるには重くなりそうな「命」ということを、魚を捌く体験から無理なく渡すことができるように思う。若狭の食材は、おいしいだけではなく、子どもたちに大切なことを教える「すばらしい教材」なのである。

小浜市は、二〇一五年ミラノ国際博覧会に単独で出展し、心を育む日本の食育として、イタリアの子どもたちを対象にこのキッズ・キッチンを開催したところ、外国人来館者や関係者に高く評価された。

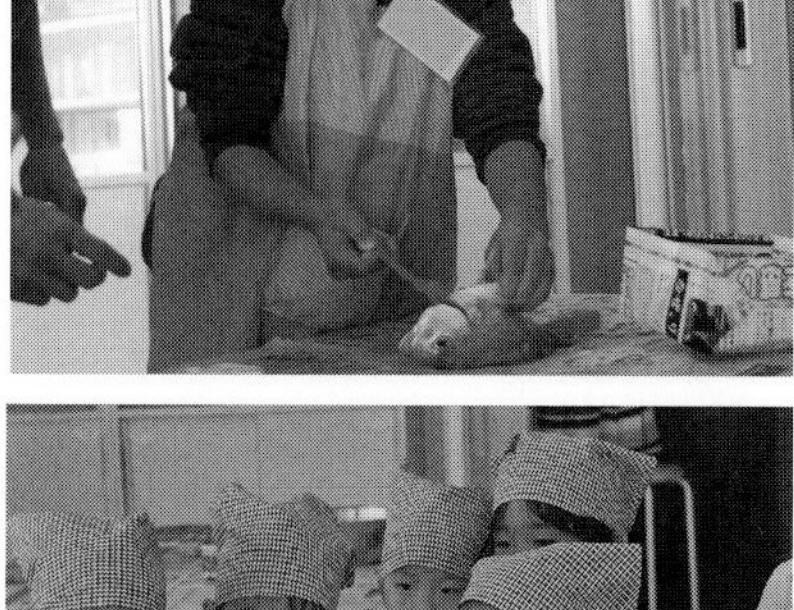

キッズ・キッチン（魚を捌く体験から「命をいただく」ことを学ぶ）

## 校区内型地場産学校給食

次に小浜市の小中学校の学校給食について紹介しよう。

日本の学校給食は、一八八九年（明治二二年）、貧困児童の救済措置として山形県ではじまり、その後、先の戦争の後である一九四六年以降、深刻な食糧難から子どもたちの空腹を満たし、栄養状態を改善するために全国に広がった。時代は変わり、「飽食の時代」「崩食の時代」といわる現代において、学校給食のあり方も見直され、二〇〇八年に改定された学校給食法には、その目的として地産地消の推進や食育の推進などが盛り込まれた。現代では学校給食は重要な食育実践の機会となった。

現在、小浜市では全ての小中学校において、地場産学校給食が実施されている。海辺の小学校では米や野菜に加え、若狭湾で水揚げされた海産物も取り入れている。このような地場産学校給食が本格的に開始されたのは、二〇〇三年、市内山間部にある小さな小学校からであった。

当時の校長は、「成長期の子どもたちに農薬や化学肥料の使われていない安全な米や野菜を食べさせたい」という強い思いから、公民館を通じて地域の小規模で零細な生産

地場産学校給食

似顔絵看板を作成して生産者の畑に設置

者に学校給食へ地場産野菜を提供してもらえないかと依頼した。最初は、年間を通じた安定的な供給体制作りや、不揃いな作物の受け入れなど種々の課題があり、躊躇(ちゅうちょ)していた生産者たちであったが、栄養士や給食調理員などの学校関係者も交えた協議会を立ち上げて、何度も話し合いを重ねていった。

その結果、協議会で年間生産計画を策定し、前月に決まった献立表に基づいて細かく出荷量を調整する仕組みが完成、学校給食への食材供給がはじまった。生産者の想いは、子どもたちをも動かし、給食の時間に校内放送で生産者を紹介し、給食感謝祭を開催した。さらに感謝の気持ちを形にしようと、似顔絵看板を作成して生産者の畑に設置した。

生産者にとって、学校から全幅の信頼をおかれているということ、また子どもたちの喜ぶ顔がみられるということが、何ものにも変えられない自信や生きがいとなり、自ずと減農薬農業に向かい、有機認証取得のための勉強会の開催にもつながるなど、少しずつではあるが、地域の子どもたちを支える仕組みが構築されてきた。公民館が学校と地域の橋渡しをして、地域の小規模で零細な生産者たちをまとめ「地場産給食応援グループ」を組織化していったのである。

また、この小学校において地場産学校給食が軌道に乗り順調に展開した理由のひとつに、高い意識をもった給食調理員の方々の存在がある。小規模で零細な農家から納品される地場産食材は、形や大きさが不揃いで扱いにくく調理に手間がかかる。だが、調理員の方々はその手間や苦労以上に、食べ残しが減ってきたことや、給食感謝祭で感謝の作文を受け取ることで、早い時期から地場産給食の教育力ややりがいを実感していた。また、校長が給食調理員さんに全幅の信頼を寄せ、主体的に生産者との連携や、地場産学校給食の推進に努められる職場環境をつくっておられることも成功の秘訣のようだ。

調理員の方々は、昔から「給食のおばちゃん」と親しまれてきたが、このような調理員の方々は、親しみやすい人柄ではあるがけっして普通の「おばちゃん」でも裏方のスタッフでもない。食育推進を担う教育者の一人なのである。業務は給食室だけにとどまらず、時間の許す限り子どもたちが給食を食べる様子をみる他、常に地域の学校給食畑や、市内の食材売り場をみて回っておられる。地場産学校給食の仕組みづくりには、生産者の方々とともに調理員の方々のあり方が重要なのである。

二〇〇三年ごろからはじまったこの仕組みは、その後市内の全小学校に波及し、現在は全ての小中学校において、週五日の自校炊飯による完全米飯も含めて、校区内で採れた食材を優先的に利用する「校区内型地場産学校給食」が定着している。さらに、近年は、漁連の協力のもと、タイやカレイなどの魚を尾頭付きで一匹丸ごと提供し、地元特産品である若狭塗箸でいただく学校給食も実現している。ていねいな箸使いで、魚の骨の間から身を上手につまんで食べる子どもたちの姿からは、巷でいわれる「現代っ子の魚離れ」のイメージは感じられない。

人や地域につながる学校給食によって、子どもたちは、自分の生まれた土地の歴史や産業を知り、誇りや愛着をもつとともに、「自分は、多くの人に構ってもらい、大事にされている。愛されている。」という気持ちも無意識のうちにもつようになるのではないか。このことこそ、地場産学校給食がもたらす最大の効果であると考える。食べ物を通して、人の愛情が理解できる子どもたちには、感謝の気持ちが育つし、何よりも自分自身に対する自信が育まれるのではないだろうか。

ところで、現在の学校給食では、小浜市のように単独調理方式（自校式）ではなく、学校給食センターにおいて地域の小中学校で必要な量を一括して調理する方式（センター方式）を取り入れている自治体が多い。センター方式では扱う食材が多いため、小浜市のような仕組みを取り入れる事は難しいかもしれない。けれども、子どもたちが学校給食を目の前にした時、それにはどんな食材が使われていて、どこで採れたものなのか、そして生産者や調理員、栄養士など多くの人々の関わりがあるお陰でいただくことができるということを、無理なく理解できるような工夫をしてほしいと強く願う。

## 漁業集落の未来

このように、古代より、産業面や文化面、教育面においても、若狭湾の恩恵を受けながら発展して来た小浜市であるが、現在わが国の多くの地方が抱えている人口減少や、それにともなう一次産業の低迷などさまざまな課題も他人ごとではない。

例えば、小浜市における漁獲量については、一九九三年の一五〇〇トンをピークに減少傾向にあり、近年は一〇〇〇トン前後で推移、天然資源の変動など、生産量は常に不安定な状況にある。

そして、漁獲量の減少にともない、漁業就業者は二〇〇三年から二〇一三年の一〇年間で一〇〇名近く減少しており、漁業存続のための後継者の育成、担い手の確保が急務となっている。

また、昭和の時代には、若狭湾沿岸部の漁村地区の多くの世帯は、漁業のかたわら夏は海水浴、冬は日本海の海の幸を売りにした「漁家民宿」を営み繁栄したが、近年では、人々の余暇のすごし方や食生活の変化にともない、海水浴や魚料理を目的とした観光客は減少している。

そのようななか、漁家民宿が密集する阿納(あのう)地区では、新たな取組みとして、二〇〇七年に、自然体験施設「ブルーパーク阿納」をオープンし、全国的にもめずらしい海上釣堀でマダイを釣る・捌く・食べるというユニークな観光漁業を開始し注目されている。主に中高生の教育旅行生を中心に観光客が増加しており、二〇一七年度には全国から五〇〇〇人以上を受け入れている。その結果、阿納地区の民宿業とそれにともなう漁業は安定した経営状況にあり、後継者の確保にもつながっている。

今後は、この阿納地区の成功事例を漁村全体に展開しようと、広域を対象とした滞在型観光拠点の整備に取組んでいる。例えば、各漁村集落が連携して教育旅行統合チームを結成し、それぞれの海の特性を活かした多彩な体験プログラムを作成し、広域で教育旅行の聖地を目指す取組みや、廃校を利用した海産物の共同加工場、発酵食品などについて学べる学習室の整備、さらに、外国人観光客誘致を目指し、漁家民宿における風呂、トイレ、客室などの改修、Wi-Fiなどの環境整備、インバウンド対応の意識や接客などのスキルアップ等、ソフト・ハード面の改善などにも取組んでいる。もちろん、食文化館でのキッズ・キッチンなど、料理教室をはじめとした食育事業も、対象を市民だけにとどめることなく、「食育ツーリズム」として地域外に発信し、観光客を受け入れていきたいと考えている。

若狭わかめの収穫を喜ぶ外国人観光客

　また、漁業の活性化に向け、「御食国若狭と鯖街道」の日本遺産認定を契機に、二〇一六年度より、小浜市のイメージとして地域内外に広く浸透している「マサバ」について、かつて鯖漁で賑わった田烏地区の漁業者や、小浜市に立地する福井県立大学海洋生物資源学部や若狭高校海洋科学科などと共同で養殖事業を開始した。初年度一〇〇〇尾からはじまったマサバの養殖は、三年目にあたる今シーズン、酒粕を餌に混ぜて、旨みとともに付加価値を向上させた「小浜よっぱらいサバ」として一万尾を大切に育てており、市内の事業者への販売の他、県内外にも出荷している。

小浜湾内の生簀で育つマサバ

　二〇一七年、小浜市は、「SAVOR JAPAN（農泊 食文化海外発信地域）」の認定を得た。これは、地域の食と、それを生み出す農林水産業を核として、訪日外国人を中心とした観光客の誘致を図る地域の取組みに対

海の宝さがしともいえる、たこかご揚げ

して、農林水産省が認定する制度であり、認定された地域は、「ＳＡＶＯＲ　ＪＡＰＡＮ」ブランドで、それぞれの地域がもつ食の魅力を、世界に向けて強力かつ一体的に発信していくものである。「ＳＡＶＯＲ　ＪＡＰＡＮ」の認定は、政府から、「食や食文化で国内外に紹介できる地域」としてのお墨付きをいただいたと理解している。

この「お墨付き」を契機に、私たちは、あらためて小浜市の食や食文化に対して誇りをもつとともに、それらを国内外からの観光客の方々とも分かち合いたいと考えている。

例えば、観光客の方々には、若狭湾に面した漁家民宿に滞在していただき、美しい海辺の景観と海の幸を使った郷土料理を堪能していただく。そして、私たちが食のまちづくりのなかでつちかってきた食育事業「海の体験」や「和食づくり」にも参加してほしい。さらに、一年を通じて市内で行われるさまざまな民俗行事や年中行事にも触れ、深みのある食文化が根付いた小浜の暮らしを楽しんでいただきたいと思っている。そして、そのような観光客の方々が増えることで、漁業をはじめとした地域の一次産業にも活気を取り戻したいのである。

## 海とつながる暮らしのなかで

私は、小浜の地で食のまちづくりに取組む日常のなかで、また、和食のユネスコ無形文化遺産登録や、二〇一五年ミラノ国際博覧会への出展などの大きな節目において、幾度となく日本の食や食文化がもつ「チカラ」について考える。

和食が無形文化遺産に登録される際、日本政府はユネスコへの申請書に和食の特徴として、「多様で新鮮な食材とその持ち味の尊重」「健康的な食生活を支える栄養バランス」「自然の美しさや季節の移ろいの表現」「正月などの年中行事との密接な関り」の四つを示した。多くの人は、和食が、世界的にみても、健康食であることや、季節感を表現するうつくしい食であることは、ご存じだろう。

しかしながら、あらためて和食に込められた日本人の「精神性」や、「社会性」について、心を留めてもらいたい。

私たち日本人は、自然のなかに神の存在を無意識のうちにも感じている。そして、そこからの恵みを食し、生かされていることに感謝する独特の精神性をもつ。だからこそ正月をはじめとする年中行事、お食い初めや冠婚葬祭などの人生儀礼においては、神への供物や幸せへの願いを込めた行事食を用意し、神とともに共食（きょうしょく）するのである。

小浜には他の地域ではみられないほど、何百もの民俗行事と、それらにつながる繊細で固有な行事食が継承されているが、それは大自然に守られ生かされているという敬虔な生き方、暮らし方の表れだろう。さらに、このような暮らし方は、家族や親族、地域において、共同体としての絆を生じ、強くさせるという社会的な役割もある。

日本人独特の精神性が表れる言葉「いただきます」

このような、日本人独特の精神性や社会性は、「いただきます」「ごちそうさま」「もったいない」「おすそわけ（お福分け）」などの言葉として、日常の食生活にも息づいており、これらこそが、日本の食や食文化がもつ「チカラ」であると考え、私たちは、日々、食育事業のなかに溶け込ませ、子どもたちに伝えているのである。

古代より、若狭湾の恩恵を受けながら発展してきた「御食国若狭おばま」。ここは、単なる食材の供給地ではなく、高い経済・文化レベルを供給する役割を担ってきた特別な場所であったのだろう。そのことを私たちは、「食のまちづくり」において、再認識している。

どの時代においても変わることなく、私たちに癒しと豊かな自然の恵みを与え続けてくれるうつくしい若狭湾と、その海とつながる暮らしのなかで大切に継承されている有形無形の食文化の数々を、市民の方々はもちろんであるが、小浜を訪れる多くの皆様に、「いただきます」と味わっていただきたい。なぜなら、そこに日本人の幸せな暮らし方の秘訣がみえるからである。

# 地域が一体となって取組む水産振興

行平真也（大島商船高等専門学校）

## はじめに

二〇一四年に「地方創生」という言葉が掲げられてから、日本中あらゆる地域で活性化の取組みが加速しています。メディアにおいて地域振興の取組みが取り上げられることも多く、試行錯誤により何とか地域を盛り上げていこうと各地域が奮闘しています。

奮闘している様子がみられる影で、少子高齢化や人口減少など漠然としていて、今まで実感を得なかった地域の問題が、近年、ふと顔を出してきたように感じます。それらの問題は数十年前から真綿で首を絞めるようにゆっくりと近づいてきたのでしょう。

地域を何とかしなければならない。多くの人がそう考えています。では、どうやって地域振興をおこなっていけばよいのか。この難しい命題に対し、私はあえて「地域の宝を活かし、磨くこと」と答えたいと思います。地域にはそれぞれすばらしい宝があります。地域外の人はともかく、その地域に住んでいる人すら気づいていないような宝が。それを活かし、磨くことこそ、地域振興に繋がるのではないでしょうか。私はそう考えます。

さて、私は大分県の水産職として八年間勤務してきました。そして県職員としての最後の三年間をいわゆる出先機関である中部振興局の水産業普及指導員として大分県臼杵（うすき）市の水産振興を担当しました。

大分県臼杵市はタチウオ漁業が盛んで、一九九五年にタチウオの共同出荷体制を構築した成果により、全国青年・女性漁業者交流大会において、農林水産大臣賞（二〇〇一年）、農林水産祭において天皇杯（二〇〇二年）を受賞するなど、はなばなしい実績をあげています。その取組みは現在も脈々と続いています。

　しかし、大分県民にとって「魚」といえば「佐賀関」か「佐伯（さいき）」というイメージが強くあります。佐賀関（大分市佐賀関）は全国有数の水産物ブランドである関あじ・関さばで知られています。佐伯市は寿司職人の世界で「北の小樽・南の佐伯」と称されているほどすばらしい寿司が提供されることで知られています。

　臼杵市はタチウオ漁業の取組みによりすばらしい業績をあげていますが、共同出荷により、臼杵市で水揚げされたタチウオのほとんどが福岡県に出荷されることから、大分県内でほとんど流通していません。そのため、大分県はもとより、臼杵市においてもほとんど知られていませんでした。そして、タチウオ以外にもすばらしい魚が臼杵市にはありました。臼杵市に住む人たちもその価値に気づいていなかった魚も……。

　それらの魚の価値を高めるために、地域が一体となって取組んだ水産振興について本章で少しですがご紹介できれば幸いです。

図１　大分県臼杵市の位置（図表提供：臼杵市）

## 大分県臼杵市について

　大分県臼杵市は、九州の東岸で、大分県の南東部に位置し、東は豊後水道に面した臼杵湾に臨んでいます（図1）。キリシタン大名として知られる大友宗麟が築城した臼杵城の城下町として栄えた町で、現在も市内中心部の街中を歩けば、城下町の風情を感じることができます。観光地としては国宝臼杵石仏が有名です。

　現在、臼杵市の人口は三万八七四八人（二〇一五年国勢調査）と、比較的小規模な自治体です。

さて、臼杵市の水産業に目を向けていきますと、臼杵市の漁業経営体数は一四一経営体（二〇一三年漁業センサス）となっています。大分県全体では二三七一経営体ですから、県全体における臼杵市の割合はわずか六％となっており、水産業が盛んな自治体と呼んでいいのかは疑問が残ります。しかし、漁業経営体数は少ないものの、臼杵市の漁業の特徴の一つとして、その漁業種類が多いことがあげられます。

タチウオ釣りを中心とする釣り漁業や、刺網漁業、底びき網漁業、はえ縄漁業、定置網漁業、シラスを漁獲する船びき網漁業、アジやサバを狙うまき網漁業など、数多くの漁業種類が営まれています。また、海面漁業ではブリ養殖や真珠養殖もおこなわれています。とくにブリ養殖では、かぼすを混ぜた餌で育てる「かぼすブリ」が生産されています。さっぱりした味わいで、色変わりが遅いことから人気を博しています。

また、臼杵市の海面漁業生産量は一二九四トンとなっています。大分県全体における海面漁獲生産量は四万一五九〇トンですから、大分県における割合はわずか三％程度です。生産規模においても大きくありません（二〇一四年農林水産統計による）。経営体数も生産量も少ない。しかし、平均単価が高いという特徴があります。市町村別の漁業生産額が公表されていないことから、同一の比較はできませんが、二〇一三年における平均単価を調べると臼杵市は七二六円（大分県漁協臼杵支店調べ）、大分県全体では三八九円（農林水産統計から算出）ですから、あくまでも参考値ですが、大分県全体よりかなり高くなっています。つまり、生産額は少ないけれど、単価が高い魚を漁獲しています。一概にはいえませんが、単価が高い魚はそれだけ市場から評価されている魚、つまりは「いい魚」といえます。このように多くの漁業種類が営まれ、いい魚が漁獲されているのには大きく二つの理由があります。

一つ目は、臼杵市は豊後水道という日本有数の好漁場と、内湾の臼杵湾の二つの漁場に恵まれています。豊後水道は太平洋からの温かい海水と瀬戸内海からの冷たい海水が狭い水道部で混じり合い複雑な海流となることから、餌であるプランクトンが豊富で、さらに潮流が速いことから身が締まった魚が漁獲されます。豊後水道で漁獲されたアジは、金色に輝いています。他の魚も同様であり、臼杵魚市場に行くと、その魚の美しさに圧倒されます。また、臼杵湾は臼杵川から豊富な栄養分が供給され、これが豊後水道の海水と混じり合うことからすばらしい環境となっています。

二つ目は、魚を目利きする目の肥えた料理人が多くいることがあげられます。臼杵市にはフグ料理店が二三軒もあります（臼杵市観光情報協会ホームページより）。これは市内のコンビニの店舗数より多いです。そのなかには、古くから続く料亭もあり、歴史ある臼杵の食文化に華をそえています。フグ料理店では、フグ料理以外にも臼杵産の魚を活かした様々な料理も提供しています。臼杵市の料亭や料理店の板場に立っている魚にきびしい料理人が、毎朝、臼杵魚市場で魚を競り落としています。そのため、いい魚は高く評価され、いい値段が付きます。このような料理人の目利きに鍛えられた魚が臼杵市に水揚げされています。

このように、臼杵市の魚が「いい魚」であるというのは理由があります。しかし、いい魚があるにも関わらず、臼杵市外にはほとんど知られていなかった現状がありました。

「『臼杵市には海を感じない』といわれ悔しい思いをした」と臼杵市秘書・総合政策課の平山博造課長が本章を執筆するにあたり語ってくれました。平山博造課長は水産業を所管する産業観光課長時代に本章で紹介する地域が一体となって取組んだ水産振興に尽力した立役者です。平山課長は臼杵市で生まれ育ち、臼杵市役所に勤められていますから、当たり前のように臼杵の魚のすばらしさを知っていました。しかし、観光行政に関わるなかで、臼杵石仏を訪れる方から「臼杵市には海を感じない」といわれたそうです。それもそのはずです、臼杵石仏だけを訪れるなら、海をみることもありません。何より、その言葉の裏には、臼杵市の魚がおいしいということも知らないという意味が隠されています。その言葉こそが水産振興に取組む原点だったそうです。

## 市民が臼杵産魚を購入できる仕組みづくり

臼杵市の魚が「いい魚」といっても、それはどこで買えるのでしょうか。臼杵市民が臼杵の魚をおいしい、いい魚と認めて頂くにも、まずは食べて頂く必要があります。そのために市民が臼杵産魚を購入できる仕組みづくりがおこなわれています。

### うすき海鮮朝市

臼杵市では臼杵魚市場における魚価向上、漁業者の所得向上を目的に、大分県漁業協同組合臼杵支店が主体となり、二〇一二年七月二一日から毎週土曜日に「うすき海鮮朝市」がおこなわれています（図2）。

図2　うすき海鮮朝市の様子（著者撮影）

臼杵魚市場では、通常朝七時から競りがおこなわれます。競りはおおよそですが、七時半には終了します。そのため、競りが終わった七時半からが朝市の開始時間です。魚市場で競り落とされたばかりの新鮮な魚を、来場者がその場で購入できる仕組みとなっており、朝市で鮮魚販売をおこなう業者さんは、魚を競ったそばから、あわただしく自分の販売するブースに魚をもっていき、値札を書いては、魚を並べています。来場者数は四〇名程度と小規模ですが、毎週、継続的におこなうことで市民に広く定着しています。

この朝市では二つの大きな特色があります。一つ目は、漁村女性によるさばきサービスです。朝市で購入した魚を無料で三枚おろしなどにさばくサービスをおこなっており、魚がさばけない消費者にも広く購入してもらえるように工夫しています。また、漁村女性と市民のふれあいの場にもなっており、どんな料理にしたらおいしいかを伝えるなど魚食普及活動の場にもなっています。このさばきサービスには地元の水産高校である大分県立海洋科学高等学校の生徒もボランティアで参加しており、魚をさばく技術を漁村女性から鍛えられています。

二つ目は二〇一三年三月九日より開始した臼杵産魚をふんだんに使った朝食の提供です。朝市のさらなる発展と、臼杵産魚のおいしさをより知っていただくことを目的におこなわれており、ワンコインの海鮮丼を提供しています。市場で水揚げされたばかりの魚が食べられるとあり、大好評を博しています。

このような特色をもつうすき海鮮朝市は、市民が気軽に臼杵産魚を購入できる場となっています。

### 鮮魚コーナーにおける「うすき産シール」

前述のうすき海鮮朝市は毎週土曜日の朝七時半よりおこなわれています。しかし、早起きするハードルが高いという市民の方も多くいらっしゃると思います。臼杵の魚を購入するという行為を日常のことにしてもらいたい。そして臼杵産の魚が買いたいと思ってくださる方が増えれば、魚価が向上するのではないかという思いから、市民の方が普段買い物されるスーパーの鮮魚コーナーで販売される臼杵産の魚に貼り付けるための「うすき産シール」の配布をおこなっています。

図３　うすき産シールが貼られた臼杵産マアジ（著者撮影）

大分県内であれば前述した「佐賀関産」や「佐伯産」といった魚がおいしいと知られている産地のシールは販売促進のためにお店側がもっている場合が多いのですが、臼杵産のシールがあるか確認すると、「ない」という答えばかりでした。ないのであれば、つくればいい、つくって貼ってもらおうと試験的にはじめました。二〇一五年一月から三月にかけて、大分県漁協が経営する「おさかなランド」明野アクロス店に頼み込み、貼り付け実験をおこなうなどさまざまな取組みを経て、二〇一六年度より、臼杵魚市場で魚を仕入れるスーパーや鮮魚店さんに「うすき産シール」を配布しています。本シールの配布は極めて好評であり、鮮魚コーナーの方の「貼っているとやっぱり良く売れる」という言葉がうれしいです（図３）。

### 地域が一体となったカマガリの知名度向上

臼杵市における地域が一体となって取組んだ水産振興のなかで、最も印象深い取組みがカマガリの知名度向上の取組みです。たくさんご紹介したい取組みはありますが、あえてカマガリに絞ってご紹介できればと思います。

カマガリとは「ご飯を釜ごと借りて食べなくてはならないほどおいしい魚」ということで名付けられた魚で、標準

図4　カマガリ（標準和名クログチ）（写真提供：臼杵市）

図5　ドウモン縄漁を営む漁業者（著者撮影）

和名をクログチといい、ニベ科の魚です（図4）。岡山県名物にママカリという料理がありますが、これはお茶碗をもって隣の家にご飯（ママ）を借りに行くような感じですが、カマガリは釜ごと貸して！というような豪快な感じで、由縁を聞くと非常においしそうな魚です。

臼杵市ではこの魚を対象とした漁が営まれており、ドウモン縄漁と呼ばれる底はえ縄漁業の一種で漁獲されています（図5）。現在、臼杵市では四隻の漁船がドウモン縄漁をおこなっています。また、タチウオ漁業などでも混獲されることもあり、臼杵市全体で年間約二〇トンから三〇トン程度の水揚げがあります。

カマガリは大分県内においても、臼杵市以外ではあまり食べられてなかったことから、まさに臼杵市の魚といえます。市外で馴染みがないことから、その知名度は低く、臼杵市内でも小さいものは一尾一五〇円から二〇〇円程度で販売されていました。そのため、カマガリというたいそうな名前にも関わらず、比較的安い魚として位置づけられていました。

しかし、カマガリ漁を営んでいる漁業者に聞くと、個人的に関西や関東の寿司屋にも出荷しており、高く評価されているといいます。地元の臼杵市での評価とは異なる評価でした。私はそれを確かめるべく、関西地方の寿司店に足を運びましたが、鯛にも負けない本当においしい寿司を味わい、感動しました。これをきっかけに地域の人も知らなかった「地域の宝」をみつけることができました。すぐに臼杵市役所の方にも食べてもらい、その価値を認識していただき、臼杵市をあげた取組みがはじまります。カマガリという地域の宝を活かし磨き、地域特産魚にする。そのスタートが切られました。

## カマガリ元年

まず、そのための取組みとして、大分県漁協臼杵支店が二〇一四年一月から、大分県中部振興局の補助金を活用して、「臼杵特産カマガリの新商品開発事業」をおこない、魚市場に隣接する海鮮食堂うすきで提供する海鮮丼「カマガリ炙り丼」やカマガリを活かした加工品である「カマガリみりん干し」「カマガリフィレ」の開発をおこないました。また、この開発事業の終了に合わせ、カマガリをPRするためのリーフレットの作成をおこないました。年度途中でしたが、運よくスピーディーに取組むことができました。

そして、これらの成果を活かすため、二〇一四年四月に大分県漁協臼杵支店と臼杵市は今年度を「カマガリ元年」と位置付け、カマガリのPRに力を入れ、臼杵ふぐやタチウオに次ぐ、臼杵市の地域特産魚を目指すことを宣言し、市役所の正面玄関に「カマガリ元年」と書かれたカマガリの写真を掲示しました。

市役所の正面玄関に魚の写真が貼られるというのは前代未聞で、市役所を訪れた漁業者からは、臼杵市が漁業に力を入れだしたと極めて好評でした。市民の方が、この魚は何だろうという戸惑いながら写真をみていた様子を忘れることができません。さて、写真を貼りだしたことで、新聞社などの報道関係者の目に留まり、すぐに数社の新聞社が「カマガリ元年」について大きく取り上げてくださいました。いずれも地方面に掲載され、大分県内に広がりました。

本書に取り上げられるぐらいだから全国区のブランドになったのだろうと思われる方がいるかもしれませんが、最初から全国は目指せませんし、市のレベルでは漁獲量に限りがあります。そもそも、カマガリは二〇トンから三〇トンの漁獲量しかありませんから、全国区になるのは難しいです。大分県内に臼杵市の魚が知られること、臼杵市が水産振興に力を入れていることが臼杵市民の目に留まること、それが私たちの目標でした。

## 臼杵カマガリバーガー

カマガリ元年の宣言から、臼杵市で開催されるイベントのたびにカマガリのＰＲをおこないました。二〇一四年五月にオープンした臼杵市観光交流プラザのオープニングイベントや臼杵市にある酒造会社の四社合同の酒蔵開きのイベントにおいて、カマガリ加工品を販売するなどＰＲを推し進めていきました。

このように地道な取組みを重ねてきましたが、カマガリ元年を決定的なものにするための強いインパクトが欲しい。みなそんな思いを抱いていました。そんななかで、ある臼杵市職員の発案を基に、カマガリフライをパンで挟んだカマガリバーガーが開発されました。カマガリフライは、身がほくほくして冷めてもおいしい。それをパンで挟みバーガーにする。これだけでも十分おいしそうですが、醸造の街である臼杵市の特色を生かし、臼杵市の醤油メーカー二社のソース、そして臼杵特産のかぼすでアクセントをつけ、臼杵らしさを取り込んだバーガーができました。「臼杵カマガリバーガー」（以下、カマガリバーガー）と名付けました。

せっかくおいしいバーガーができても、できただけで終わってしまっては意味がありません。特に地域特産魚を使ったバーガーは大分県の他の地域でもつくられており、大分市佐賀関では「関さばサンド」、佐伯市では「ブリカツバーガー」が知られていました。マイナーなカマガリをバーガーにしても二番煎じ、三番煎じの後発バーガーです。カマガリの知名度をあげるためにも、カマガリバーガーを広めたい。強いインパクトを得たい。味には絶対の自信がありました。

そんななか、カマガリバーガーの突破口として、「ＯＢＳ感謝祭フードスタジアムおおいたＢ級グルメＮｏ．１決定戦」に出場することとなりました。大分県内のプロの料理人が出場する大会に、素人が挑みます。出場する以上は必ず入賞する、この高い目標が地域を一体にさせました。カマガリバーガーに使うカマガリを漁業者が漁獲し、漁協でカマガリフライを製造しました。フライを包むバンズは臼杵市内のパン屋さんに特注しました。臼杵市役所以外にも、将来の観光振興にも繋がることから臼杵市観光情報協会、そして私の所属していた大分県中部振興局からも水産以外の職員も協力してくださいました。

イベントに参加するためのテントなどの設備については、水産振興の機運が高まったことから二〇一四年七月三一日に組織された「うすき海のほんまもん漁業推進協議会」の予算から用意することができました。

二〇一四年九月一三日から一五日にかけて、三日間の長丁場のイベントでしたが、カマガリ元年を成功させるための最初で最後の大チャンスと位置づけ、総力戦を展開しました（図６）。何より、臼杵市民の方がたくさんお客様として来てくれました。この大会中に全九州ネットのカマガリの特集番組が流れたことも強い追い風となりました（ＲＫＫ熊本放送「極上の九州！寿司ネタめぐり」、二〇一四年九月一五日放送）。今までの新聞、テレビでの報道の効果もあり、途切れることのない行列が連日続きました。この熱気は、テレビはもちろんですが、FacebookなどのＳＮＳにより臼杵市の多くの方に伝わりました。そして結果は参加一四店舗中、三位となり入賞することができました。これにより、カマガリバーガーは「おおいたＢ級グルメＮｏ．１決定戦」で三位という看板を得ることができ、また広く県内に知れわたったことで、カマガリ元年の取組みはさらに加速していきます。

図６　「おおいたＢ級グルメ No.1 決定戦」に出店した臼杵カマガリバーガー（写真提供：臼杵市）

せっかく入賞したカマガリバーガーです。臼杵市内で商品化したいという思いがありました。臼杵市内のパン屋さんに頼み込み、試作品をつくってもらうことからはじまり、二〇一四年一一月より臼杵市内でパン屋を営む「ミルキースター」さんで販売が開始されました。このカマガリバーガーは現在も販売されています。

## 地域が一体となってカマガリを広める

カマガリの知名度向上を図るためにはじまったさまざま

な取組みは、当初は行政主導であり、水産関係の限られた範囲でおこなわれていましたが、「おおいたB級グルメNo．1決定戦」の後、これだけ臼杵市が動いているなら、自分たちもぜひ盛り上げたいと、多くの地域の方々が声をあげてくださいました。

毎年一一月におこなわれ臼杵市で最も大きなイベントである「うすき竹宵」では臼杵市畳屋町若衆会がオリジナルのカマガリバーガーをつくり、イベントを盛りあげました。この際、前述のミルキースターさんもカマガリバーガーを出品したため、「うすき竹宵」の来場者にとって大きなPRになったと考えます。

うすき海鮮朝市にも参加している津久見高校海洋科学学校（現在、海洋科学高校）の学生さんもカマガリバーガーをつくりたいという声を上げ、オリジナルのカマガリバーガーのレシピをつくり、二〇一五年二月に愛媛県八幡浜市でおこなわれた「第三回ご当地グルメ甲子園」に出場しました。

カマガリをラーメンに活かせないかという思いから、臼杵市内にあるラーメン店で二〇一四年一〇月から期間限定で「カマガリラーメン」が販売されました。

このように地域が一体となって、カマガリの知名度向上をはかっていこうという流れができ、さまざまな方々が動き出しました。

### カマガリを学校給食へ

そして、その動きは学校給食に波及します。二〇一四年一二月、臼杵市学校給食センターの栄養士の方が大分県漁協臼杵支店に来られ、「これだけカマガリが盛り上がっていますが、臼杵市の子どもたちで食べたことがない子も多いのが現状です。家庭で魚料理を食べる機会のない子どもたちもいるなかで、カマガリを学校給食で出して、市内の子どもたちに食べてもらいたい」という思いを伝えられました。

その思いにカマガリ漁師である平川一春委員長が応え、臼杵市内の全小中学校に対して約三〇〇〇食分のカマガリの切り身を用意しました。この取組みには相当な困難がありましたが、カマガリを子どもたちに食べさせたいという平川委員長ら関係者の強い思いにより実現しました。カマガリフライが学校給食に並んだ二〇一五年一月二七日、漁協の平川委員長や関係した臼杵市職員を含め、臼杵市の小学校で、子どもたちと一緒に給食を食べる機会をいただきました（図7）。カマガリフライに無我夢中でかぶりつく児童をみていて大変うれしく感じました。給食時間の後、平川委員長が学校から帰るとき、子どもたち二〇人ぐらいが駆けつけて取り囲み、「おじちゃんおいしかったよ」と握手を求めた光景は今でも忘れることができません。

図7　児童とともに学校給食を囲む大分県漁協臼杵支店の平川委員長（写真提供：臼杵市）

## カマガリのいま

臼杵市は二〇一四年四月にカマガリ元年を宣言してから一年間、今まで書いたさまざまなことに取組んできました。その効果を示す例として、大分県漁協臼杵支店におけるカマガリの漁獲量と平均単価についてのグラフを示します（図8）。カマガリ元年の取組みをおこなう前の平均単価は減少傾向で二〇一三年にはキロ四六二円でしたが、二〇一四年のカマガリ元年の取組みを経て、その直後の二〇一五年にはキロ五七七円となり、魚価の大幅な向上が図られました。現在も魚価を維持できていることから、これらの取組みは漁業者

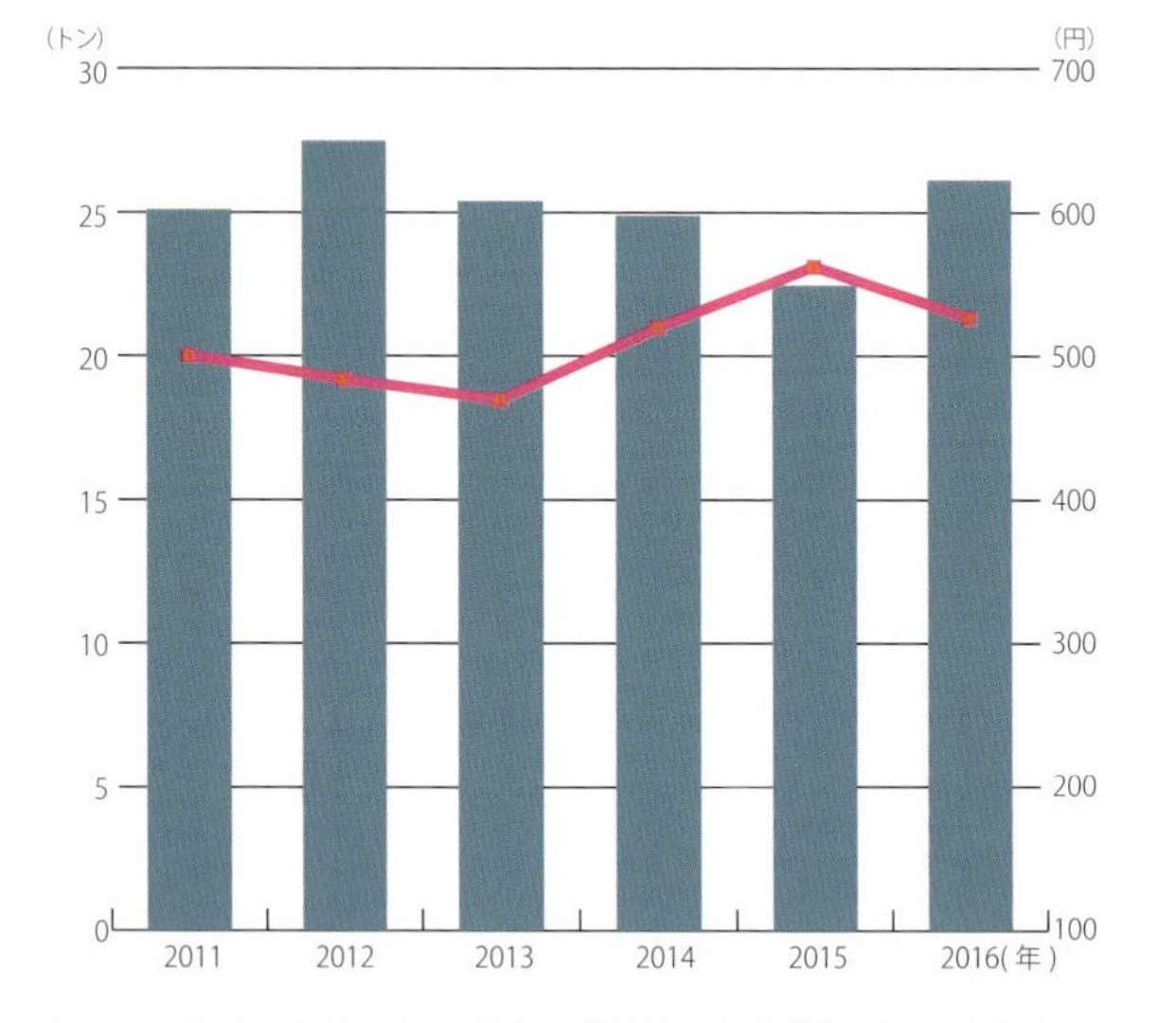


図8　臼杵市におけるカマガリの漁獲量と平均単価（大分県漁協臼杵支店調べ；棒グラフは漁獲量、折れ線グラフが平均単価の推移）

の所得向上につながったといえます。

　カマガリの知名度が十分向上し、単価も上がったことから、カマガリ単独の取組みを二〇一四年度で完結させました。当初取組んでいた「カマガリ炙り丼」の提供や加工品の製造も現在はおこなっていません。市内での漁獲量が二〇トンから三〇トンであることをかんがみると、鮮魚が高く売れるのであれば、それが最も望ましい形であるという判断です。

　また、二〇一五年三月には地域の特産物として相当程度認識されている農林水産物などが指定される大分県の地域産業資源にカマガリが指定されました。一年間の一連の取組みにより、地域の特産物として相当程度認識されているというお墨付きを大分県から頂くことができました。

　これらのことは、知名度が低い魚でも地域が一体となって取組めば、わずか一年間でその知名度を向上させ、地域特産魚にできることを証明しています。何より、カマガリは本当にすばらしい地域の宝でした。活かし磨く取組みに関われたこと、大変ありがたく思います。

　本章では紙面の都合上、大分県臼杵市が取組んだカマガリ元年を中心に簡単に取り上げました。しかし、臼杵産タチウオを使った臼杵たち重を観光客に提供する取組みや、マイナー魚であるレースケ（標準和名クロアナゴ）を活かした取組みなど、臼杵市ではさまざま取組みをおこなっています（行平二〇一七）。

### 参考文献

行平真也　二〇一七『魚で、まちづくり！　大分県臼杵市が取組んだ三年間の軌跡』海文堂出版

## コラム◉「さかな」の魅力を伝える、おさかなマイスターとは⁉

大森良美（日本おさかなマイスター協会事務局長）

日本人が大切にしてきた魚食文化を学んでもらい、魚の素晴らしさを伝える伝道師（おさかなマイスター）を育てることです。おさかなマイスターは、生産者・流通業者と消費者を結ぶ橋渡し的存在です。そしてその場所は、世界に名だたる魚市場である築地（東京都中央卸売市場築地市場）がふさわしいと、二〇〇七年七月、日本おさかなマイスター協会は築地で産声をあげました。

おさかなマイスターには、誰でも受講できる「おさかなマイスターアドバイザー」と、水産業界または調理・飲食業界で二年以上の経験者が受講できる「おさかなマイスター」の二つのコースがあります。どちらも講義を受け、修了試験に合格しないと認定を受けることができません。この資格は、日本おさかなマイスター協会が認定する民間の資格で、日本おさかなマイスター協会は、一般財団法人水産物市場改善協会、一般社団法人大日本水産会、全

おさかなマイスターの認定証

### おさかなマイスターの誕生

「世界の築地でさかなを学ぶ」、これはおさかなマイスターをはじめた時のキャッチフレーズです。おさかなマイスターは、①消費者に水産物の知識を高めてもらい、水産物に興味をもってもらう、②水産物に関し、正しい情報を消費者に伝える、③水産業界全体が一丸となって取組むことで健全な魚食普及・食育を目指す、以上のことを目的に始まりました。

つまり、「さかな」に関するさまざまな知識を学ぶ場をつくり、古くから

おさかなマイスターコースの講義風景

国漁業協同組合連合会の三者で運営しています。事務局は水産物市場改善協会のなかにあり、同協会は築地市場で水産物の啓発普及事業をおこなっています。

講義は、受講期間が三～四ヵ月間にわたり、魚介類の知識、漁業、食品衛生、栄養、水産流通、調理法など、「さかな」をいろいろな角度から学びます。おさかなマイスターコースでは全二二講義（四四時間）、おさかなマイスターアドバイザーコースでは全一一講義（二二時間）を受講します。なかでもとくにこだわっているのが正しい知識（情報）の伝達です。魚介類の知識（魚類から軟体動物、甲殻類、棘皮動物のほか、加工食品にいたるまで）をはじめ、大学の教授などが科学的根拠に基づいた内容の講義をおこないます。

現在、非常に多くの情報があふれており、またそれを、私たちは容易に受け取ることができます。ただ残念ながら、行き交う情報が正しいとは限らず、なかには誤った情報も見受けられます。消費者に役立ててほしい魚食のための「さかな」の正確な情報を伝えたい。この思いも強く、とくに正しい情報の伝達には力を注いでいます。

二〇一八年一〇月現在、認定者は、おさかなマイスターとおさかなマイスターアドバイザーをあわせて、のべ約六三〇人です。講義の内容から、認定者は水産業界や飲食業界に従事している方が大半を占めますが、水産業界とは無縁の仕事をしている方なども少なくありません。

### 食育出前授業「魚には骨がある」

魚食普及活動も視野に入れて取組んでいるおさかなマイスターですが、現在、活動の中心になっているのが小中学校での食育出前授業「魚には骨がある～魚を丸ごと知って食べよう～」です。おさかなマイスターやおさかなマイスターアドバイザーが講師となり、学校へ行き、特別に授業をさせてもらっています。

子どもが魚料理を嫌う一番の理由は「骨がある」(「水産物を中心とした消費に関する調査」平成二〇年、大日本水産会)ことです。魚に骨があることは、誰もが知っている事実ですが、この「魚の骨」が、子どもをはじめ、魚を敬遠する最大の理由になっています。同時に、魚料理に関する要望・考えでは「骨を気にしなくても食べられる魚料理」を望む声が多くありました。現在では、魚の骨を取った加工品が多く出回るようになっていますが、魚食の頻度をあげるために、骨を気にしなくても食べられる商品や料理を普及していけばよいとは私たちは考えていません。

骨は魚だけではなく、私たち人間をはじめ、動物には欠くことのできないものです。この「魚には骨がある～魚を丸ごと知って食べよう～」では、魚の骨の仕組みを人間の体との比較を交えながら教え、魚の骨に興味をもたせ、どこに骨があるのかを理解したうえで、魚をじょうずに、おいしく食べる方法を教えています。骨を排除するのではなく、魚を丸ごと理解してもらい、骨を含めたおいしさを知ってもらうことを、授業のねらいとしています。

小学校での食育出前授業の様子

授業では魚の栄養や生産量や消費量、旬などについて説明した後、魚類からほ乳類までの進化の話もします。そして、マアジの骨格図を使い、ヒレと骨の場所を説明し、とくに食べる時に注意が必要な「ヒレを支える骨」、「肉間骨(背側と腹側の筋肉の間にある小さい骨)」を教えています。授業を受けた児童(生徒)は、学校の協力を得て、給食で実際に丸一尾のマアジの塩焼きを食べます。

じょうずに食べる子どももいますが、はじめて塩焼きを食べる子、箸がじょうずに使えない子、魚嫌いの子などさまざまです。平均して、一クラス三〇人前後の子どもたちと向き合いますが、「子どもは魚が好きだ」と授業をおこなうたびに実感しています。それは食べ慣れている子どもだけでなく、初めて塩焼きを食べる子ども、はじめて骨私たちはこれからも出前授業を続けていきたいと考えています。

のある魚を食べる子どもも同様です。

## さかなの魅力を繰りかえし伝えることの大切さ

「魚離れ」は水産業界にとって最大の悩みです。一般社会でもここ数年、「魚離れ」という言葉がとくに聞かれるようになりました。以前から、業界はそれを危惧し、いろいろな方法で魚食普及活動を続けてきましたが、なかなか実を結んでいないのが現状ではないでしょうか。私たちの出前授業も、その効果の検証には難しいものがあります。しかし、給食での実食、二～三ヵ月後に再度おこなういくつかの学校でのアンケート結果からは、わずかながら家庭での魚料理の増加がうかがえます。魚食普及活動は継続しておこなうことが何よりも大切であり、出前授業も例外ではありません。「魚っておいしいいね」という子どもの笑顔を糧に、

## 12 「本物の力」が子どもたちの目を輝かせる――小学校おさかな学習会

川越哲郎（一社）大日本水産会 魚食普及推進センター）

### 魚食普及活動のはじまりと現在

一般社団法人大日本水産会は、水産業の振興をはかり、経済的、文化的発展を目的として明治一五年（一八八二年）に設立された、日本で唯一の水産業の総合団体です。そのなかでも大日本水産会の魚食普及活動の歴史は、昭和五二年（一九七七年）に本会内に「おさかな普及協議会」が発足したことからはじまります。年度をみていただければわかりますが、この時期水産業界は二〇〇海里規制の大波に見舞われ、それまで大手漁業会社などがおこなってきた魚食普及活動を業界全体で統一的に推進し、官民一体となった活動形態にするようになりました。具体的には講演会や料理コンクール、テレビや新聞・雑誌などでの宣伝、料理冊子の作成や魚食普及に貢献された方に対する表彰式の開催などで、今日まで多岐に亘る活動をおこなってきました。現在は「魚食普及推進センター」という組織で活動をおこなっています。

「魚食普及推進センター」は、平成二三年（二〇一一年）六月に設置された部署です。「東日本大震災」の年でしたが、「だからこそ」設置された側面もあります。これまで「おさかな普及協議会」の事務局として活動していた部分を、明確に「魚食普及推進」をかかげた部署として体制を固めました。水産業の比重の高い被災地支援をする意味も、当然含まれています。さらに全国各地でさまざまな形で実施されている魚食普及活動をネットワークでつなぎ、「魚食普及推進センター」がプラットフォームとして、情報交換・情報提供・さまざまな行事イベントの告知をおこない、各地の経験を全国に普及させ活動活性化に取組んでいます。

各地で取組まれている魚食普及活動には、その地域の特徴を生かした素晴らしい内容のものが多いのですが、その内容・やり方・ノウハウがなかなか他地域に広まらず、業界紙などで一部紹介されることはあっても全国的にそうした活動から学ぶことは難しいのが実情です。これらの活動を全国に発信しつつそのエッセンスを取り入れ、「小学校や子ども向け」テーマも含めた使い勝手の良い「魚食普及活動メニュー」を取り揃え、いろいろな条件の下でもさまざまな方が気軽に「魚食普及活動」に取組めるようにして行くのが目標です。とりわけ小学校での活動に力を入れています。

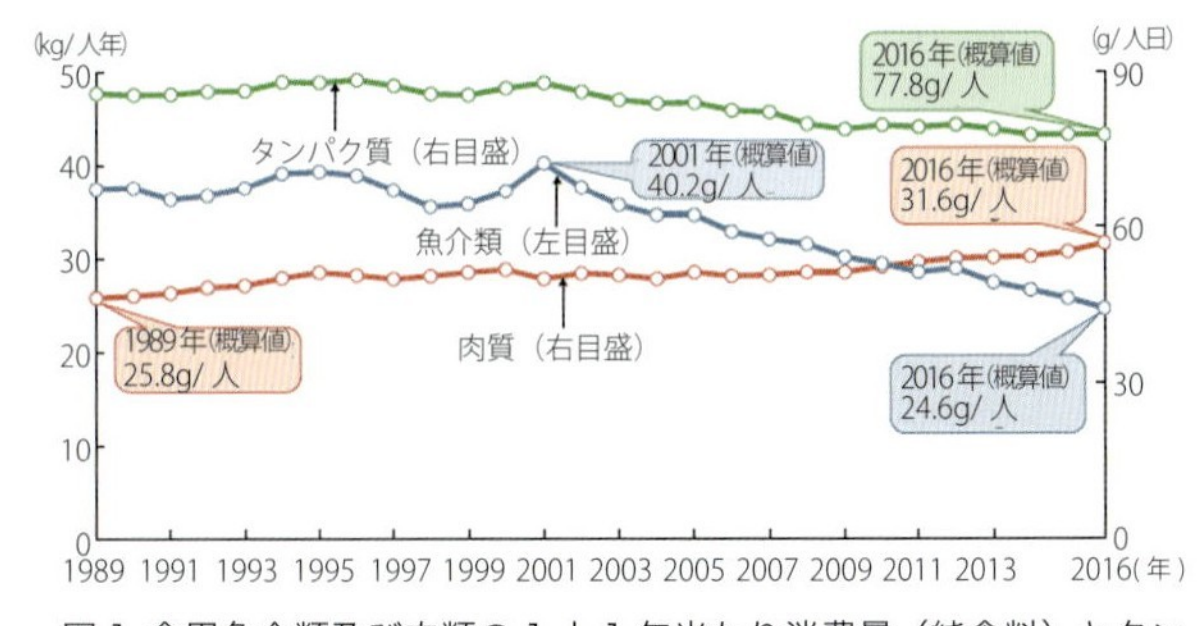

図１ 食用魚介類及び肉類の１人１年当たり消費量（純食料）とタンパク質の１人１日当たり消費量の推移（平成 29 年度水産白書）

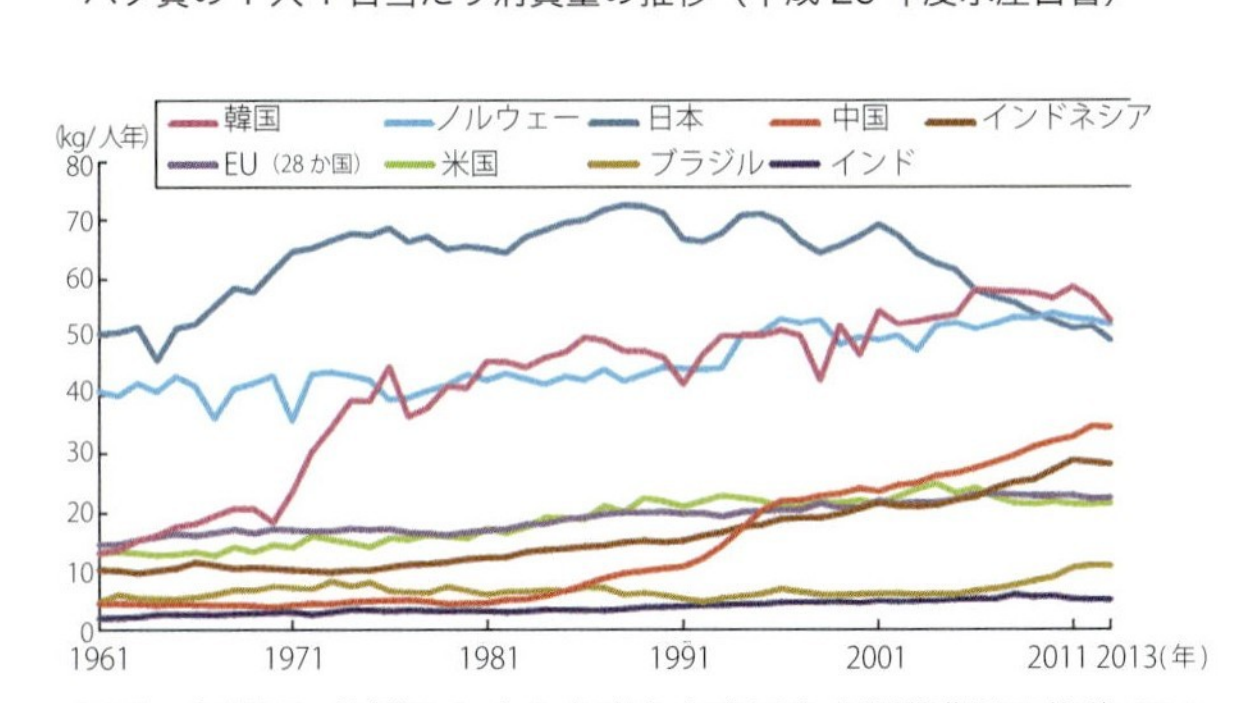

図２ 主要国・地域の１人１年当たり食用魚介類消費量の推移（粗食料ベース）（平成 29 年度水産白書）

注：粗食料とは、廃棄される部分も含んだ食用魚介類の数量

## 「魚離れ」と魚食の実態

「魚離れ」という言葉は、今では当たり前になってしまいましたが、日本における水産物の消費減少は深刻なものがあります。平成二一年（二〇〇九年）以降肉類が魚介類の摂取量を逆転し、差が拡大しています。日本人の主な動物性タンパク質の摂取が、魚介類から畜肉類に過半が替わったということになります。また直近三〇年で最大の水産物消費量であった二〇〇一年と比較すると二〇一六年度は四割も消費量が落ちています（図１）。世界を見回しても発展途上国を含む多くの国々が魚食を年々増大させているにもかかわらず、これまでの水産大国がその消費を減らしているのが実態です（図２）。

日本の消費者が魚を食べ続けていくためには、魚介類の安定供給をはからなければなりませんし、そのためには水産業の経営環境を良好に維持し、向上させていくことが必要です。私たちが魚介類をたくさん食べ需要を増やすことで、水産業の発展に寄与することができます。また、成長期の子どもたちが毎日魚介類を含む和食などを食べることは、日本人としての味覚の発達や栄養摂取の面だけでなく、食事マナーや箸使い、地域の食文化を伝える食育としても大きな役割を担っています。大日本水産会では平成一七年度より小学校での「おさかな学習会」を本格的に開催し、「海と魚」に親しみをもってもらい、魚を好きになってもらうように魚食普及活動をおこなっています。

## 海と魚の体験学習「おさかな学習会」

小学校「おさかな学習会」は、主に関東近県で毎年数校から十数校で開催しており、本会の子ども向け「おさかな学習会」の標準プログラムになっています。その大きな特徴は「全校で一日かけておこなう」ことに主眼を置いていることにあります。その日一日学校全体がお魚づくしになり、家庭でも水産業や魚の話が登場し、教育効果も高いことが事後のアンケート調査などでわかっています。開催した学校の二割から三割の児童が「魚食の頻度が増えた」と答えています。小学校が地域の文化・教育のセンターだと考えれば、全校児童に水産業や魚介類の話ができることは、間接的に保護者やひいては地域にその情報が伝わることが期待されます。

この小学校「おさかな学習会」は、これまで2万人近くの児童・教職員・保護者の方々に参加していただきました。「おさかなゼミ」、「タッチプール」、「模擬漁体験」、「PTAおさかな料理教室」（希望者のみ）の構成で成り立っています。最近では特定の学年向けに「鮮魚タッチ」もおこなうようになりました。これらについてご紹介いたします。

### おさかなゼミ

日本の海洋、水産資源、漁業、水産業、魚の栄養、資源管理、環境、調理メニューなどを紹介し、海や魚を知り、食べることの大切さを学んでもらう座学形式の「おさかなゼミ」では、大型スクリーンで説明、質問を受けながらおこなわれます。おさかなクイズや漁業の様子をビデオでみ

図3　おさかなゼミ（海と魚の勉強をします）

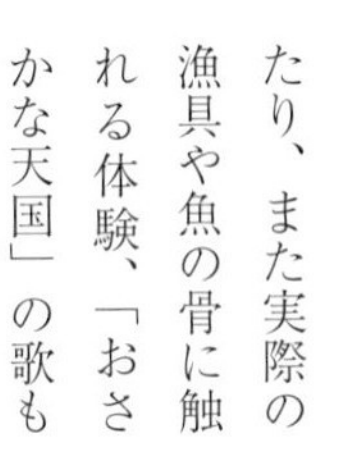

たり、また実際の漁具や魚の骨に触れる体験、「おさかな天国」の歌も流すなど、各学年に応じて子どもたちが興味をもって取組めるようにしています（図3）。

とくにビデオで映す漁業の様子は、普段みることのできない海上での操業風景であり、荒波を乗り越えて漁場に向かう場面や、集魚灯でサンマが集まってくる様子などをみると、子どもたちは大きな声をあげて驚きます。荒天のなかで、大揺れの船上で波しぶきを浴びながら仕事をしている漁師さんたちの画面を食い入るようにみている子どもたちの様子から、少しでも大変さがわかってもらえたかなと思います。

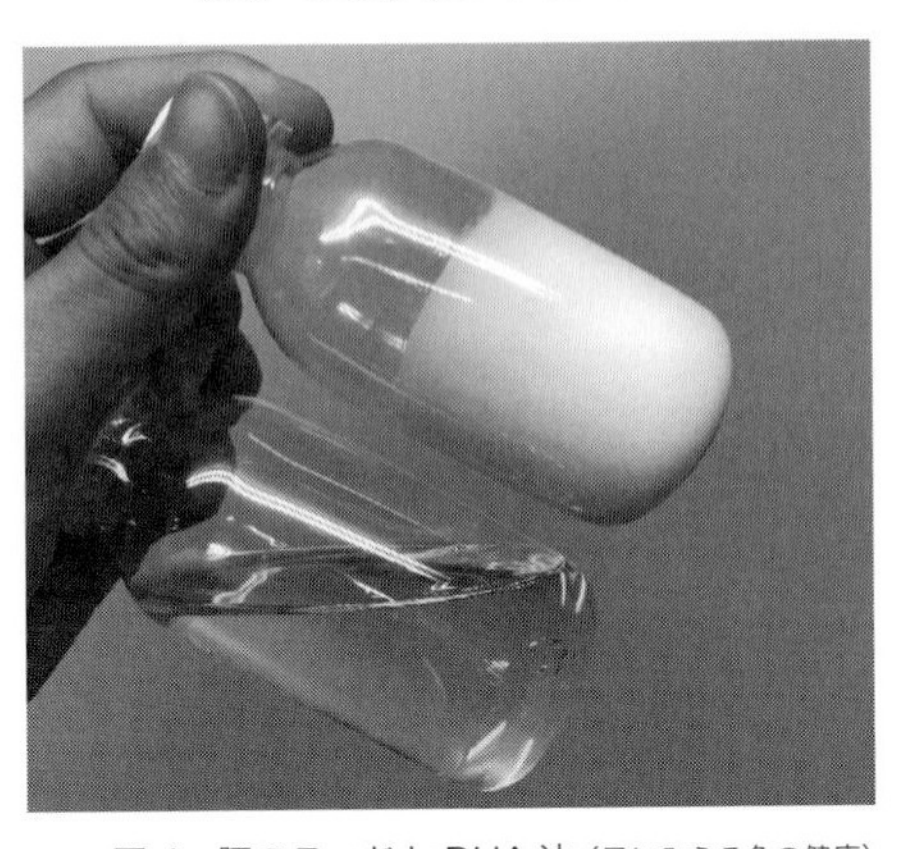

図4　豚のラードと DHA 油（目にみえる魚の健康）

魚の栄養についても、「肉と魚は脂の質が違います」として、主にエネルギーになる肉の脂と、主に生体調節機能をもつＤＨＡ・ＥＰＡなどの働きを伝え、脳細胞や視神経に多くあることを教えます。豚のラードとＤＨＡの精製油をそれぞれ小さな透明容器に入れて、常温で固まっているラードと液体のＤＨＡ油の違いを目にみえる形で伝えます（図4）。

実物を示し目にみえるようになったことで、理解する程度はかなり違ってきていると感じています。健康機能について「魚（だけ）が健康に良い」「肉よりも魚を食べよう」という言い方だったのですが、肉と魚をバランスよくとる必要性があると伝える方が、説得力があります。エネルギーをたくさん使う成長期の子どもたちは肉も食べなければいけないし、逆に肉と魚の摂取バランスが崩れている食事をしてきた人は（とくに小学生のお父さんやお母さんたち）、バランスの良い食事にするために意識的に魚をたくさんとるようにしようと話しています。

最近、付け加えたのは資源管理と環境問題です。近年の環境意識の高まりや、漁獲減少に対する正確でない論調があり、説明が必要と考えたからです。高学年向けになりますが、「持続可能な漁業認証制度」としてMSC（海洋管理協議会）やMEL（水産養殖管理協議会）なども説明し、気候変動やマイクロプラスチックの問題にも言及します。

図５　タッチプール（この大きなプールが３台と小さなプールが２台あり、それぞれに種類別のいろいろな海の生き物が入っています）

## タッチプール

生きた魚を活魚トラックで学校に運び、プールに入った魚たちに触れてもらいます。主に神奈川県の三浦半島近海で獲れたサメ、エイ、タコ、ヒトデ、ウニ、イシダイ、イセエビなどの海の生き物たちです。『タッチプールの生き物たち』というパンフレットを児童に配り、事前・事後学習に役立ててもらっています。

最初はなかなか手が出ません。生きた魚をみるのは、釣りをやる時か水族館に行くときぐらいでしょう。ましてやそれを触るというのは多くの子どもたちにとって、初めての体験に違いありません。魚が生きていることを、まず体で知ってもらう必要があります。そこから海洋生物に興味をもつか、食べたら美味しそうと思うか、スーパーの魚売場でもっと良く魚をみてみようと思うか、いずれにせよ魚と日本人の距離を少しでも縮めるキッカケになればと思っています（図５）。

## 模擬漁体験

約3キロのカツオ模型と、漁で実際に使用するものと同じ竿を使っておこなう「カツオの一本釣り体験」、魚の模型をシートの上に並べそれに向かって網を投げる「投網体験」をおこない、実際の漁業の大変さ・おもしろさを感じてもらいます。

カツオの一本釣りは、「おさかなゼミ」のビデオで実際の操業風景をみているので、漁師が軽々とカツオを釣り上げている様子と、重くてなかなか釣り上がらない自分たちの体験を比較して、プロの仕事の手際よさと大変さを学んでいきます（図6）。投網も、動かない魚の模型に向かって投げる網であっても、なかなか広がらず模型にかぶせることは難しい。網の持ち方、投げ方に漁師の知恵とノウハウが詰まっていることを経験します（図7）。

図6　模擬漁体験、カツオの一本釣り（一人ではなかなか持ち上げられない）

図7　模擬漁体験、投網（上手に投げられた!?）

## PTAおさかな料理教室

開催小学校の、希望があった保護者を対象におこないます。旬のお魚をプロの板前が講師として指導しながら参加者全員がさばき、板前が教える魚料理を試食します。参加者には話を聞いてもらいながら、ちょっとした手間で魚料理がおいしくできる調理のコツや、楽しさを体験してもらいます。料理冊子などを配布し家庭に帰った後も、魚料理や水産業のことを詳しく知ってもらうようにしています（図8）。

家庭での魚料理がさまざまな理由で難しくなっている現在、魚料理が簡単にできるという体験をしてもらえるようにしています。以前の料理教室は魚のさばき方が中心でした。それはそれで意味があるのですが、お母さん方が知りたいのは、さばき方以上に簡単にできる魚料理なのです。魚屋さんやスーパーでも三枚おろしや内臓除去をやってもらえる時代ですので、頼めることはお店に頼んでくださいとも話しています。もともとお母さんたちは、子どもたちに水産物を食べさせたいと思っているので、簡単にできる、ちょっとしたコツで美味しくなる、などの料理を知ることは家庭での魚料理の登場回数を増やす動機になります。

図８　ＰＴＡ料理教室（ひと手間でおいしく、簡単に）

### 鮮魚タッチ

数年前から「おさかな学習会」に加わったプログラムです。全校で一日を使っておこなう本来の「おさかな学習会」は、今の忙しい小学校では難しい面もあります。一方で五年生は、社会科で「水産業」のことを勉強していますし、低学年では自分の住んでいる街の人たちの仕事や生活を学ぶ時間があります。特定の学年で「おさかな学習会」をやって欲しいという声は以前からあったのですが、全校で実施して効果を発揮するという目的と、せっかく「タッチプール」をおこなっても少人数の子どもたちだけの体験で終わってしまうのではもったいない（費用的にも）ということがあり、お受けしていませんでした。

①ウツボも食べられますが……。
図９　鮮魚タッチ

数年前に「タッチプールの代わりに鮮魚を持ち込んで触らせたらどうか」というアイデアが出て実行してみました（図９①）。体育館や家庭科

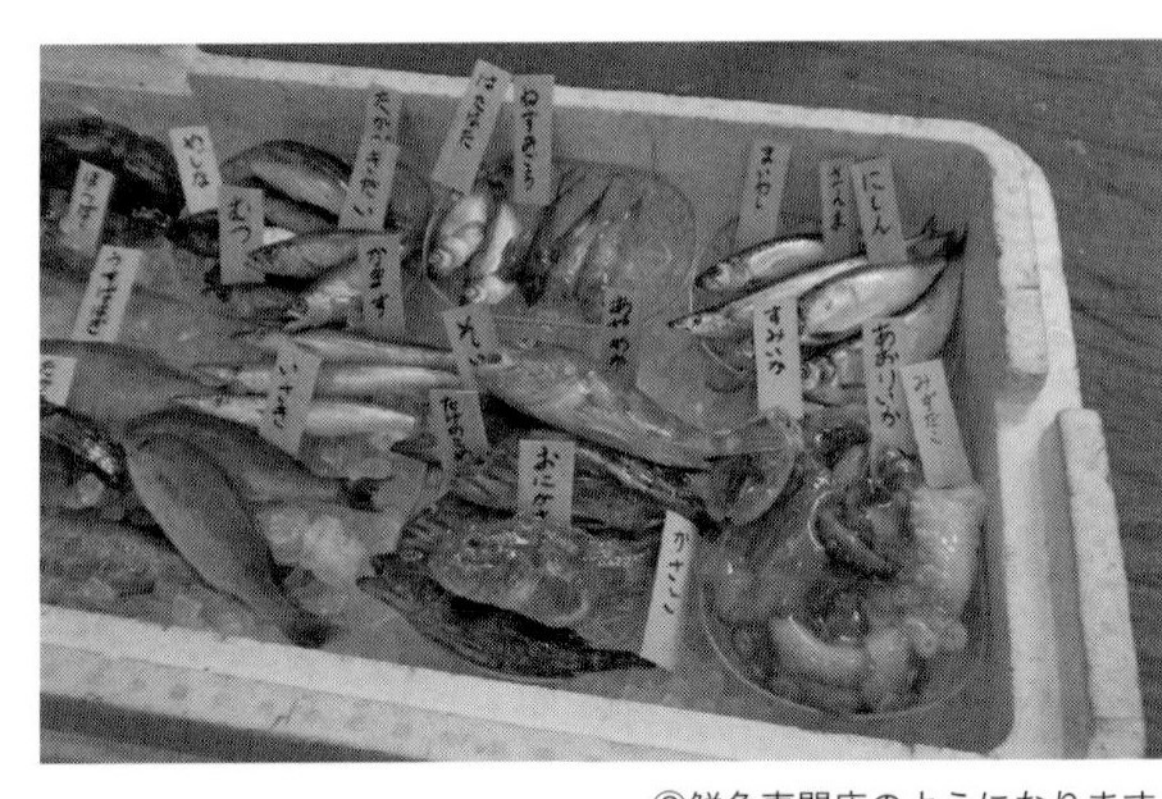

②鮮魚専門店のようになります。

③解剖、魚の体の内側をみてもらいます。

④大当たり!! 「食物連鎖」や「命をいただく」授業になります。

図9　鮮魚タッチ

室に鮮魚を一〇～二〇種類ほど持ち込み、氷の上に並べると、鮮魚専門店のようになります（図9②）。子どもたちは（実は先生方も）けっこう喜んでくれます。鮮魚専門店では、魚に触ることはできませんが、ここでは気の済むまでいろいろな魚を触ることができます。触るだけではなくて、講師が解剖してエラや心臓、胃・腸や浮き袋などをみせ説明します（図9③）。少し大型の魚を解剖し、胃のなかからカタクチイワシなどが出てくれば、これは大当たりです。目の前で「食物連鎖」や「命を頂く」授業になります（図9④）。

最後は身肉を切り身にしてザルに並べて、「スーパーではこの部分を売っています」と話し「切り身」の由来がわかります。学校側からみると、社会科の学習に理科が加わったことになりました。最近では解剖した魚を使って味噌汁を作り、海鮮味噌汁を食べてもらっています。鮮度の良い魚の出汁がでて美味しい味噌汁は子どもたちや先生の評判も上々です。ここまで来ると家庭科の領域にもなります。

全校で開催するインパクトには及ばない部分もありますが、数多くの学校で実施でき参加した子どもたちには確実に水産物の強い印象を与えているようです。

### 配布パンフレットなど

小学校「おさかな学習会」では、子どもたち全員に『タッチプールの生き物たち』『おさかなＢＯＯＫ』を、料理教室に参加する保護者には『お魚便利帳』『小田原魚おろし』を配布します。

『おさかなＢＯＯＫ』は子ども用に編集した水産業やエコラベル、環境や栄養、地域の食文化、魚の食べ方など「おさかなゼミ」で話す内容が掲載された写真やイラスト満載のパンフです。大人がみても十分役に立つ内容になっています。低学年生には「おうちでお父さん、お母さんと一緒にみて今日勉強したことをお話ししてね」といって配布しています。

『お魚便利帳』はレシピや魚料理のちょっとしたヒントや栄養について記載しています。『小田原魚おろし』は、「小田原の魚ブランド化・消費拡大協議会」が作成したパンフに本会魚食普及推進センターが協賛して増刷・配布させてもらっています。漫画風に魚のおろし方を描いたパンフで、キッチンバサミで魚をおろせる方法も描かれています。料理教室当日だけでなく、後々まで家庭での魚調理に生かしてもらうためです。これらの資料はシーフードショーや各地のイベント、「おさかな学習会」などの教材・資料として全国で活用いただいています。

以上が、本会が小学校でおこなう「おさかな学習会」の主な内容ですが、全国各地ではさまざまな内容で子どもたち向けの魚食普及活動がおこなわれています。多くは小学校高学年向けの体験・出前授業です。

たとえば「日本おさかなマイスター協会」では、「お魚には骨がある」と題した食育活動を東京を中心とした小学校で四年生から六年生を主な対象に毎年おこなっています。これはお魚についての講義と尾頭付きの魚（アジの塩焼きなど）を実際に箸で食べる体験学習の二本立てです。箸使いの指導もおこないます。

これと同様の活動は新潟市の水産卸である山津水産でも、「おさかなマイスター」が中心となって「イートフィッシュプロジェクト」として取組まれています。また日本かつお・まぐろ漁業協同組合では、マグロの美味しさを知ってもらうおうと、鮪鰹漁業に関した講義の後にマグロの漬け丼を小学生に（時には学校開放日に設定され参観に来た保護者にも）試食させています。本来は小学校では野菜も含め生ものの提供はできないのですが、この授業は「マグロの漬け丼」を食べてもらうことを条件にしており、管理職（とくに校長先生）に判断していただいて開催しています。

## 本物のもつ力・体験する大切さ

「おさかな学習会」で一番人気があるのは実際に魚に触る体験です。生きたサメのざらざらした肌触りやタコのぬるぬるした感触や吸盤が気に入る子どもたちが多いようです。鮮魚タッチでは口を開けて歯をみたり、エラに触ったりしています。魚をもって重さや形を確認したり、ヒレを引っ張り大きさや硬さをみたりする子もいます。

最近では山や川、海などの自然のなかで遊ぶ子どもたちが減ってきました。ふだん自分たちが食べている物がどういう形をしているのか、どこにいるのか、それらがどのようにして私たちの食卓まで運ばれているのか。実際に目でみて肌で感じたうえで理解することができれば教科書や授業の学びを「本物の力」で大きく膨らませることができます。

また、模擬漁体験で漁師がどのように魚を獲っているのか体験したり、おさかなゼミで漁の様子を動画でみながら水産業について学んだりすることでより理解が深まっていると感じています。子どもたちと保護者が「おさかな学習会」をきっかけに魚介類や水産の世界にもっと興味をもってくれればと期待しています。

## いろいろな体験学習をもっと子どもたちに

「おさかな学習会」は参加する子どもたちにとっては、水産業や魚介類のことをくわしく集中的に学ぶ一生に一度の体験かもしれません。それだけに学ぶ内容を具体的に印象深く理解しやすいものにしたいと思っています。一日かけて全校で実施するタッチプールを含む「おさかな学習会」

は費用や実施者の負担の関係もあり、同じ学校で毎年おこなうことはできません。鮮魚タッチなどの「おさかな学習会」であれば、講師を増やしていけば、毎年五年生におこなうことも可能です。なるべく低予算で且つインパクトの強いプログラムを、各地の経験や事例も参考にしながら今後も開発していきたいと思っています。

図10　耳石のコレクション（小さな耳石はカプセルで保管）

「鯛の塩釜焼き」はその一例です。これは豊臣秀吉が朝鮮出兵の際に、玄界灘で取れたタイを塩で包み母に贈ったことがはじまりといわれており、食文化の説明にもなります。この料理名を聞くと、少々たいへんそうな気がしますが実は割と簡単な調理です。オーブンで三〇分ほど焼く間に講義もできますし、木槌で塩釜を割る作業は子どもたちも喜んで参加します。誕生日やパーティーなどでも使えるよと話し、イベント的要素と食文化の話をすることで印象深く講義を聴き、おいしいといって試食をします。

「魚の耳石ハンターになろう！」は名古屋発の体験学習です。魚の耳石を自分で食べた尾頭付きの魚から取り出しコレクションするものです（図10）。魚には種類ごとに形や大きさの違う耳石があり、理論上は食べられる魚の種類だけ集めることができます。形や大きさや採取する難易度がそれぞれ異なるために、何回かおこなうとかなりの人が「ハマリ」ます。名古屋のある小学生は、一年ほどで二〇〇種類以上の耳石を集め、将来は水産関係の研究者になりたいといっています。昔の野球カードや今のポケモンカードなどと同じ人間の「集める」本能にうったえ、ゲーム感覚で他人と競争することでもコレクションが増えていきます。

これら以外にも、「煮干の解体ショー」や「チリメンモンスター」なども手軽にできる魚食普及活動のメニューです。金沢の漁協の方は、「漁業用浮き玉と魚網」を使って、アクセサリー造りをおこない子どもたちの漁業への関心を高めようとしています。

## 子どもたちの未来のために伝えていきたいこと

おさかな学習会を通じて感じるのは、子どもたちは「魚が好き」だということです。魚離れといわれている昨今ですが、実際に小学校で子どもたちに「魚は好きですか」という質問をするとほとんどの子から「好き」、「おいしい」という答えが返ってきます。ＰＴＡおさかな料理教室に参加して頂いた方へのアンケート調査においては、子どもたちの魚介類摂取状況についての質問に対して「魚介類をもっと増やしたい」と回答した人は約九〇％にものぼりました。子どもの時に美味しい魚料理を食べる経験をすることで、一生忘れない味にしてほしいと思います。

おさかなゼミの最後には毎回子どもたちに「You are what you eat」と伝えています。体に良いもの・悪いもの、自分が食べたものは全て自分自身を形成するものとなります。子どもの時の食事というのは、親や周囲の大人たちの支えなしには成り立ちません。私たち大人が正しい食生活や魚食の大切さを伝えていくことで、将来子どもたちが健康的な生活を送ることができ、水産業だけでなく日本の一次産業の振興へと繋がっていくのです。目にみえた効果というのはなかなか表れにくい活動ではありますが、今まで経験したことのないこと、知らなかったことや、魚はこんなにも美味しいものなのだということを一人でも多くの子どもたちに伝えていけるように、これからも魚食普及活動に取組んでいきたいと思います。

## コラム◉体験！漁村のほんなもん―民泊受け入れの取組み

荒木直子（新松浦漁協女性部部長）

### 地域の概要

私たちの活動拠点である松浦市は長崎県の北部に位置し、伊万里湾に面しています。二〇〇六年に旧松浦市、鷹島町、福島町の一市二町が合併し、新「松浦市」としてスタートしました。人口は約二万六〇〇〇人、面積は約一三〇平方キロメートルで、気候は対馬暖流の影響により温暖で、年間平均気温は一六度前後となっています。私の所属する新松浦漁協女性部は二〇〇五年の漁協合併にともない、二〇〇七年に四つの女性部が合併して誕生しました。現在の部員数は三〇三名と大所帯ですが、女性部全体で視察研修やスポーツ大会、地元イベントへの参加など自主的な活動に取組んでいます。

### 民泊の受け入れの動機

「魚離れ」が問題視される中、私たち漁協女性部では地元の小中学生を対象とした魚料理教室の開催や、未利用魚を活用した水産加工品の製造・販売を通して、魚食文化の継承と、豊かな食生活を維持するための「魚食普及活動」に取組んでおりましたが、都市部に暮らす共働きの家庭においては一人で食事をとる子どもたちが増えていると聞き、そんな子どもたちの食事風景を思い浮かべては心を痛めておりました。そんな思いを抱いていた二〇〇三年、「まつうら党交流公社」から漁協に、都市部の修学旅行生を対象とした魚料理体験の実施と、民泊を受け入れる漁家の協力について問い合わせがありました。「まつうら党交流公社」とは、漁村や農村に生活する人と、農漁村の生活に興味をもつ人びととの橋渡しをおこない、農林漁業体験の推進を図ることを目的として、二〇〇二年に発足した民間団体です。

相談を受けた漁協は、家をきりもりする女性たちが参加・協力しなければ民泊への取組みは不可能だろうと判断し、私たち女性部に相談がもちかけられました。食への関心や家族で食卓を囲むことの楽しさが忘れられつつある中、「食育」の重要性を強く感じていた私たちは、これをチャンスと思い、

民泊の受け入れ新松浦漁協女性部。
賞状をもっているのが筆者

女性部員で民泊の受け入れを引き受けることにしたのです。

## 取組み内容と成果

民泊に来る修学旅行生の多くは、関東・関西方面の都市部の中高生です。性別や学校側から届く情報をもとに、四～五名の子どもたちを一グループとして各家庭で受け入れます。対面式をおこなった後、それぞれの家に移動し、いよいよ漁家での生活体験が始まるのですが、つけまつげを付けた女子生徒や、ズボンを腰まで下げてはく男子生徒など、いわゆる「都会っ子」ならではの風貌をみると、この子たちとなじむことができるのだろうかと不安になることもあります。しかし家に入れば「家族の一員」です。漁家の生活を体験してもらうことが目的ですので、食事の準備や、布団敷きなどの手伝いはもちろん、お風呂も家族と共有し、都会では味わえない体験を子どもたちに経験してもらいます。

魚を使った料理体験では、「切り身」しかみたことがない子どもたちにとって、みることもまれな「丸ごとの魚」を、三枚におろすことからはじめます。生徒のほとんどが初めての経験で、少し大げさに聞こえるかもしれませんが、包丁の使い方はもちろん握り方も分かりません。ノコギリのように包丁を使う生徒、どうやればいいのかわからずに呆然とする生徒、中には魚に触ることもできない生徒もいます。しかし、根気よく教えているうちに次第に上達していき、最後には立派に魚を捌(さば)けるようになるとともに、普段は魚を食べないという子も、「自分たちでつくりあげた料理はおいしい！」と、たくさん食べていきます。

都会の子どもたちを自宅に泊め、慣れない生活を体験させるわけですが、子どもたちの順応性は高く、しばらくするとすっかり打ち解けて家族の一員になってくれます。家族として接することで、家庭の温かさや人と付き合うためのルール、みんなで食事をとることの楽しさを伝えられているのではないかと実感しています。

しかし、すべてが順調に進んだわけではありません。農家に比べ漁家民泊は人気が高く、時には受け入れ漁家が足りなくなる状況がありました。このため他の漁家にも民泊受け入れを呼び掛け、当初は一〇戸であった受け入れ漁家が、現在では一〇〇戸以上にまで増加しています。他にも食事はもちろん犬や猫などに対するアレルギーや、心に問題を抱えた子など、子ども一人一人の特徴に対する心配りが必要となる場合もあります。これは大変重要なことですので、事前に学校側から子どもたちに対する情報をいただき、問題が生じないよう十分な配慮を心がけています。

### 民泊活動による漁業の魅力の発信

こうした取組みが認められたのか、遠方からの依頼や着実なリピーターの増加にともない、民泊の希望者数は年々増加しています。「まつうら党交流公社」では、農林漁業が一体となった体験受け入れの取組みを推進しているため、農林漁業全体での実績になるのですが、平成一五年度には七校、一〇〇〇人であった体験者数が、平成二五年度には一六五校、三万人と約三〇倍となっています。

また民泊受け入れを通じて、受け入れ漁家、とくに高齢の方が元気になっていることを感じています。漁村地域と都市部との交流を図ることで、地域や漁業の魅力を発信できることはもちろん、地域に暮らす人たちが生き甲斐を感じ、自分たちの仕事に対する「やりがい」を感じるよい機会にもなっているのではないでしょうか。民泊活動に手ごたえを感じ、少しずつ活気づいてきた漁村、漁業の魅力を発信し元気を取り戻しつつある漁業、私たちはこの流れを止めないよう、前進するとともに、若い世代が安心して漁業を継承できる環境を築けるよう、頑張っていきたいと思っています。

最後になりますが、「食育」は、頭の教育である「知育」、心の教育である「徳育」、身体の教育である「体育」、この三育の基礎ともいえます。もっと多くの人に、魚のおいしさ、そしてみんなで食べる楽しい食事のあり方について考えて欲しいと、切に思います。

これからも私たちの家族となった子どもたちが一人また一人と増えていき、「魚のおいしさ、そして私たちの思いと願い」を届けてくれることを願っています。

(注)タイトルの「ほんなもん」は、長崎弁で「本物」という意。

# 13 海を活かしたまちづくりに向けて

古川恵太
（公財）笹川平和財団海洋政策研究所上席研究員）

## 「さとうみ庵」にて

小雨のなか、小さな木造の小屋に案内された。そのなかは、驚くほど簡素で外壁の板壁に囲われているばかりの空間で、囲炉裏に炭の火がおこされていた。その暖かさにほっとしながら、座って待っていると、魚介をのせたお皿をもって、海で働く人の白装束に身を包んだ海女さんが入ってきた。

こちらの様子を特段気にするようでもなく、言葉少なに手際よく準備を進め、さっそくカラフルなヒオウギガイが焼かれはじめた。思っていたよりも頻繁に面倒をみて、やがて貝が開き、こうばしい磯の香りと湯気が立ってくる。頃合いをみて「はい」と取り皿に分けてくれる。ほおばり、かみしめるとなんだか懐かしい味がする。

図1　さとうみ庵

サザエ、スルメイカ、干物、アオサの味噌汁、ヒジキの釜めし……口のなかのイカの歯切れよさや魚の身の弾力、くちくなっていくお腹に逆らって止まらぬ箸、ポツポツと交わされる漁の話し、雨音、ゆったりとした豊かな時間がそこにはあった。

ここは、志摩市

の観光協会が経営している海女小屋体験施設「さとうみ庵」。現役の海女さんが客人を海女小屋に招き入れ、新鮮な魚介でもてなしてくれる。小屋と海女さんと食事と話、それらが一体として形作るおもてなしが実現されている。この背景には、豊かな海の恵みとそれを支える環境、そして海女文化を支えてきた人々、観光と漁業を両立させる試み、これも海を活かしたまちづくりのひとつの形である。

## 志摩市の沿岸域の発展

志摩市は古くより「御食国（みけつくに）」と呼ばれ、豊富な魚介類を中心とする海の恵みや伝統行事を継承してきた。一九世紀末の真珠生産技術の確立により、真珠生産が本格化した。一九四六年に、志摩市の全域が伊勢志摩国立公園に指定され、その指定書には、英虞湾（あごわん）、的矢湾（まとやわん）の複雑なリアス海岸とそこに浮かぶ大小多数の島々の優美な景観、志摩半島周辺海域の藻場と内湾の干潟といった生態系、常緑広葉樹の植生、人々の営みと自然が織りなす里山里海が記載されている。

しかし、その後、真珠養殖の不調、水産漁獲量の減少、観光業の落ち込みなどの地域産業の衰退がおこった。その原因は、閉鎖性内湾である英虞湾の環境悪化とされており、貧酸素水塊や有毒赤潮の発生、底質の悪化がとくに大きな問題であった。そうした状況の打開策として、二〇〇三年から通称「英虞湾再生プロジェクト」と呼ばれる産・官・学と地元が連携した地域結集型共同研究事業「閉鎖性海域における環境創生」プロジェクトが実施された。それは干潟造成を軸とする自然再生技術の確立、湾内の水質を常時監視し配信するシステムの構築といった、まさに地域を結集し地元が主導する展開を期待させる成果をあげた。

そうした成果は、二〇〇四年に五町合併により生まれた志摩市に継承され、沿岸域の「自然保護・再生の推進」を進めるとうたった「志摩市総合計画（二〇〇六—二〇一五）」にまとめられた。この動きを主導したのが、竹内千尋志摩市長であり、フランスで開かれた第七回世界閉鎖性海域環境保全会議（ＥＭＥＣＳ７）や沿岸環境関連学会連絡協議会（通称「沿環連」）のジョイントシンポジウムに自ら参加し、英虞湾再生をテーマに講演するなど英虞湾の再生には極めて積極的であった。

その後、二〇〇八年に就任した大口秀和市長は、英虞湾・

図2　志摩市・英虞湾空撮

的矢湾・太平洋沿岸を一体として地域振興を推進することを決意し、東アジア海域環境計画パートナシップ（PEMSEA）の取組みなどを参考に、沿岸域総合管理の手法を用いて取組むこととなった。二〇一一年にまとめられた志摩市総合計画（第一期後期）には、志摩市が重点的に取組んでいくこととして「新しい里海創生によるまちづくり」がかかげられ、「稼げる！」「学べる！」「遊べる！」を目指すために、市民と行政が協働する住民自治を目指すと記された。そうした市庁舎内と住民をつなぐ協働体制の要として農林水産部の下に設置されたのが「里海推進室」である。

「里海推進室」を中心とする展開に入る前に、ここで、沿岸域総合管理について若干の説明を挟みたい。

## 沿岸域総合管理とは

一九八二年に採択された国連海洋法条約の前文には「海洋における様々な課題は相互に密接な関連を有しており、総合的・俯瞰的に検討される必要がある」と記されている。わが国の海洋基本法においても「沿岸の海域の諸問題がその陸域の諸活動等に起因し、沿岸の海域について施策を講ずることのみでは、沿岸の海域の資源、自然環境等がもたらす恵沢を将来にわたり享受できるようにすることが困難である」とある。

このように、自然的社会的条件からみて一体的に施策が講ぜられることが相当と認められる沿岸域（海域及び陸域を含む）を総合的に取り扱う手法が沿岸域総合管理（ICM：Integrated Coastal Management）である。沿岸域総合管理は、一連の国連環境開発会議（一九九二年のリオ・サミット、二〇〇二年の持続可能な開発に関する世界首脳会議（WSSD）、二〇一二

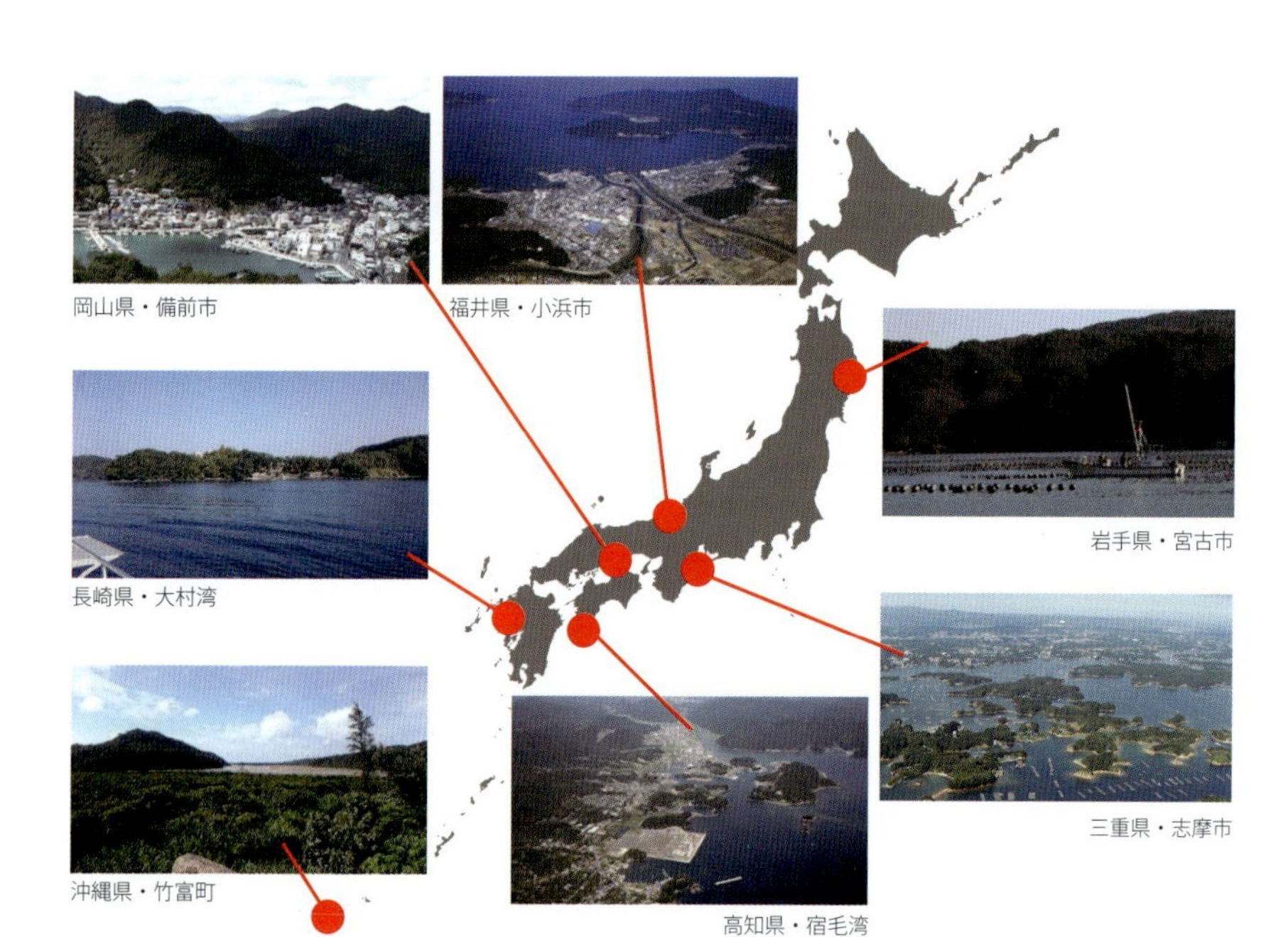


図３　沿岸域総合管理のモデルサイト一覧

年のリオ＋二〇）、二〇一四年の小島嶼開発途上国国際会議（ＳＩＤＳ二〇一四）、二〇一五年に策定された国連二〇三〇アジェンダ等において、その必要性と有効性が認知されてきたシステムである。

わが国においても、二〇一三年に閣議決定された第二次海洋基本計画において「各地域の自主性の下、多様な主体の参画と連携、協働により、各地域の特性に応じて陸域と海域を一体的かつ総合的に管理する取組を推進することとし、地域の計画の構築に取組む地方を支援する」と記されるとともに、二〇一八年に閣議決定された第三次基本計画においては、「里海」づくりの考え方を取り入れ、それを支える協議会活動の普及拡大に向けた支援の具体化をはかることによる沿岸域の総合的管理の推進がうたわれている。

沿岸域総合管理の具体的な実施プロセスとしては、一）海陸を一体とした状況把握、二）地域の関係者による合意形成、三）関連計画との整合に配慮した沿岸域総合管理計画の策定、四）順応的管理による沿岸域総合管理事業の実施（実施計画の策定、体制構築、事業実施を含む）、五）沿岸域総合管理計画の評価と見直しがある。

笹川平和財団海洋政策研究所は二〇一〇年より「沿岸域

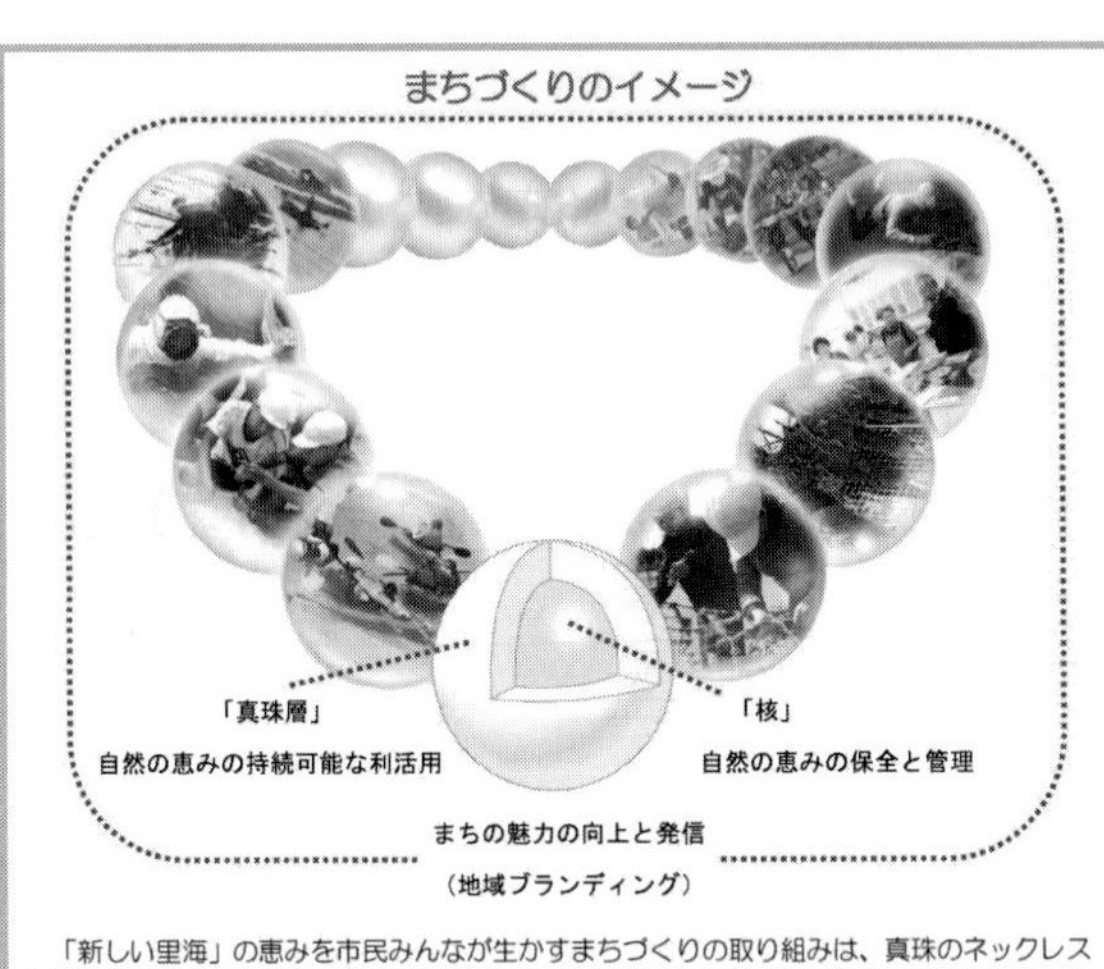


図４　志摩市里海創生基本計画に示されるまちづくりのイメージ

の総合的管理モデルに関する調査研究」を実施し、五つの地域（モデルサイト：宮古市、小浜市、志摩市、備前市、宿毛湾）において、沿岸域総合管理の実施による地方の活性化に取組む地方自治体を支援し推進してきた。二〇一六年度からは、モデルサイトに大村湾・竹富町を加え、日本型の沿岸域総合管理モデルの確立を目指してきた。

## 志摩市里海創生基本計画の策定と展開

さて、二〇一一年に「里海推進室」を設置した志摩市は、さっそく基本計画策定のための委員会（委員長：高山進三重大学教授）を招集し、翌年三月に志摩市里海創生基本計画（別名「志摩市沿岸域総合管理基本計画」）を策定した。この基本計画では、取組みを実施する区域として、明確に市の全域にわたる陸域と、共同漁業権が設定されている海域を含むものとし、地域的な特性をふまえ、英虞湾沿岸域、的矢湾沿岸域、太平洋（熊野灘）沿岸域の三つの地域分けもおこなった。さらに、基本計画では、取組みの基本方針を真珠の層構造になぞらえ、一）「核」となる「『自然の恵み』の保全と管理」、二）「真珠層」となる「沿岸域資源の持続可能な利活用」、三）「輝き」を放つ「地域の魅力の向上と発信（地域ブランディング）」として示し、その成果として、豊かな自然環境の保全と再生、持続的・安定的な農林水産業の実現、魅力的な観光地の創生、次世代を担う人材の育成、里海文化の継承を達成することが目標としてかかげられた。

二〇一二年八月には、そうした取組みを推進し、評価する母体として、基本計画に基づいて「志摩市里海創生推進協議会」が設置された。当該協議会には、市の関係部局が全て参画する他、県、国の関係機関、商工会、観光協会、大学、市民からの公募メンバー等、二三名の多様な関係者がメンバーとして参画した。

図５ PNLG 集合写真

協議会は、関係団体の活動実績についての共有や、重点的に取組む事業の推進方策等についての協議をおこなう場として、市民と行政を結ぶ役割をもっており、里海推進のための主な事業として「里海学舎構想」「干潟藻場の拡大」「地域資源のテキスト化」を推進することとし、市の担当部局や商工会、環境省等からの取組み状況の報告と、それに対する審議により協議が進められた。

しかし、こうした市民主体の協議会体制がはじめから順風満帆で展開したわけではなく、参加メンバーが協議会や志摩市里海推進基本計画の趣旨を理解し、何をすべきかについて考え、行動に移していくためには、長い時間と丹念な対話の継続が必要であった。また、そうしたなかでの展開は、ゆっくりと醸成されていく変化とともに、いくつかの象徴的な転換点をもっていた。

そうした展開の転換点は、前述のＰＥＭＳＥＡに参加する地方自治体の総会（ＰＮＬＧ）の主催（二〇一二）であり、二〇一五年の「第八回海洋立国推進功労者表彰」（内閣総理大臣賞）の受賞、二〇一六年のＧ７伊勢志摩サミットの開催と、志摩市里海推進計画の改定、二〇一七年の全国アマモサミットの開催、「鳥羽・志摩の海女漁の技術」の国の重要無形民俗文化財への指定、「鳥羽・志摩の海女漁業と真珠養殖業」の日本農業遺産指定などである。

国際的・国内的なプレゼンスが高まり、その取組みがあらためて市民に受け入れられることで、協議会メンバーの

図6　志摩の産物一覧

意識が高まっていった。それを象徴する発言が、二〇一六年の協議会においてなされた。それまで協議会の議論を黙って聞いていた山崎勝也自治会連合会会長が口を開いた。「協議会の目的をあらためて問うならば、様々な取組みの根幹として、環境再生を目指すべきである。そのためには住民参加型の取組みでなくてはならず、自治会連合会としてできることをしていく」という決意表明がなされた。その言葉は重く、すぐに干潟再生の事業を先導していた環境省が地元説明に入り、ほどなくして、新たな干潟再生地区の候補が検討されるに至った。

その後、二〇一六年三月に策定された第二次志摩市里海創生基本計画においては、協議会の体制や役割についても見直しがなされた。協議会での議論の活発化や目標を達成するための取組みを市民団体とともに実施していく仕組みを構築（個別のプロジェクトを推進するワーキンググループの設置）し、その横断的な連携の強化が図られてきている。そして、二〇一六年一二月に再選した竹内千尋市長は、重点施策のひとつとして、志摩の優れた産物（真珠、伊勢エビ、的矢カキ、アワビ、アオサ、キンコイモなど）の増産・増殖を図り、御食国の歴史を活かし、食を通じたまちづくりに総合的に取組むとした。二〇一八年には「持続可能な御食国の創生」を目指し、内閣府が推進するＳＤＧｓ（持続可能な開発目標）未来都市に選定されている。

## 伊雑ノ浦漁業再生協議会の発足

もうひとつ、志摩市里海創生推進協議会に端を発した動きとして、伊雑（いぞう）ノ浦漁業再生協議会がある。伊雑ノ浦は、的矢湾の湾奥に位置しており、かつては豊かなアマモ場が広がっていた。英虞湾同様、開発による水質悪化に加え、神路川に一九六八年には恵利原ダムが、一九七四年には神路ダムがつくられた。その影響とみられる流下流量の減少、海底の泥質化、濁りの発生などが複合的に働き、アマモ場は消失、豊かな海草場であるアオサノリ（ヒトエグサ）の生産も激減した。

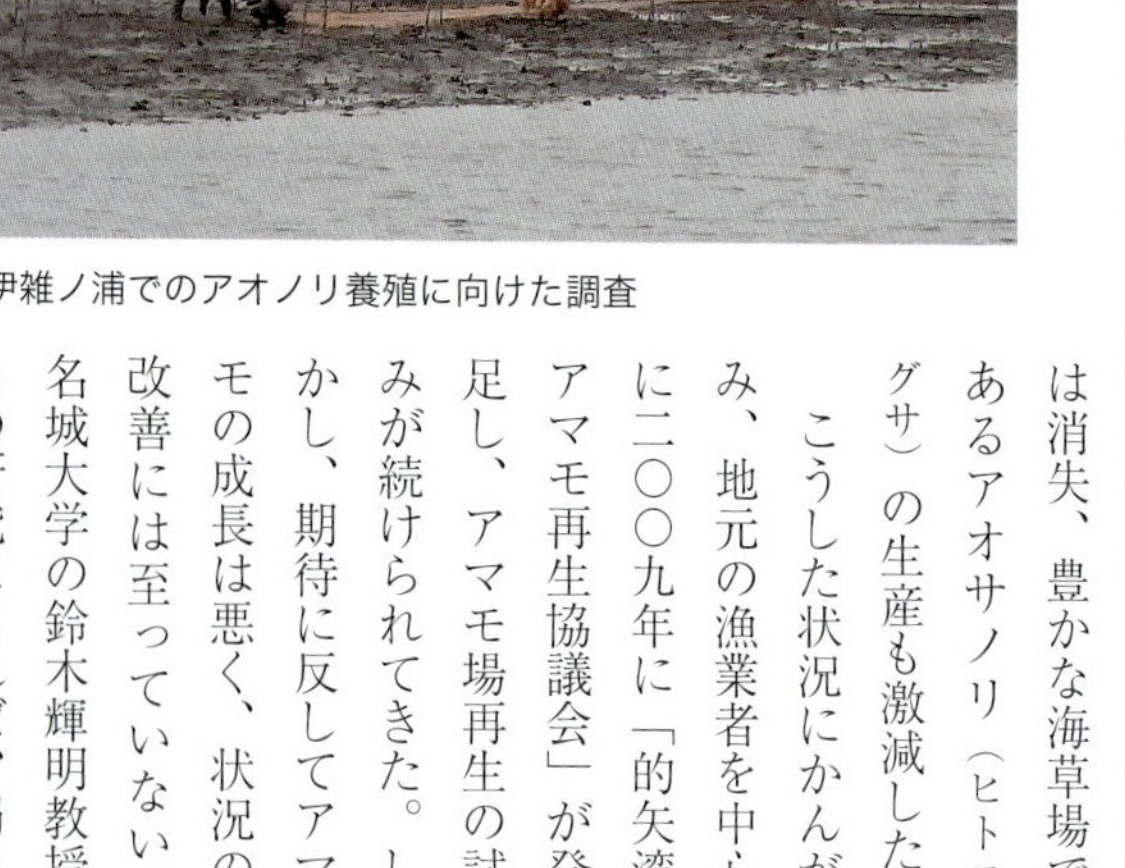
図７　伊雑ノ浦でのアオノリ養殖に向けた調査

　こうした状況にかんがみ、地元の漁業者を中心に二〇〇九年に「的矢湾アマモ再生協議会」が発足し、アマモ場再生の試みが続けられてきた。しかし、期待に反してアマモの成長は悪く、状況の改善には至っていない。名城大学の鈴木輝明教授らの研究によれば、濁りの発生には浅場での再懸濁過程が関係しており、抜本的な対策のためには浅場の埋め立てや航路の浚渫など土木的な施策の実施が効果的とされた。しかし、地元には大幅な地形改変に対しての抵抗感もあり、方向性がみいだされないまま、時間がすぎていた。

　転機のひとつは、二〇一七年の「全国アマモサミットin伊勢志摩」であった。地元の漁業者が現状を報告し、対策の必要性・難しさを、全国の関係者に向かって訴えた。会場全体での議論を経て、サミットで採択された宣言文には、伊勢志摩に古くより存在した藻場と、そこで育まれた魚介や海藻などの恵みに育まれた文化があり、アマモ場の減少、海中林の磯焼けにともなって、「豊か」だった「資源」の持続性が脅かされていることが現状認識としてかかげられた。そして、それに対する行動として、地元の人々が主体的・積極的に参加することの必要性が指摘され、それぞれの関係者の行動に向けた約束が列挙された。そのなかで、漁業者はいつまでも利用できる海の再生を主体的に担うこと、研究者は水質が悪くなった原因の把握に努めること、行政はそうして把握された状況を踏まえての取組みを検討すること、そのために何をすべきかをみなで考え、連携して実行に移していく仕組みを手に入れることと記された。

それが二〇一八年七月に伊雑ノ浦漁業再生協議会が発足したひとつのきっかけになった。漁業者が中心となって設立された本協議会の発足会には、漁業者、自治体連合会、商工会、環境協会、国・県の関連行政部局、関係企業、研究機関などが参加した。今後、状況把握だけでなく、広く関係者を巻き込んで何をすべきかについての議論が深められていく予定である。伊雑ノ浦の協議会の動きは、志摩市里海創生推進協議会においても報告され、連携して問題に解決にあたることが確認されている。地元の当事者から端を発するボトムアップの活動が市・県・国へと鉛直的に広がるとともに、地域的にも水平展開してきている。一日も早い、かつ持続的な伊雑ノ浦の、ひいては的矢湾の環境再生につながり、かつての様に豊かな海の幸の供給が復活することを祈念する。

## 新たな展開への胎動

志摩の海女小屋で海女さんから聞いた話のなかで、海の幸を守るためのヒントがあった。それは、本書の故石原義剛館長による「海女さんは、すごい！」（第1章2）に書かれているように、ウェットスーツを着ての漁が乱獲になりがちだったことを受け、志摩の海女さんは、その厚さを制限し、自ら資源の保全に努めてきたということであった。

しかし、そうしたローカル・ルールは、明文化されているわけではなく、罰則があるわけでもない。後から参入してきた海士（あま）（男の海女さん）らのなかには、厚いウェットスーツを着るものもあるという。海を守ることが海の幸を守り、その恵みを享受する我々につながっていることを認識し、賢く海の幸を持続的に利用する社会の実現が望まれている。

漁業に関する規律は、古来の慣習法を根拠としており、その遵守は構成員である漁業者に託されてきた。一七四二年に「沖は入り合い、磯は根付き」のお触書が出され、明治四三（一九一〇）年のいわゆる明治漁業法によって漁業権（定置、区画、特別、専用）が明文化され漁業権の付与主体として漁業組合が形成された。昭和二四（一九四九）年の現行漁業法および水産業協同組合法施行により、その位置づけは明確となり、現在では、漁業協同組合は、漁業指導、漁獲物の販売・流通はじめ、金融・保険サービスの一端も担うようになっており、海を活かした地域の振興に欠くべからざるプレイヤーである。

沿岸域総合管理は、そうした地域の慣習、文化、社会・自然環境などを総合的に検討し運営するためのシステムとして発展してきた。沿岸環境の把握、沿岸域総合管理計画の策定と、地元の多様な関係者が参画する協議会組織を柱とするシステムが目指す方向性についての指針を再考する時期に来ているのではないだろうか。

## ブルーエコノミーの実現に向けて

おりしも二〇一五年の国連総会で国連二〇三〇アジェンダが採択され、そのなかで示された一七のＳＤＧｓの一四番目に「海洋と海洋資源の持続可能な利用」が掲げられた。二〇一七年には、その実現のために国連海洋会議が開催され、これから国際社会が協働して取組むべきことを列挙した成果文書「行動の要求（Call for Action）」の採択の他、マルチ・ステークホルダー対話の要旨、誰でも自らの寄与を宣言できる「自発的約束（Voluntary Commitments）」などの成果が今後の世界の努力すべき方向性として示された。

国連海洋会議では、多くの国、地域、国際機関から沿岸域総合管理（ＩＣＭ）を用いて、環境の保全に取組み、持続的開発（地域振興）を実現するという発表や約束が提示された。そのなかで、注目されたのが「ブルーエコノミー」という言葉である。

ブルーエコノミーという言葉が本格的に使われだしたのは、二〇一二年の国連持続可能な開発会議リオ＋二〇であった。この時、会議の準備会合で様々な国、機関が自然資産や生態系サービスに結び付けた海洋の価値、島嶼（とうしょ）における小規模漁業や経済等をブルーエコノミーとして論じたが、統一的な定義に至らず、成果文章には書きこまれなかった。しかし、二〇一四年には、国連の持続可能な開発知識基盤において、ブルーエコノミー概念書がまとめられ、ブルーエコノミーを、海洋資源に頼る（頼ることとなる）世界において、低炭素、資源の有効利用、社会参加により「環境リスクや生態劣化を顕著に減らすことで人々の福祉と社会的均等を改善する」ものとした。

その後、二〇一五年の世界海洋サミットの経済関係者のイベントで経済専門家情報ユニットが、ブルーエコノミーは持続可能な海洋経済と同義であるとし、「それを支える長期的な海洋生態系の容量、強靭性、健康度とのバランスを保った持続可能な海洋における経済活動」を定義として

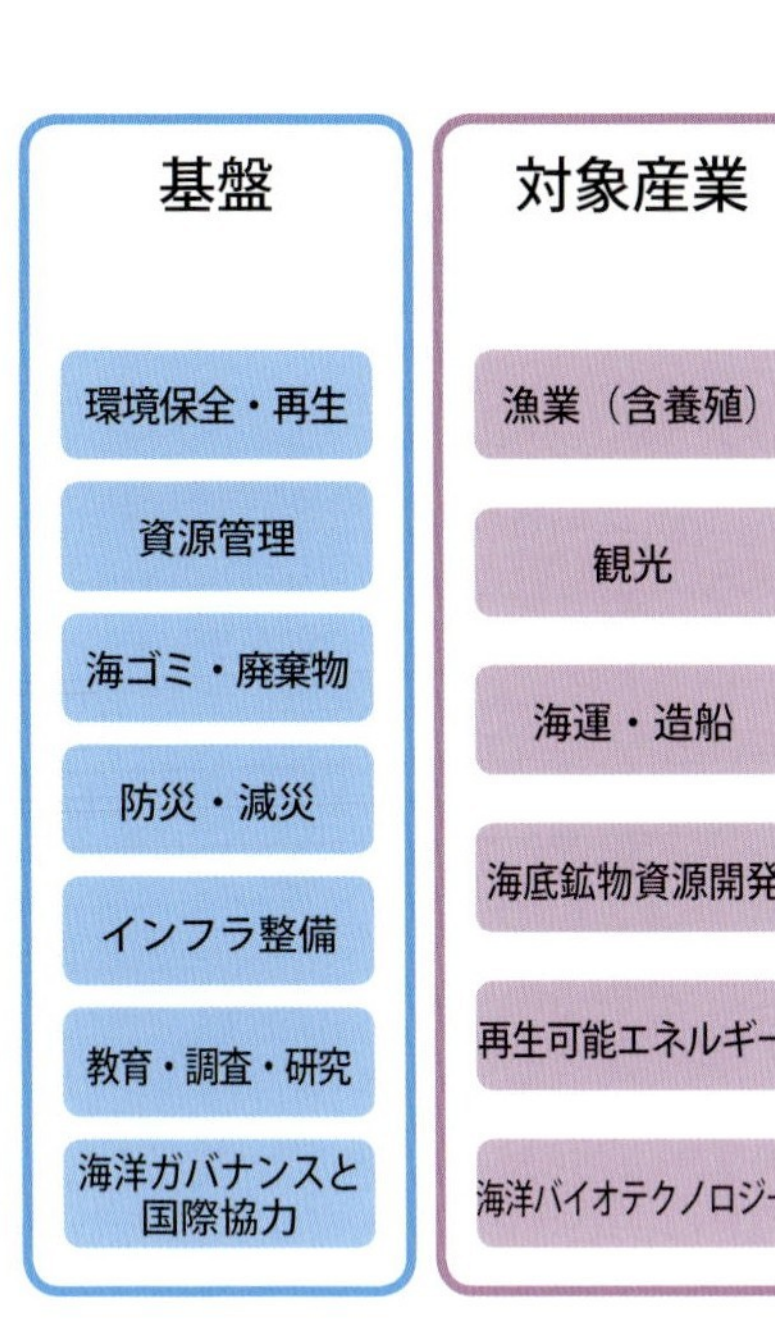
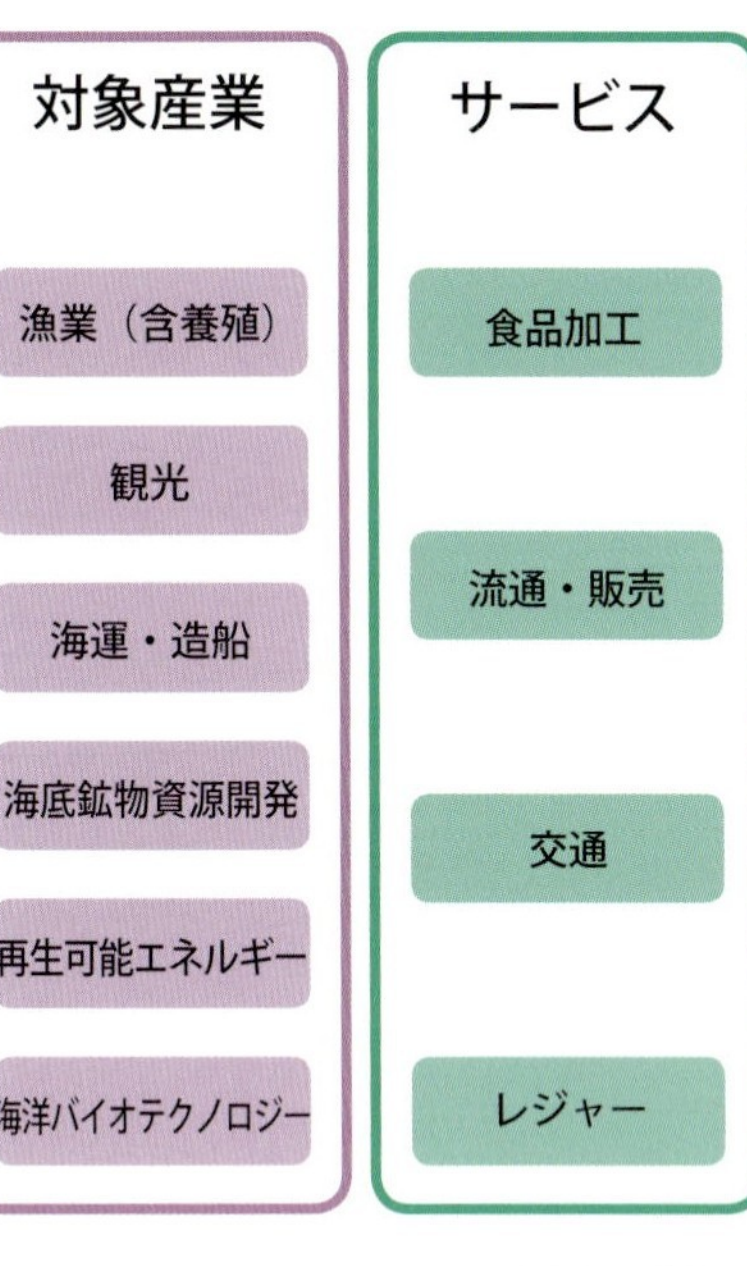

図８　ブルーエコノミーの範囲と概念図

提示した。欧州連合（EU）では、二〇一二年に欧州員会報告として「海洋・海事の持続可能な成長のためのブルー成長の機会」を発出し、ブルーエコノミーに関係するセクターを列挙するとともに、それらが相互に連関することを強調し、各国およびEUとしての取組みを推進すること、重点分野として「海洋エネルギー」「水産養殖」「観光」「海底鉱物資源開発」「海洋バイオテクノロジー」があることをかかげた。

東アジアでは、二〇一五年に、地域国際機関であるPEMSEAが「東アジアにおけるビジネスのためのブルーエコノミー」を発表した。ここでは、ビジネス界との発展的なパートナーシップの構築を目指し、鍵となる九つの産業として「漁業と養殖」「港湾と海運」「リゾート・沿岸開発」「石油とガス」「沿岸工業」「海底資源開発」「再生可能エネルギー」「海洋バイオテクノロジー」「海洋技術と環境サービス」をかかげている。

こうした先行の成果を受けて、海洋政策研究所は図８に示すように、ブルーエコノミーを持続可能な「対象産業」、それを支える「基盤」、産業が提供する「サービス」、それらによって実現される「持続可能な社会システム」を含むものとしている。

## 備前市の「里海・里山ブランド」という選択

わが国におけるブルーエコノミーの先駆的な取組みとして位置づけられるのが、岡山県備前市の「里海・里山ブランド」の確立に向けた動きである。発端は、「日生千軒漁師町」として知られる日生町漁業協同組合のアマモ場再生の活動であった。日生では、坪網と呼ばれる小型の定置網漁、カキの養殖、底曳き漁が営まれている。その日生漁港には五味の市と呼ばれる採れたてのカキや魚介の直売場があり、年に一回開かれる「ひなせかき祭り」では、プリップリに大きく太ったカキを目当てに、多くの人が集まり、カキ渋滞が発生するほどの賑わいをみせる。また、日生には坪網で取れた小魚を食べる「小魚文化」があり、テンジクダイ（現地名：イシモチ）のから揚げや、サルエビ（現地名：ガラエビ）、ヒイラギ（現地名：ゲッケ）などが好んで食されている。

図９　備前市・中学生のカキ剥き後のカキ小屋体験

　かつての日生には、こうしたカキや小魚が普通に漁獲できている今からは、想像できないような危機的状況があったと言われている。それは、一九八〇年代の事であった。徐々に漁獲量が減ってきていた瀬戸内海において、日生も例外ではなかった。当時、日生町漁協の本田和士氏がその原因をアマモ場の衰退に求めた。一九五〇年代に五九〇ヘクタールあったアマモ場は、最小で五ヘクタールまでになっていたのである。

　そこで、本田氏を中心とする青年部の有志がアマモ場再生に立ち上がり、岡山県水産課など専門家のアドバイスを受けながら、採種・播種や底質改良の取組みをはじめたのが一九八五年であった。その後、一進一退の再生事業を台風が襲い、壊滅的被害を受けるなど、困難な活動を三〇年以上継続してきた結果、二〇一五年には、かつての半分近く（二五〇ヘクタール）の再生に成功するなどの成果をあげた。とくに二〇一二年からは岡山コープが、二〇一三年からは日生中学校の中学生がアマモ場再生活動に参加するなど、その取組みは広がりをみせてきている。とくに、中学生は、アマモ場が再生された豊かな海でカキを育て、収獲し、食べるという体験を合わせておこなっている。

二〇一六年の「全国アマモサミット二〇一六 in 備前 備前発！里海・里山ブランドの創生―地域と世代をつなげて」を契機に、備前市あげての海のまちづくりの取組みが一気に進むこととなり、二〇一七年二月に「備前市里海里山ブランド推進協議会 with ICM」が設立された。当該協議会には専門委員会と四つの専門部会（ブランド戦略部会、商品開発部会、観光戦略部会、まちを愛する物語部会）が設置され、協議会が認証するブランド「みんなでびぜん」には、三国（備前市吉永町）地区の「黒にんにく」を使用した「日生カルパッチョソース」、日生カキの燻製オイル漬けである「牡蠣無双」など、登録商品が増えてきている。

基盤となるアマモ場再生、そして対象産業の中心である漁業、そしてそのサービスとしての食品加工、流通がつながり、中学生や消費者、観光客を巻き込んだブルーエコノミーが実現されつつある。こうした取組みに、魚を食べ続ける文化の継承のヒントがあると感じている。

おわりに

# 魚食大国の復権のために

秋道智彌・角南篤

本書を終えるにあたり、一三本の論考と九本のコラムを踏まえて、今後、日本および世界の魚食についてどのような見通しがあり、魚食大国を復権するうえでどのような方策があるのかについて検討しよう。ここでは、具体的な方策を五つあげて個別に検討し、異分野連携を通じた施策を政策対応の指針として提言してみたい。利害関係者間の連携を進めるうえでの調整機能を誰が担うか、その資金調達をどうするか。本書はこの議論の火付け役として一定の役割を果たしたいと考えている。

## 漁業資源の多様性と管理

魚介類は種類が多く、魚類に加えてタコ、イカ、貝類などの軟体動物、カニ、エビなどの甲殻類、海藻類を含めれば、日本人はじつに多様な種類の水産生物を利用してきた。季節によって旬もある。旬は英語でシーズン（season）と称されるように、魚介類には季節限定で美味とされる特徴があり、とくに産卵期に脂がのることは経験的にも知られており、価格もあがる。利用される魚介類の種類数の多さはその消費量をさておいても、日本が世界でも群を抜いているといってよい。ただし、マグロの例にあるように国内生産分だけでなく、諸外国からの輸入水産物の数量も世界一となっており、水産物利用についてグローバルな視点からの洞察は不可欠である。

### 日本の漁業資源系群と分布

周知のとおり、日本列島は北海道から沖縄まで南北に長く、周辺海域には冷水系、温水系、暖水系の漁業資源

表１　日本の周辺水域における魚種別系群

| | |
|---|---|
| マイワシ | 太平洋系群、対馬暖流系群 |
| マアジ | 太平洋系群、対馬暖流系群 |
| マサバ | 太平洋系群・対馬暖流系群 |
| ゴマサバ | 太平洋系群・東シナ海系群 |
| スケトウダラ | 日本海北部系群・根室海峡・オホーツク海南部・太平洋系群 |
| ズワイガニ | オホーツク海系群・太平洋北部系群・日本海系群Ａ海域・日本海系群Ｂ海域・北海道西部系群 |
| スルメイカ | 冬季発生系群・秋季発生系群 |
| マアナゴ | 伊勢・三河湾 |
| ウルメイワシ | 太平洋系群・対馬暖流系群 |
| ニシン | 北海道 |
| カタクチイワシ | 太平洋系群・瀬戸内海系群・対馬暖流系群 |
| ニギス | 日本海系群・太平洋系群 |
| イトヒキダラ | 太平洋系群 |
| マダラ | 北海道・太平洋北部系群・日本海系群 |
| キアンコウ | 太平洋北部 |
| キンメダイ | 太平洋系群 |
| キチジ | オホーツク海系群・道東・道南・太平洋北部 |
| ホッケ | 根室海峡・道東・日高・胆振・道北系群・道南系群 |
| アマダイ類 | 東シナ海 |
| ブリ | 東シナ海 |
| ムロアジ類 | 東シナ海 |
| マチ類 | 奄美・沖縄・先島諸島 |
| マダイ | 瀬戸内海東部系群・瀬戸内海中・西部系群・日本海西部・東シナ海系群 |
| キダイ | 日本海・東シナ海系群 |
| ハタハタ | 日本海西部系群・日本海北部系群 |
| イカナゴ類 | 宗谷海峡 |
| イカナゴ | 伊勢・三河湾系群・瀬戸内海東部系群 |
| タチウオ | 日本海・東シナ海系群 |
| サワラ | 東シナ海系群・瀬戸内海系群 |
| ヒラメ | 太平洋北部系群・瀬戸内海系群・日本海北・中部系群・日本海西部・東シナ海系群 |
| サメガレイ | 太平洋北部 |
| ムシガレイ | 日本海系群 |
| ソウハチ | 日本海系群・北海道北部系群 |
| アカガレイ | 日本海系群 |
| ヤナギムシガレイ | 太平洋北部 |
| マガレイ | 北海道北部系群・日本海系群 |
| ウマヅラハギ | 日本海・東シナ海系群 |
| トラフグ | 日本海・東シナ海・瀬戸内海系群・伊勢・三河湾系群 |
| 東シナ海底魚類 | 東シナ海 |
| ホッコクアカエビ | 日本海系群 |
| シャコ | 伊勢・三河湾系群 |
| ベニズワイガニ | 日本海系群 |
| ケンサキイカ | 日本海・東シナ海系群 |
| ヤリイカ | 太平洋系群・対馬馬暖流系群 |

が分布する。北からはサケ、マス、サンマ、スケトウダラなどの資源が南下する。南からは黒潮に乗ってカツオ、マグロ、ブリなどが北上する。日本列島周辺には固有のイワシ、アジ、サバ、スルメイカなどが年齢群に応じて、産卵場と索餌場を回遊する。こうして、日本各地で季節に応じて多種多様な漁業資源を捕獲する漁場が形成されてきた。

魚類や遊泳性の水産動物は同じ種で遺伝的に区別できなくとも、産卵期、産卵場、分布、回遊、成長、成熟、生残など、独自の生物学的特徴を有する。そこでこれを資源変動の単位として区別し、地域個体群と称する。水産学ではこの地域個体群を「系群」と称する。

日本の周辺水域における漁業資源について、水産庁は魚種別・系群別の動向を調査し、報告書を平成二八年度に刊行している（Fisheries Agency and Fisheries Research and Education Agency of Japan. 2017）。表1は、それらの魚種別系群をまとめたものであり、魚類以外に、イカ、エビ、カニなども含まれており、全部で五〇種八四系群が取りあげられている。

魚種別の系群には、太平洋系群、対馬暖流系群、日本海系群、日本海・東シナ海系群、瀬戸内海系群などさまざまなものがある。マダイの場合、瀬戸内海東部系群、瀬戸内海中・西部系群、日本海西部・東シナ海系群の三系群が、ヒラメでは太平洋北部系群、瀬戸内海系群、日本海北・中部系群、日本海西部・東シナ海系群の四群が報告されている。

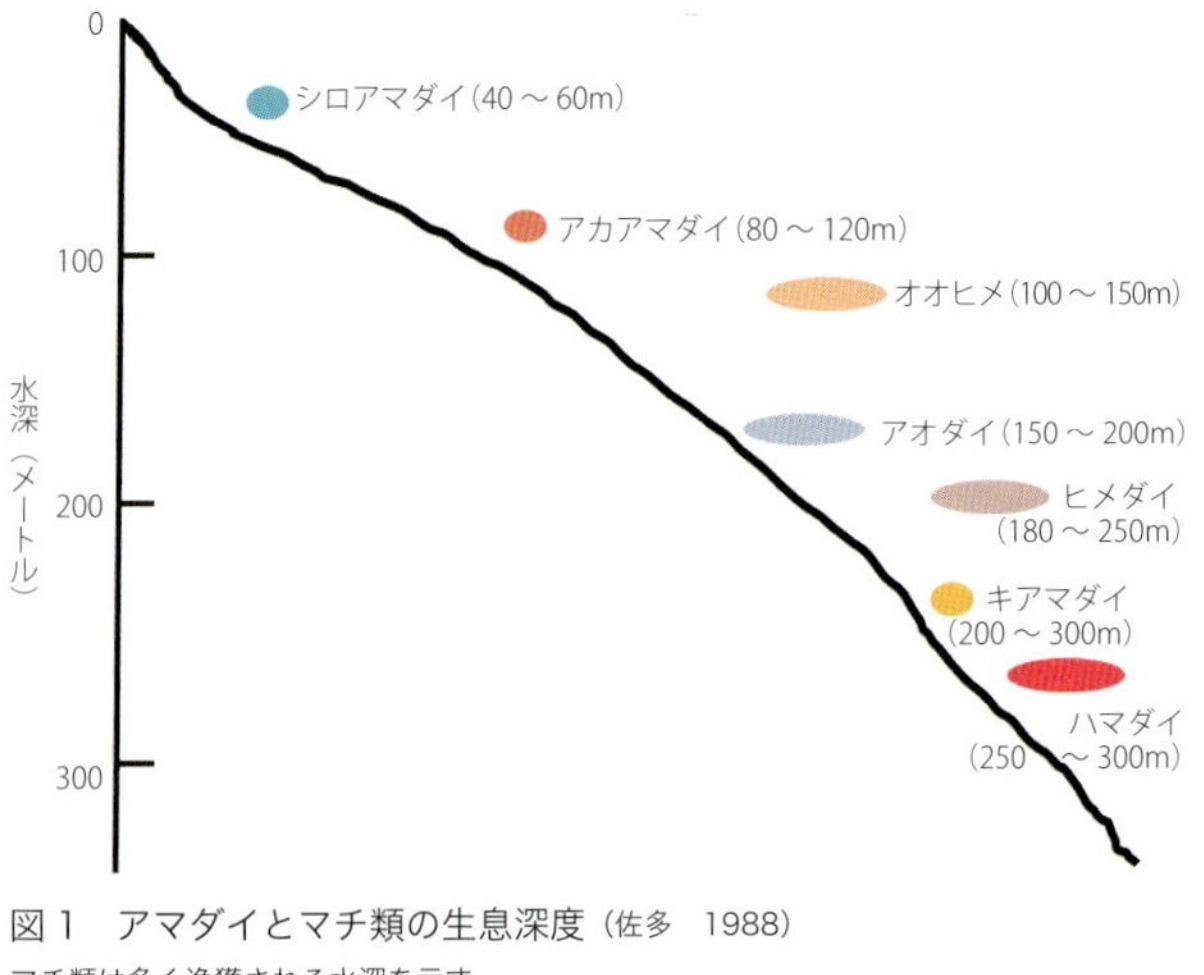


図1　アマダイとマチ類の生息深度（佐多　1988）
マチ類は多く漁獲される水深を示す

同報告書では単一種類ごとだけでなく数種類以上の魚種を対象としている場合がある。たとえば、西日本から沖縄にかけての資源として、マチ類、アマダイ類、ムロアジ類、東シナ海底魚類があげられている。マチ類には、アカマチ（ハマダイ）、シチューマチ（アオダイ）、マーマチ（オオヒメ）、クルキンマチ（ヒメダイ）の四種を、アマダイにはシロアマダイ、アカアマダイ、キアマダイ三種を含む。これらの魚種の生息深度は異なっており、漁法に反映されている（前頁図1）。また、東シナ海底魚類には、エソ類、ハモ、マナガツオ、カレイ類の四種類があげられている。

以上のほか、マグロ類（クロマグロ・キハダマグロ・メバチ・ビンナガ）、カツオ、シロザケ、カラフトマス、トビウオ（多くの種を含む）、シイラ、ウナギなどの回遊魚も日本近海の重要な漁業資源である。琉球列島では、ブダイ、フエフキダイ、ハタ、ベラ、フエダイなどの仲間が重要な沿岸漁業資源である。

## 資源管理とコモンズ論

多様な漁業資源に対する資源管理にはどのような理論と方策が適用されているのか。ここでは、日本の漁業資源全体を見回した点から資源管理の問題点を指摘しておこう。

### TAC・IQ・ITQ

前述の報告書が刊行された翌年度に、魚種別・系群別の資源評価が実施されている。資源の評価では、TAC（漁獲可能量：Total Allowable Catch）がその指標であり、報告書では対象種としてマアジ、マイワシ、マサバ・ゴマサバ、スルメイカ、ズワイガニ、サンマ、スケトウダラの七種類・一九系群があげられている。そのほとんどは表層性のプランクトン食性の魚類である。

ＴＡＣにはいくつかの方式がある。第一は、漁業者の先取り競争を元に漁獲可能な上限に達した時点まで操業を続ける方式である。このやり方は名称としても適切ではないが、オリンピック方式と称されてきた。

第二は、個別割当方式（ＩＱ：Individual Quota）で漁獲可能量を漁業者か漁船ごとに割り当てる方式で、割当量を超える漁獲を禁止するやり方である。割当があるので過度な競争や乱獲は防止できるメリットがある。

第三は、譲渡性個別割当方式（ＩＴＱ：Individual Transferable Quota）で、個人や船ごとの漁獲割当量を他人に譲渡ないし貸し付けることのできる方式である。以下にみるように、ＩＱ、ＩＴＱともに問題視されている（稲熊二〇一二）。

前述の報告書を踏まえて平成二九年度には系群ごとの資源評価として、増加、横ばい、減少に分け、さらに資源の水準から、高位、中位、低位に層序化されている。個別資源ごとに生物学的許容漁獲量（ＡＢＣ：Allowable（または Acceptable）Biological Catch）は漁獲にとり、第一義的に重要な指標である。ただし、ＡＢＣは資源の変動性を十分に踏まえたものでなく、この指標だけで漁業資源がうまく管理される保証はない。

たとえば、資源が回復傾向に向かう高位水準で、漁獲量がＡＢＣ値を上回っても、その後にＡＢＣ値が増加する場合や、資源水準が低位（減少傾向に向かう）のさいに漁獲量がＡＢＣ値を下回っていても、その後のＡＢＣ値が減少することがある。じっさいにも、ＴＡＣの適応種で前述の事態が起こっており、資源のオーバーユースないしアンダーユースが生じている。これでは適切な資源管理がおこなわれたとはとてもいえない。これらは、アウトプット、つまり漁獲可能量を元にした漁獲規制であり、ポスト・ハーベスト（post-harvest）型の方策といえる。

## 自主規制とローカル・コモンズ論

これに対して、漁獲の努力量を事前に規制する方策があり、インプットを制限する点でプレ・ハーベスト（pre-harvest）型の規制といえる。その一つ目は操業海域や操業期間を限定する方策で、日本の共同漁業権漁業ではご

表2　野母漁業協同組合の専用漁業権漁業一覧（長崎県西彼杵郡野母村）

（）は原簿中の漢字、［ ］は方言名。* は操業時期の限定された漁業を示す。

| 漁業名 | 対象魚 | 操業可能期間 |
|---|---|---|
| 明治 41 年 4 月 20 日登録 | | |
| アジ（鯵）敷網 | アジ・カマス | 5.1 ～ 12.31* |
| カマス（魣）敷網 | カマス | 5.1 ～ 12.31* |
| ハモ（鱧）刺網 | ハモ | 2.1 ～ 10.31* |
| 磯魚狩刺網 | 磯魚 | 1.1 ～ 12.31 |
| 磯建網 | イセエビ（龍蝦）・磯魚 | 1.1 ～ 12.31 |
| アワビ（鮑） | アワビ | 1.1 ～ 12.31 |
| フノリ（海蘿） | フノリ | 1.1 ～ 6.30* |
| ワカメ（和布） | ワカメ | 2.1 ～ 7.31* |
| 肥料藻 | 肥料藻 | 11.1 ～ 6.30* |
| 昭和 7 年 10 月 26 日追加更新 | | |
| たひ延縄 | タイ・イトヨリダイ［イトヨリ］・アマダイ［クズナ］ | 1.1 ～ 5.31* |
| いか釣り | アオリイカ［水イカ］ | 11.1 ～ 6.30* |
| 鉾突 | 磯魚・スズキ | 2.1 ～ 10.31* |
| うに | ウニ | 3.1 ～ 6.30* |

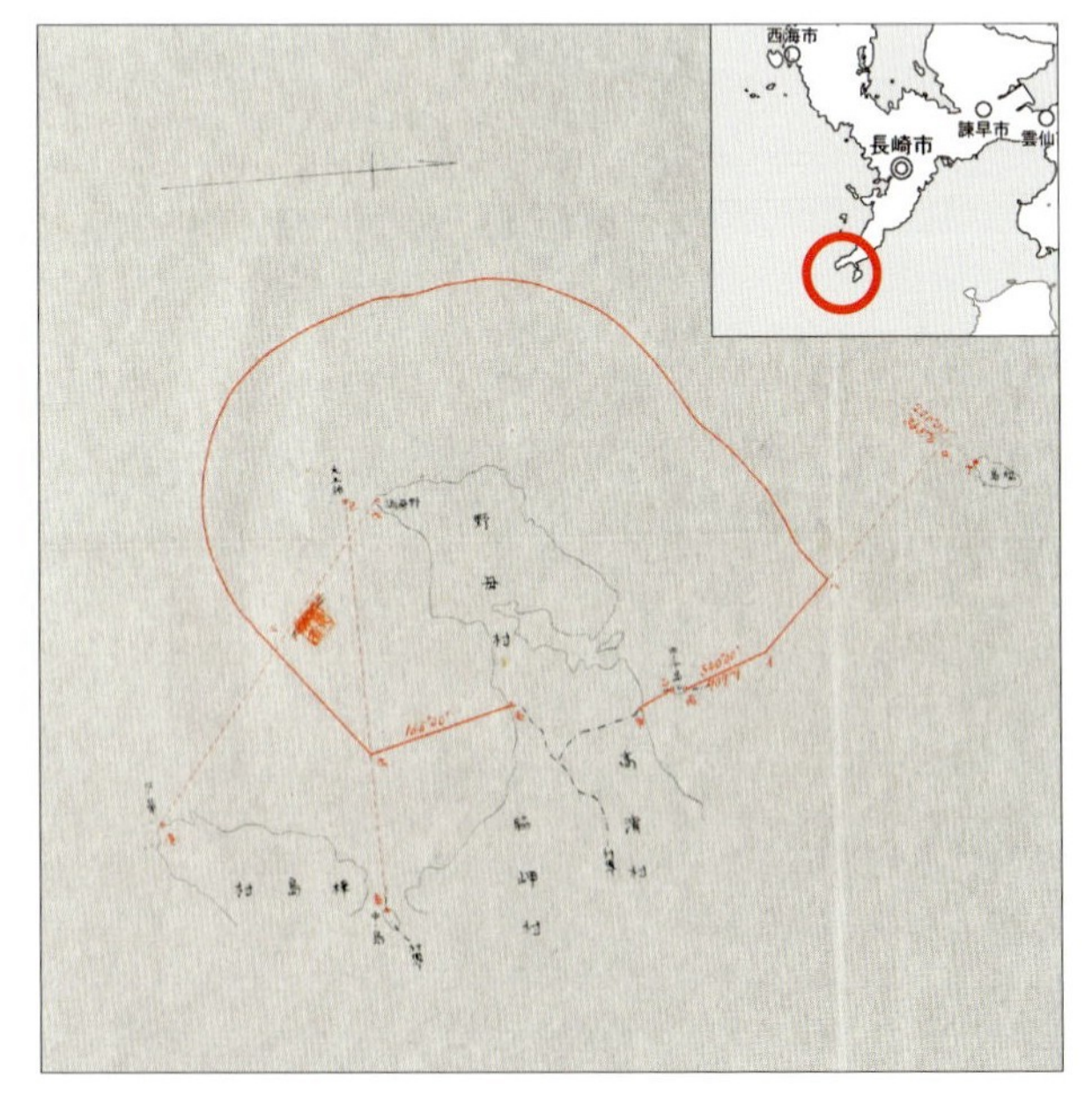


図2　野母漁業協同組合における専用漁業権漁場図（明治 41 年 4 月 20 日登録）

くふつうにおこなわれてきた。

明治四一年（一九〇八年）登録の長崎県西彼杵郡野母村の野母漁業協同組合に帰属する専用漁業権漁業の例をあげよう（図2、表2）。野母では九種類の漁業のうち、六種類が季節限定であり、三種類が通年型である。漁場は図に示された朱線内の海域内でおこなう必要がある。しかも、マグロ大謀網（大型定置網）、ブリ建網、ボラ敷網の操業の邪魔をしてはならないとの「申し合わせ」が併記されている（ちなみに野母は日本におけるカラスミ生産の発祥の地となった地域である)。昭和七年(一九三二年)の免許更新時には、鉾突漁業は入漁する瀬戸町の家船(えぶね)の操業を妨げてはならないと付記されている。つまり、野母のかぎられた漁業権漁場においてさえ、専用漁業権漁業とそれ以外の網漁との接触や、他地域からの家船の入漁を妨害してはならないとされている。これなどは地域ごとに決められた合意事項であり、地元漁業者による自主的な資源利用上の規制である。

日本全国の津々浦々でこうした制度が少なくとも近世期より継承されてきた点を十分に理解しておく必要がある。この方策は下からの自主的な資源管理といえるもので、世界でも広く共同体基盤型の資源管理(CBRM: Community-Based Resource Management)として知られている。この手法はローカル・コモンズ、つまり地域固有の共有資源の運用法として注目されている(Ostrom 1990 1992; 秋道 二〇一六)。

もう一つは漁獲努力可能量、つまりTAE(Total Allowable Effort)をあらかじめ設定する方策で、漁獲の前段階(プレ・ハーベスト)に、漁船の隻数や操業日数、漁具の数などの上限をきめて漁獲努力可能量を設定する方式である。これについても、事前協議を通じて決められるのがふつうであり、過当競争を防止し、操業者間の格差是正のため、抽選(くじ引き)、輪番制などの慣行がおこなわれてきた。つまり、TAEは資源の漁獲量ではなく、努力量の規制、操業者間の平準化をもくろむ方策を評価するものである。編者の秋道はこうした慣行を「なわばり論」として注目してきた(秋道 一九九五、二〇一〇、二〇一六)。CBRMの手法は今後ともに注目されるだろう。この点からも、プレ・ハーベスト型の資源管理手法の利点に配慮した政策がより有効であることを強調しておきたい。

### 魚は誰のものか

海洋の漁業資源は漁獲前には誰のものでもない無主物である。資源へのアクセスが自由であれば、漁民はこぞって漁場を目指し、最大利益を得ようとする。その結果、資源を獲り尽くすことから乱獲に至ってもだれも責任を取らない。これがG・ハーディンによる「コモンズの悲劇論」のシナリオである(Hardin 1968)。

無主物を人間が資源として獲得するさいの配分のしかたが、資源管理の哲学と経済学にほかならない。無主物でないものを獲るさい、すべて漁民のものとする考えはアウトプットの上限を決めるやり方に通じる。しかし、漁民は資源を獲得するものの、資源を全体として所有しているのではない。この立場に立つのが、インプットの規制をおこなうやり方である。つまり、領海の漁業資源を国民のものとみなす共有の思想が根底にある。繰り返すが、海の資源は漁民のものではなく、日本国民が等しくその恩恵を享受できる財産なのだ。

漁業では資源管理がなかなかうまくいかないことが赤裸々に指摘されている（川崎　二〇〇五、小松　二〇一六）。前述したＡＢＣ方式やＩＱ・ＩＴＱ方式にデメリットがあるだけに先進国に成功例があるからとして受容する必要はなく、あくまで日本型の資源管理を目指すべきであろう。生産者である漁民の行動や考え方に配慮せずに魚を管理する発想は机上の空論にすぎない。

## 世界のなかの日本の魚食

日本の歴史上、利用される魚種は時代とともに変化してきた。この背景には、漁撈技術や船の発達、流通機構と商品経済の発達、古代の仏教伝来後の肉食禁止令（天武期の六七五年が最初）をはじめとする諸要因がかかわる。明治期以降、肉食は着実に増えたが、依然として魚介類への依存度は優位であった。戦後、世界各地からの輸入水産物が飛躍的に増加し、現地の貧困や環境問題に深くかかわることが明らかになった。その反面、厚生労働省の調査にあったように（「はじめに」を参照）、平成一八年度以降に、肉食が魚食を上回った。これには食の多国籍化と嗜好の変化、都市部におけるファーストフード・外食の増加などをはじめとする諸要因が関与している。回転寿司店では一〇〇円でトロの握りが食べられるとの宣伝があるが腑に落ちない。下北の大間でマグロ一本釣りの調査をしてから四〇年以上になるが、生産者と消費者の間に介在する巨大な流通機構はどのような社会経済的役割をになってきたのか、いまだ理解できない面が多々ある。

### 魚肉と畜肉の栄養価

ここで魚食と肉食の異同点を復習しておこう。畜肉と魚肉をカロリー・タンパク質量で比較すると、総じて魚介類やクジラのカロリー価は低い一方、畜肉のカロリー価は高い（次頁図３）。マグロの場合、赤身のカロリー価はマダイやカツオと変わらないが、マグロのトロのカロリー価は牛肉並みである。一方、タンパク質量は畜肉と魚肉とでそれほど変わらないが、マグロ赤身やカツオ、クジラは高い。

つぎに、タンパク質と脂質の量を肉と魚で比較すると、ウナギ、サバ、マイワシは畜肉にちかいタンパク・脂質成分をもつ。それ以外の魚類やクジラは高タンパク・低脂肪である（次頁図４）。

### うまみ再発見

平成二五年（二〇一三年）に「和食」がユネスコ無形文化遺産に登録された。肉食が魚食を上回った状況もあり、魚介類と野菜中心の和食が評価されたことは追い風となるだろうか。「はじめに」でふれたように、和食の原点はだし（出汁）にある。だしの素材には、植物性（昆布、椎茸）と動物性（魚類、鶏、豚・牛）のものがある。だしに含まれる「うまみ成分」と具材そのものの味が融合して、独特の食文化を生み出してきた。このうち、「だし昆布」からのグルタミン酸、鰹節からのイノシン酸、干し椎茸のグアニル酸は和食の三大うまみであり、さらに貝類のうまみ成分であるコハク酸もすべて日本人がつきとめた。

動物性だしのうち、鶏や豚の骨・肉のものはヨーロッパのスープとおなじく油脂分を含み、濃厚である。中国でも金華ハム（火腿）がだしの重要な材料である。一方、昆布・椎茸・鰹節をあわせた和風だしはアッサリ味をもつ。

魚類由来のだしには、鰹節をはじめとする節類、煮干し、焼魚、乾燥品がある。節類は削り節や粉砕した粉と

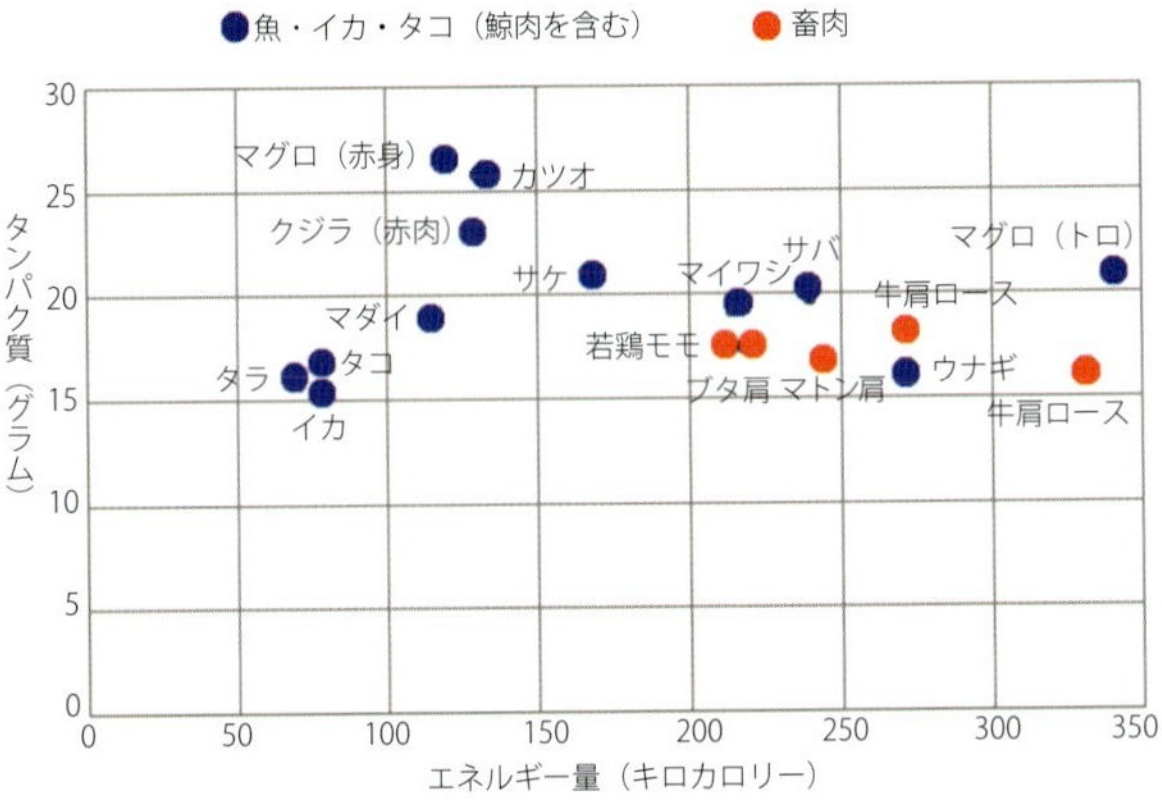

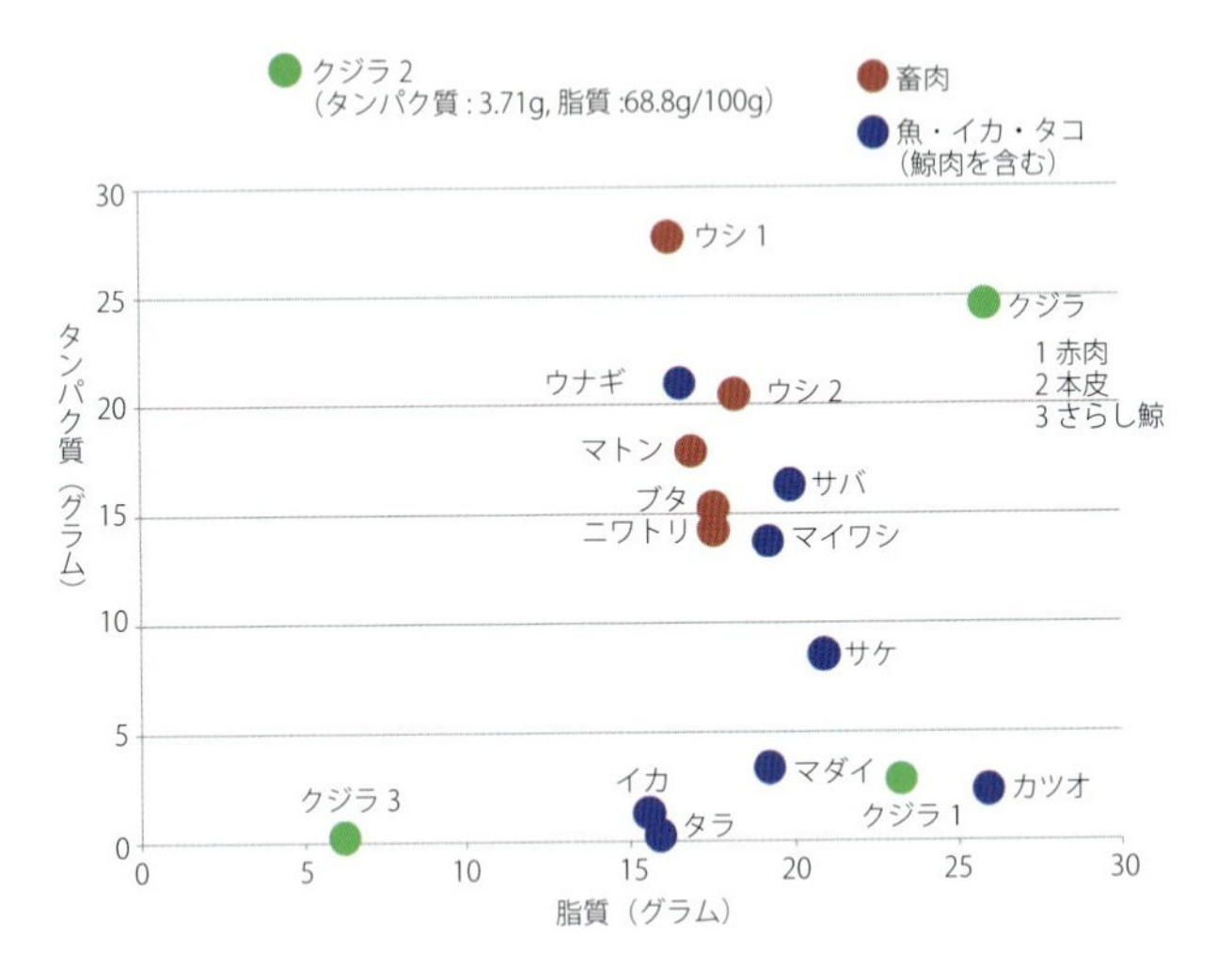


図３　畜肉と魚肉のエネルギー価・タンパク質量の分布図



図４　魚介類・畜肉・クジラのタンパク質と脂質含量

して使う。煮干し（いりこ）にはカタクチイワシ、マイワシ、トビウオ、アジのほか、タイ、エソ、カマス、アカムツ（ノドグロ）などが使われる。焼魚にはアゴ（トビウオ）、ハゼ、アユのほか、ワラスボ、ドンコ（エゾイソアイナメ）、淡水産小魚などがあり、だしのなかでは地域性が著しい。

乾燥品のスルメイカは細かく切り、だしをとる。

魚のだしには地域色があり、日本の食文化の優位性を示すものである。魚食の復権には長い歴史を通じて継承されてきた、だし文化の継承が不可欠の要件である。和食におけるうまみは、ＵＭＡＭＩとして世界でも知られるようになった。日本で和食のうまみへの軽視は将来に禍根を残すことになる。

表3　世界の代表的鍋料理

| 鍋料理 | 魚介類 | 国ないし地域 |
| --- | --- | --- |
| ブイヤベース | カサゴ・ホウボウ・アンコウ・アナゴ・ | 南仏 |
| | マトウダイ・イセエビ | |
| カタプラーナ | アサリ・ハマグリ・ムール貝・エビ・ | ポルトガル |
| | タコ・タラなどの白身魚 | |
| チゲ | スケトウダラ・カキ・フグ・アサリ | 韓国 |
| トムヤムクン | エビ | タイ |
| トムヤムプラー | ハタ・バラマンディ・白身魚 | タイ |
| チャーカー | 雷魚 | ベトナム |
| ウハー | 川魚・サケ・サワラ・チョウザメ・スズキ | ロシア |
| ソリャンカ | チョウザメ・ホワイトフィッシュ・ナマズ・サケ | ウクライナ |
| スチーム・ボート | エビ・タイ | シンガポール |

＊日本には多様な鍋料理があるが、表からは除外。日本の事例は本文を参照のこと。

## 汁物と鍋物

日本では一汁三菜（汁物とオカズとなる菜が三品）で、ごはんと汁物、オカズを箸で順番に食べる伝統がある。日本の汁物は主食でも副食でもない。フランス料理ではスープは前菜のあと、メイン・ディッシュの前にでる。中国料理でも前菜のあとに出る最初の暖かい料理が湯（タン）である。

人類の食の構成からすると、汁物は主食でも副食でもない「箸休め」、「前菜のあとのもの」として料理の脇役とみなされてきた。しかし、アイヌ料理ではサケ、クマ、ギョウジャニンニクなどを使った鍋料理はふつうオハウ（ohau）とよばれ、副食の中心的な存在である。時代をさかのぼった縄文時代草創期の土器内部から検出された食物残渣の安定同位体解析から、当時、肉や魚とドングリなどの植物性食物を土器で煮炊きした可能性が指摘されている。つまり、先史時代には主食・副食の区別なく、ごった煮が主要な食事を構成していた可能性がある（工藤　二〇一四）。われわれはこれを現代の魚食復権に生かすべきと考えている。

具体例をあげよう。現代日本の食では、肉のすき焼き（牛・豚・鶏・猪・熊）以外に、魚介類の鍋料理が主菜となることがある。鍋の食材には、カキ、カニ、フグ（テッチリ）、ブリ、サケ（石狩鍋）、三平汁（サケ・ニシン・タラ・ホッケ）、ハタハタ（ショッツル鍋）、タラ、アンコウ、クエ、ウナギ、ドジョウ（柳川鍋）、クジラ（ハリハリ鍋）、ハモ、カキなどがあり、全国版のものや郷土色の強いものがある。コメは最後の雑炊として提供される。

海外では魚介類を使った鍋料理がいろいろとある（前頁表3）。用いられる魚介類もおおよそ決まっている。また、世界の四大スープは、中国のフカヒレスープ（魚翅湯）、タイのトムヤムクン、フランスのブイヤベース、ロシアのボルシチである。このうち、魚介類を使わないのはボルシチであるが、ウクライナでは魚を使うソリャンカがあり、ボルシチに似ている。とすれば、四大スープはほぼ魚介類を具材の基本としていることになる。

フランスのブイヤベースでは、カサゴ（フランス語のラスキャス）はかならず使い、ホウボウ、アンコウ、マトウダイなどの魚も使うべしとする「ブイヤベース憲章」があり、伝統的食文化を守るうえで意義深い。食の正統性を維持し、本物嗜好への魅力を増大させる効果も期待できる。「元祖」、「本家」、「老舗」などの標語を有効に活用する引き金ともなる。

## 食育から未来の魚食を占う

厚生労働省「国民栄養調査」（平成九年）と「国民健康・栄養調査報告」（平成一九年）の資料によると、その一〇年の間に九つに階層化した年齢群でいずれも魚食が減り、肉食が増える傾向があった（なお、二〇歳代以上は一〇年ごと、それ以下では一～六歳、七～一四歳、一五～一九歳に区分されている）。このことは世代を超えて肉食化の傾向が認められることになる。ただし、だからといって食のあり方を世代間でおなじ対策を適用できると考えるのは賢明な知恵とはいえない。子どもたちや老人にも魚を食べていただく策を講じてみるべきではないだろうか。

### 生涯食育

未来の魚食をどう考えるかについては、肉か魚かという二項対立の図式で大枠のシナリオを提示した。また、魚介類の栄養学的な優位性はつとに知られるようになった。青魚に含まれるEPA（エイコサペンタエン酸）やDHA（ドコサヘキサエン酸）はいうにおよばず、各種アミノ酸・ビタミン類についての情報がいきわたり、市販される機能性食品の数も多い。頭でそうとわかっていても、やはり肉が魚に優先する意味はどこにあるのか。

人間の食生活は一〇歳までで大きく決まるとする説がすう勢であるとすると、戦後の高度成長期に若年期を過ごした年齢層による肉食嗜好が今後もつづくとなれば、西洋型の生活習慣病の増加は不可避となる。若年期に食習慣が決まるとしても、教育と医療面からの助言を踏まえた生活改善策が求められる。食における性差や地域差にも配慮すると、ここで「生涯食育」というキーワードが浮かびあがる（第3章11参照）。

魚食を振興するために成人層だけを想定するのではなく、世代ごとのニーズに応じたライフ・ロング（生涯型）の魚食プログラムを設定すべきではないか。そのための指針として、（1）離乳期から幼稚園・保育園まで、（2）小中高生における食育、（3）大学生の学食・日常食、（4）若夫婦向けの魚食料理、（5）中高年向きのヘルシー志向の食事、（6）高齢者・介護対象者向けの魚食レシピーの六グループに類別化し、世代別に成長・健康・生活習慣病予防などを指標とした食育のプロジェクトを展開する必要がある。

災害時用の備蓄用缶詰としてサバ水煮、クジラ大和煮、サケ、イワシ水煮、サンマの蒲焼の缶詰などを優先的に備蓄する試みがあってもよい。また、日本では「土用の丑」の日にウナギを食べる近世以来の伝統がある。半夏生（はんげしょう）（七月二日ころ）にタコを食べる民間信仰も伝承にすぎないと決めつける前に先人の生み出した智恵に学ぶことも重要だろう。かつて大阪府は一〇月四日を「イワシの日」としてイワシ消費の拡大活動を展開した。

価値が多様化する現代、魚の消費を向上させる鍵は健康志向にある。かつて米国の心臓協会が肉食を控えた魚食推進を提言したのは肉の過剰摂取による循環器系疾患の増加に対する警句であった。

日本は米国の例にならい、自国の食文化の優秀さを再認識する必要がある。足元から歴史を学ぶ姿勢を見失っては、この先の魚食復権は掛け声だけに終わる。健康への自覚こそ、最善の方策につながることを銘記すべきで

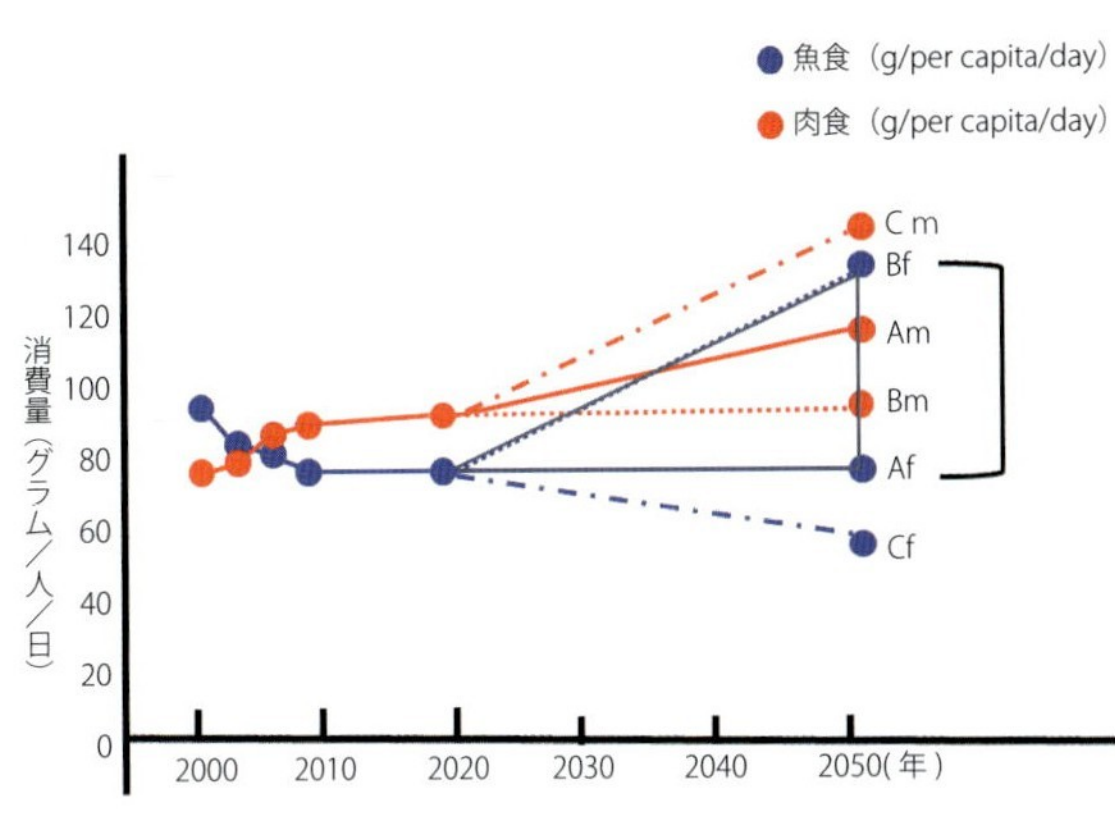


図５　肉食と魚食の消費に関する今後の動向
A,B,C の３つの類型を示した。mは肉食、fは魚食

あろう。

## 未来の魚食のシナリオ

日本における魚の料理法は、刺身、焼く、煮る、油で揚げる、酢で〆(しめ)る、燻製、塩蔵、発酵など多種多彩である。このことは『日本の食生活全集』（全五〇巻、農山漁村文化協会）のなかで地方色豊かな料理が紹介されていることからも明らかであろう。本シリーズの内容をみても、地域ごとに育まれてきた和食の伝統が凝縮されている。

では、おばあさんからの聞き書きの蓄積は近い過去までの食の遺産であり、早晩消えゆく運命にあるものだろうか。こたえは否である。近年では地産地消やスローフード（ファーストフードに対置される概念で、土地の伝統的な食文化や食材を見直す運動、または、その食品自体）が注目されている。『日本の食生活全集』はスローフードの聖書とでもいえるものだ。

ここで魚食の未来像を世界の動向を踏まえたシナリオを提案しておきたい。世界全体では魚食がむしろ増加傾向にあり、日本は例外的とさえいわれている。

今後、日本の魚食はどのように推移することが予想されるのか。図５に、Ａ、Ｂ、Ｃの三つのシナリオを示した。図中、Ａｍ、Ｂｍ、Ｃｍは肉、Ａｆ、Ｂｆ、Ｃｆは魚の消費量（人・一日当たりのグラム数）を示す。Ａでは肉の消費が延びるが、魚は現状維持の場合である。Ｂは逆に魚の消費は増加するが、肉は現状維持のシナリオである。Ｃは肉の消費は今後ともに伸びるのに反して、魚の消費は大きく落ち込む想定である。

少なくとも図の右端の到達点がAf以上、BfないしCmを超える数値までを広く目標とするとして、当面、平成九年（一九九七年）における魚の消費量九八・二グラム（人・一日当たり）を目標とすべきではないだろうか（「はじめに」の図6を参照）。世代更新を考えれば、老年層で陰りのみえる魚食を復活し、若年層における魚食の食育推進が焦点となるはずだ。家族団らんの場の減少、外食の増加に対応して、毎週、鍋の宴会を推奨するわけではないが、鍋料理が家族団らん、外食における孤食を防ぐ一助となることを指摘したい。

## 地魚と地域振興

地魚には「土地固有の魚」の意味がある。地酒、地鶏、地ビールなど、関連した用語もあり、知名度はそれほど低くはない。魚は一般に移動性の高い生き物であり、成長に応じても生息地は異なり、産地は漁獲された場所を指す。その意味で、豊予海峡産のアジやサバは潮流の激しい海域で獲れるもので、肉質や脂の乗りが違う、というふれ込みで「関サバ」、「関アジ」のブランド品として付加価値の高い商品となっている。これに類する魚類の例として、「城下カレイ」（別府湾産のマコガレイ）、風間浦のアンコウ（下北半島下風呂産のキアンコウ）、大間のマグロ（下北半島大間産のクロマグロ）、南伊豆の地キンメ（新島・伊豆大島産のキンメダイ）、氷見ブリ（富山県氷見の大型定置網で獲れるブリ）、伊根ブリ（京都府伊根の大型定置網で獲れるブリ）などがよく知られた例である。ブランド名のつかない場合でも地魚として問題視されることもある。大間の対岸にある戸井（函館市）では津軽海峡域ではえなわ漁がおこなわれるが、クロマグロは冷凍して東京におくるのではなく、生マグロとして函館・札幌などで消費される。東日本大震災後、東京電力福島第一原子力発電所の事故以来、福島県産の魚介類は風評被害で多大な損失を蒙った。現在でも、トリチウムをめぐる汚染ということで原発被害が解消されたわけではない。「負の地魚」をめぐる問題の根は深い。

地域特産品については、江戸時代にも『日本山海名物図会』（一七五四年）や『日本山海名産図絵』（一七九九年）

などに記載があり、江戸、大坂をはじめ全国に知れ渡っていた。魚種によって魚の格付けがなされており、相撲の番付に見立て、大関を筆頭に関脇、小結、前頭の順にその価値が決められた。たとえば、「諸國鰹節番附表」で東の大関は清水節（土佐）、西の大関は役島節（薩摩）である。以下、関脇、小結、前頭の順に産地が記載されている（図6）。

地魚の宣伝効果は一定のインパクトを与えるだろう。その伝統は近世期にさかのぼるものもあれば、ここ数十年の戦後以降のものも含まれている。地域の名称を偽って、ブランド品として販売する産地偽装がしばしば報道される現代、認証制を元にした魚食の振興は急ぐべきである。欧米諸国にくらべて、認証制度の適用対象種はまだまだ少なく、裏取引の摘発と水産魚介類の流通に関する抜け穴を防止・改善する施策は喫緊の課題であろう。

ここであらためて、地魚の普及について新たな提言をしてみたい。一般に大量漁獲・大量消費を前提とした大手の流通機構に対して、サイズの不揃い、供給量の少なさなどから、地魚が大手の市場に持ち込まれることはほとんどない。産地直送システムでは、塩蔵品、乾燥品、調理・加工済みの食品が多いのはやむをえない。あとは外食産業で魚介類を提供するレストランなどが個別契約をして、直販体制に組み込む場合は今後とも地魚が奨励

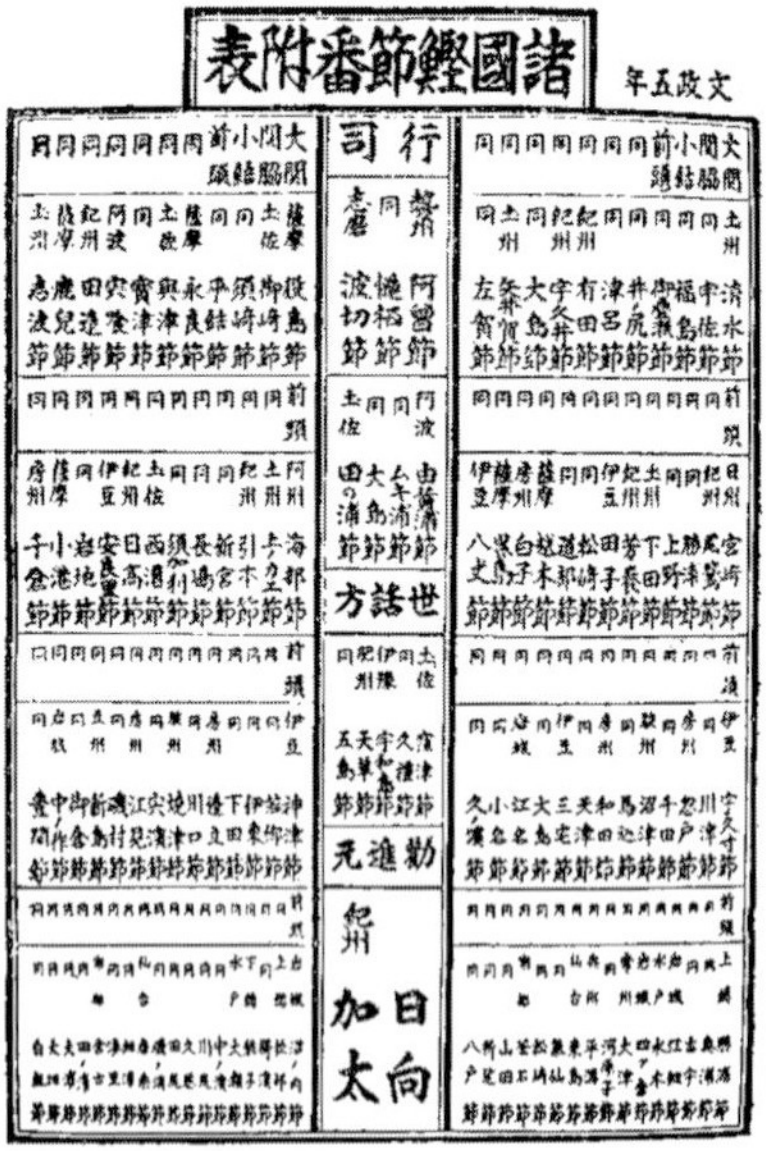
諸國鰹節番附表
文政五年
行司
世話方
勧進元
紀州 加太
日向

図6 「諸國鰹節番附表」（文政5（1808）年）

される必要がある。

学校給食では、海と日本人とのかかわりを教育のなかで伝達する重要な学習対象であることはいうまでもない。以前、京都市内の小学校で、児童たちと昼食を一緒に食べる機会が何度もあった。あるときには、ヒジキの煮物がでた。わたしはこの海藻はどこに生えており、どのように採集するかについて説明し、体に良いことを伝えると、ヒジキのおかわりをする子が何人もいた。給食のさい、ただ食べるだけでなくさまざまな話題を元に子どもたちの想像力を喚起する必要を強く感じた。その仕事は教師にあり、教科書に書いてあることだけを教えていても、海や魚に対する深まりは出てこない。想像力と関連することがらを元に、子どもたちに豊かな世界を紹介することにもっと力をそそいでいただきたい。

## 食の安全とグローバル化時代のIUU問題

中国のスープ料理にフカヒレスープがある。乾燥したフカヒレを煮込んで独特の風味を醸成する高級料理である。中国高級料理では、食材として多くの、乾燥したアワビ、貝柱、ナマコ、フカヒレなどが使われる。明・清代から日本の中国向け俵物交易の三大輸出商品は乾海鼠、乾鮑、乾魚翅であった。現代においても中国料理向けの食材としての需要は大きい。問題はこれらの食材の採捕が世界に拡散し、あるいは不適正な処理が施されることによるIUU漁業（違法・無報告・無許可）が蔓延するようになったことである。

ナマコの場合、とくに北海道における違法操業でサイズの小さい個体までもが採捕されており、この傾向は中国におけるナマコ食の変化に呼応する。じっさい、五年ほど前に南京でナマコのうま煮を食べたが、銘々皿で小型のナマコが提供されていた（図7）。ガラパゴス諸島では、ナマコ漁の従事者が絶滅危惧種のゾウガメをナマコ漁再開の交渉材料としている。

図７　銘々皿に出された蝦籽（シャーヅゥ）海参料理（中国・南京）
ソーセージとみまがう。

フカヒレは外洋のはえなわ漁で捕獲されたサメのヒレの部分だけを切り落とし、残りの魚体を海上投棄するやり方が国際的な批判を受け、日本のサメ漁業の中心である気仙沼でもサメ利用の見直しが進められている。

アワビは日本でも厳格な体長制限（唐径一〇センチ以上）が義務付けられており、養殖もさかんになりつつある。ただし、アワビ（クロアワビ・メガイ・マダカアワビ）以外の小型のミミガイも東南アジアで乱獲されており、アワビ資源全体の減少が懸念されている。

前述した俵物以外に、中国、東南アジアではハタ類（老鼠斑・星斑・紅斑・青斑・芝麻斑など）（田和　一九九八）の蒸し料理（清蒸）への人気が高まり、青酸化合物を利用した違法漁業が蔓延している（秋道　二〇一〇）。

ＩＵＵ漁業の根絶が今後の課題であることはいうまでもないが、ポスト・ハーベスト段階における規制としての認証制の拡大と浸透はヨーロッパにくらべて例数も少ないだけに、今後、目標となる種類を設定して流通面でのテコ入れを計る必要がありそうだ。

食の安全面では、ＤＮＡを用いた産地同定法（トレーサビリティ法）が用いられているが、コスト面と時間的な負担が大きく、生産から流通にいたる流れとの兼ね合いで効率化を進める必要があるだろう。

全国の水揚げ漁港・魚市場では、祝休日に魚介類の販売・料理の提供をおこなう取組みがある。注意すべきは、こうした魚食振興のイベントがおこなわれるのは、大きな漁港と魚市場をもつ地域に限定されがちである。小さな漁港では集客能力にも限界があり、取り扱われる魚介類の種類も限定される。

漁港の規模は別としても、漁業種類が釣り漁、網漁（刺網・地曳網・底曳網・大型定置網）、養殖漁によっても扱われる魚介類の種類数は大きく変わる。流通が発達した地域であっても、地元産の魚介類には魅力があり、観光客だけでなく地元住民によって利用される魚市場をさらに整備するため、漁協関係者、自治体、生協、婦人団体を取りまとめる工夫を地域に即して販売促進を進める事業を展開すべきであろう。

また、外部からのインバウンド観光客がバスで魚市場に乗り付けるような場合から、都市部や観光地に宿泊して魚市場で購入する場合、道の駅におけるように自動車による立ち寄りの場合まで多様な魚介類の販売戦略がある。大枠でいえば、東京に一極集中するのではなく、地域から漁業、水産物流通業・加工業を起業し、価格面での優遇措置を計る抜本的な行政の取組みが不可欠である。掛け声だけでなく、地域主体の魚食文化の発展が不可欠となるだろう。

## 参考文献

秋道智彌　一九九五『なわばりの文化史―海・山・川の資源と民俗社会』小学館
秋道智彌　二〇一〇『コモンズの地球史―グローバル化時代の共有論に向けて』岩波書店
秋道智彌　二〇一六『越境するコモンズ―資源共有の思想をまなぶ』臨川書店
稲熊利和　二〇一一「水産資源管理をめぐる課題～TAC制度の問題とIQ方式等の検討」『立法と調査』三一二：一〇一―一一三
川崎健　二〇〇五『漁業資源―なぜ管理できないのか』成山堂書店

小松正之　二〇一六『世界と日本の漁業管理—政策・経営と改革』成山堂書店
工藤雄一郎　二〇一四「縄文時代草創期土器の煮炊きの内容物と植物利用—王子山遺跡および三角山Ⅰ遺跡の事例から」（『国立歴史民俗博物館研究報告』第一八七集：七三—九三
佐多忠夫　一九八八「マチ類」諸喜田茂充編著『サンゴ礁域の増養殖』緑書房：一四四—一五一
田和正孝　一九九八「ハタがうごく—インドネシアと香港をめぐる広域流通」秋道智彌・田和正孝『海人たちの自然誌—アジア・太平洋における海の資源利用』関西学院大学出版会：三三—五五

Fisheries Agency and Fisheries Research and Education Agency of Japan 2017, *Marine fisheries stock assessment and evaluation for Japanese waters*（fiscal year 2016/2017）Three volumes.
Hardin, G. 1968, "The Tragedy of the Commons", *Science* 162: 1243-1248.
Ostrom, E. 1990 *Governing the Commons*, Cambridge University Press.
Ostrom, E. 1992, "The rudiments of a theory of the origins, survival, and performance of common-property institutions", in D.W. Bromley ed. *Making the Community Work, Theory, Practice, and Policy*, ICS Press: 293-318.

# 用語集

**ABC** (Allowable/Acceptable Biological Catch)

生物学的許容漁獲量。資源が高位水準であれば、漁獲量がＡＢＣ値を上回っても、その後にＡＢＣ値が増加する場合や、いっぽう資源が低位水準であれば、漁獲量がＡＢＣ値を下回っても、その後のＡＢＣ値が減少する場合もある。

**ASC** (Aquaculture Stewardship Council)

水産養殖管理協議会。二〇一〇年に国際ＮＰＯとして設立、水産物認証ラベルを通じて、責任ある養殖を認定し、その実施を支える。消費行動の適正化、持続可能な水産物市場の変革を支持する。

**CITES** (Convention on International Trade in Endangered Species of Wild Fauna and Flora)

ワシントン条約。絶滅のおそれのある野生動植物の種の国際取引に関する条約で、一九七三年にワシントンＤ．Ｃ．で採択，一九七五年七月一日に発効。通称「サイテス」。

**CoC** (Chain of Custody)

生産・加工・流通過程のトレーサビリティを認証することにより、サプライチェーンを通じてあらゆる段階の半製品・製品が追跡可能となる。環境に適切で、社会的に有益かつ経済的に実行可能な資源管理を実現する。

**ESG** (Environment Social Governance investing)

環境、社会、ガバナンスに注目した投資。投資のさい、財務情報だけを重視するだけでなく、環境、社会、ガバナンスに配慮した投資を指す。「社会的責任投資」ないし「責任投資」などの用語が使われる。

**GSSI** (Global Sustainable Seafood Initiative)

世界水産物持続可能性イニシアチブ。二〇一三年設立の水産物認証に関わる事業を展開。ＦＡＯによる水産物認証制のガイドラインに基づき、認証制の基準作りをおこなう。

**IQ** (Individual Quota)

個別割当方式。漁獲可能量を漁業者か漁船ごとに割り当てる方式で、割当量を超える漁獲を禁止するやり方。割当があるので過度な競争や乱獲は防止できるメリットがある。

**ITQ** (Individual Transferable Quota)

譲渡性個別割当方式。個人や船ごとの漁獲割当量を他人に譲渡ないし貸し付けることのできる方式である。

**IUU** (Illegal, Unreported and Unregulated fishery)

ＩＵＵ漁業。国や地方政府、国際機関が決めた法令や条例に違反した漁業（Illegal）、無報告の漁業（Unreported）、無規制で実施された（Unregulated）漁業を指す。

**ＭＳＣ (Marine Stewardship Council)**

海洋管理協議会。水産物の流通過程で、海洋の環境や水産資源を保全しながら漁獲された水産物であることを海のエコラベル表示で認証するＮＰＯの運営機関。エコラベルが消費者に認知されることで、水産物利用の意識向上にも寄与する。

**ＭＳＹ (Maximum Sustainable Yield)**

最大持続生産量。漁獲努力量に応じて生産量は増す。しかし、過度の努力量により、生産は減少に転じる。最大生産量の得られる努力量を元に、持続的な漁獲の目安となる指標が最大持続生産量である。

**ＮＯＡＡ (National Oceanic and Atmospheric Administration)**

アメリカ海洋大気庁。アメリカ商務省の一機関であり、一九七〇年に設立。気象・海洋環境・生物資源・衛星観測・大気と自然災害など地球レベルで海洋と大気に関する調査研究を多面的におこなう。

**SAVOR JAPAN（農泊　食文化海外発信地域）**

農林水産省により訪日外国人を中心とした観光客の誘致を図る地域での取組みを認定するもの。全国で平成二八年度に五地域、平成二九年度に一〇地域が認定されている。浜松（ウナギ）、小浜（ヘシコ）などが水産物の例。

**ＳＤＧｓ (Sustainable Development Goals)**

持続可能な開発目標。二〇一五年九月の国連サミットで採択された「持続可能な開発のための二〇三〇アジェンダ」に記載された二〇一六年から二〇三〇年までの国際目標。

**ＳＯＳ (Sustainable Ocean Summit)**

世界海洋サミット。世界海洋評議会（ＷＯＣ：World Ocean Council）は二〇〇九年に設立され、海洋の持続的開発を目指す活動をおこなう国際的ＮＧＯ。毎年、「持続可能な海洋サミット」を実施している。

**ＴＡＣ (Total Allowable Catch)**

漁獲可能量。漁獲上限まで競争によるオリンピック方式、個別割当方式（ＩＱ）、譲渡性個別割当方式（ＩＴＱ）などがあり、それぞれ長短所がある。

**ＴＡＥ (Total Allowable Effort)**

漁獲努力可能量。漁獲の前段階に、漁船の隻数や操業日数、漁具の数などの上限をきめて漁獲努力可能量を設定する方式。過当競争を防止し、操業者間の格差是正と平準化がねらい。

**USCRTF**（US Coral Reef Task Force）

サンゴ礁対策委員会。アメリカで、サンゴ礁生態系の保護・保全を目指すことを目的として一九九八年に設立された。同様な行動計画はわが国でも「サンゴ礁生態系保全行動計画二〇一六—二〇二〇」として環境省により実施されている。

**エシカル消費**

エシカルは「倫理的、道徳的」の意味で、自然環境や人体への負荷の軽減、社会貢献などに配慮して生産された商品やサービスを倫理的な観点から消費する行為とその理念を指す。

**沿岸域総合管理**

沿岸域は陸と海の影響が交錯し、開発による人為的改変が顕著な場である。沿岸域の生態系を保全し、健全な環境を維持するため、多分野の利害関係者の意見を集約・包括した総合的な管理が期待される。

**海底マウンド**

石炭灰などを用いたブロック素材を用いて海底に造成されたマウンドを指す。海底マウンドによる湧昇流の発生、マウンド表面に付着する底生生物の発生などにより漁場が形成される。人工漁礁としての役割が期待される。

**海洋深層水**（産業用）

水深二〇〇メートル以深の深層水。表層水と混合せず、溶存酸素量の少ない点、太陽光が届かないのでプランクトンが生育せず、栄養塩類が豊富な点、水温が一定で水質が安定しているなどの特徴がある。

**海底湧水**

山地に降った降水が地下に浸透し、伏流水として流下し、一部は海底から噴出するのが海底湧水。豊富な栄養塩をもち、周辺でプランクトンが発生し、漁場となることがある。

**家魚**（かぎょ）

水産養殖対象の魚を家畜、家禽にならって家魚と呼ぶ。中国語由来の用語でチャーユイ。養魚とも称し、すでに紀元前五世紀の春秋戦国代に范蠡（はんれい）による世界最古の『養魚経』の書があり、魚の養殖の歴史は相当古い。

**完全養殖**

人工ふ化した魚が成魚となり、その成魚が産卵した卵からふたたび成魚まで人為的に養殖した場合を完全養殖と呼ぶ。日本でクロマグロ（二〇〇四）、ウナギ（二〇一〇）の完全養殖が実現した。

**漁獲圧**

漁撈の努力量は、漁船数、漁具数、操業時間などで表すことができる。漁獲努力量が増加すると、漁獲量は一定程度増加する。一方、資源の個体数や加入率に変化が起こる。漁獲圧は対象資源への影響を表すさいに使う。

**魚食魚**

魚類のなかで、他種類の魚類を索餌する食性をもつもの。サメの仲間、アンコウ、カマス、タチウオなどがその例で、いずれも鋭い歯をもっている。ナマズも貪欲な食性をもち、魚以外にエビ・カニ・水棲昆虫などを食する。

**魚食文化**

魚類や淡水産・海産の生物を食物として利用する食習慣や価値観の体系。食物における魚介類の比重が大きく、多様な調理・加工法や独自の信仰が発達している面がある。

**共同体基盤型資源管理**

資源管理を当事者である共同体が主導権をもち、その運用や違反への処罰などを含めて管理する地域独自の方式。政府や国などの上からの管理方式と異なり、地域性や固有の文化への配慮がなされる。

**系群**

遊泳性を持つ水産動物のなかで、遺伝的に区別できるか、遺伝的に区別できなくとも、産卵期、産卵場、分布域、回遊パターンなどで独自の特徴を有するものを資源変動の単位として、これを系群と称する。

**国際資源管理認証**

水産物の持続可能な利用に向け、エコラベルを活用した国際的な資源管理認証の仕組み。信頼性と適正な利用可能性をもつ認証制として、地域と世界をつなぐ有用な意義がある。

**再生産効果**

水産資源の増加を目指す取組みのなかで、放流によって次世代資源が増加する効果を再生産効果と呼ぶ。ＤＮＡ分析により次世代への遺伝的な継承の度合いを探ることができる。

**魚離れ**

肉食の普及とともに、魚食を敬遠ないし軽視する傾向が二〇一〇年代を契機として起こった。日本における長い魚食の歴史を踏まえて、魚食の復権への取組みを世代別に多様な政策として進める必要がある。

**里海**

人間が人為的に介入することで海洋の生物多様性の保全や生産量増加の試みを目指す概念。藻場の創生、海洋ゴミの清掃、漁礁の造成、砂浜の維持などの取組みを通じた持続的な沿岸域利用を目指す。

**鯖街道**

福井県小浜周辺産のサバを塩蔵し、約七六キロ離れた京都へ徒歩で運んだ街道。いくつかのルートがあり、終点は京都の出町柳。輸送に一昼夜かかり、サバが適度に熟成することになった。

**サプライチェーン**

原材料を消費者まで届ける製品流通サービスを一連のつながりとして実現することを指す。その経営手法がサプライチェーンマネジメントである。水産物でも現場の漁港から消費者に届ける効率的な流通が模索されている。

**産地同定法**（トレーサビリティ法）

水産物が違法漁業や不法な流通によらないものであることを検証するための産地同定の方法。安定同位体分析など、科学的な手法による追跡（トレーサビリティ）法を重視する。

**生涯食育**

食べることを通じて、生物と人間のいのち、栄養、健康、倫理、信仰まで幅広く考えるのが食育である。食育は生涯を通じて学ぶべきであり、世代別に柔軟な食育を普及することを生涯食育と呼ぶ。

**食育基本法**

二〇一七年七月に施行された食育に関する法令。変動する現代社会における食生活の改善と向上を食育として目指す。国家・地方自治体は言うに及ばず、家庭・学校・産業界・社会で食育の広範な普及・啓発を推進する。

**神饌**（しんせん）

神への供物、ないし贄（にえ）としての一連の貢納品。古代日本から多くの水産物が神饌として利用されてきた。神への供物を人間が直会（なおらい）として共食する思想が育まれてきた。

**生産層**

海洋において、太陽光が届き、有機物の生産がおこなわれる水深までを真光層ないし生産層と称する。垂直方向の湧昇流により、栄養塩類が豊富な下層水が上昇し、光合成が起こる。広義の生産層は時空間で変動するといえる。

**責任ある漁業**（Responsible Fisheries）

一九九五年、ＦＡＯ総会で採択された「責任ある漁業のための行動規範」による指針。未来に向けた漁業のあり方で、海洋環境に配慮し、水産資源を持続的に利用することを大きな目標とし、次世代へとつなぐための理念。

**地球サミット**(環境と開発に関する国際連合会議：Earth Summit)
一九九二年、リオデジャネイロで開催された国際会議。二〇〇二年にヨハネスブルグにおける「地球サミット二〇〇二」、二〇一二年にリオデジャネイロで開催された「リオ＋20」も地球サミットと呼ばれる。

**地産地消**
地域生産・地域消費の意味で、農産物や水産物を生産地域で消費すること。生産者と消費者の距離が小さく、フードマイレージも小さくエネルギー消費が節減できる。地域振興、伝統的食文化の維持につながる。

**贄**(にえ)
神や天皇に供する食物のことで日本古代以来の伝統的食物を指す。海部(あま)集団が生産に従事し、タイ、サケ、イワシ、アユ、サメ、カキ、コンブ、ミル(海松)、モズクなど、水産物が多いのが大きな特徴。

**日本鰹節協会**
一九七四年設立、二〇一四年一般社団法人日本鰹節協会に移行。カツオブシ製品の改良、食の安全の推進、食育の推進事業などを実施。各地の組合、業者間の情報交換、連絡調整業務をおこなう。

**フィンニング**
捕獲したサメのヒレだけを切り取り、生きたままサメを海中に投棄することを指す。世界の多くの国々でフィンニングは禁止されている。絶滅危惧種のサメの保護も問題となっている。

**プランクトン食**(Plankton feeder)
プランクトンを摂餌する魚類。マイワシ、サンマや淡水域のハクレン、コクレンが相当。イワシなどは遊泳時に口を大きく開いてプランクトンを摂取する。エラにプランクトンを濾(こ)しとる多数の細長い鰓耙(さいは)をもつ。

**プール制**
水産業で、生産者間で水揚げ代金を均等に分配する制度で、資源の有効利用、価格が安定化する利点がある。駿河湾のサクラエビ漁では一九九七年から三地区の全漁船が水揚げ金額を平等配分されている。

**ブルーエコノミー**(Blue Economy)
養殖・海の観光などに加えて、風や潮汐などの再生可能エネルギーの活用、マングローブ植林による$CO_2$捕捉、新しい生物資源の探索などの産業が生態学的持続性、経済発展、社会的利益をもたらすとする構想。

**プレ・ハーベスト管理**
漁業において、漁獲行為の事前に操業区域や日数を限定するか、漁船の隻数や漁具の数などの上限をきめて漁獲努力可能量を設定する方策。インプットを制限することで資源を管理するやり方。

### ポスト・ハーベスト管理

漁業において、漁獲可能量を決めて、漁業者の先取り競争を元に漁獲可能な上限に達した時点まで操業を続ける方式が一例で、漁獲可能量を元にした漁業管理の方策。資源の変動が考慮されない点が問題とされる。

### 未来可能性(Futurability)

持続的発展は現状を維持しながら発展することを指すが、論理矛盾を生じる。代わりに、未来可能性と規定すべきとする考え。現在は、地球の未来を表す「フューチャー・アース」プログラムが世界で進められている。

### 森里海連環学

森林から海につながる物質循環に着目した構想。「森は海の恋人」の標語にもあるように、森の栄養分が海の恵みにつながることを念頭におく。森林から河川、沿岸の統合的研究と持続的な管理を目指す。

### 湧昇流(Upwelling)

海洋の深層水が表層に上昇する現象。低温で栄養塩類に富む水が上昇し、プランクトンが大量に発生し、好漁場を形成する。ペルー沖、カリフォルニア沖や赤道周辺で発生する。ペルーのカタクチイワシ漁が著名な例。

### ユネスコ無形文化遺産

ユネスコの無形文化遺産の保護に関する条約により登録されたもの。世界の祭、儀式、音楽、伝統工芸などが相当。日本では和食(二〇一三年)、和紙(二〇一四年)、山・鉾・屋台行事(二〇一六年追加登録)、来訪神:仮面・仮装の神々(二〇一八)等がある。

### ローカル・コモンズ(Local Commons)

コモンズ(共有財産)のなかで、地域共同体が中核となり、その財産の保管、運用、罰則などを自主的に合意として決める場合をローカル・コモンズと呼ぶ。

### 和食

二〇一六年、「和食―日本人の伝統的な食文化」がユネスコ世界無形文化遺産に登録された。食材の多様性、栄養バランスの良さ、自然の変化との対応、年中行事との密接なかかわりなどが特徴。

**秋道智彌**

1946年生まれ。山梨県立富士山世界遺産センター所長。総合地球環境学研究所名誉教授、国立民族学博物館名誉教授。生態人類学。理学博士。京都大学理学部動物学科、東京大学大学院理学系研究科人類学博士課程単位修得。国立民族学博物館民族文化研究部長、総合地球環境学研究所研究部教授、同研究推進戦略センター長・副所長を経て現職。著書に『魚と人の文明論』、『サンゴ礁に生きる海人』『越境するコモンズ』『漁撈の民族誌』『海に生きる』『コモンズの地球史』『クジラは誰のものか』『クジラとヒトの民族誌』『海洋民族学』『アユと日本人』等多数。

**角南 篤**

1965年生まれ。1988年、ジョージタウン大学School of Foreign Service卒業、1989年株式会社野村総合研究所政策研究部研究員、2001年コロンビア大学政治学博士号（Ph.D.）。2001年から2003年まで独立行政法人経済産業研究所フェロー。2014年政策研究大学院大学教授、学長補佐、2016年4月より副学長に就任、2015年11月より内閣府参与（科学技術・イノベーション政策担当）、2017年6月より笹川平和財団常務理事、海洋政策研究所所長。

**編集協力：公益財団法人笹川平和財団海洋政策研究所**
**（丸山直子・角田智彦）**

海洋政策研究所は、造船業等の振興、海洋の技術開発などからスタートし、2000年から「人類と海洋の共生」を目指して海洋政策の研究、政策提言、情報発信などを行うシンクタンク活動を開始。2007年の海洋基本法の制定に貢献した。2015年には笹川平和財団と合併し、「新たな海洋ガバナンスの確立」のミッションのもと、様々な課題に総合的、分野横断的に対応するため、海洋の総合的管理と持続可能な開発を目指して、国内外で政策・科学技術の両面から海洋に関する研究・交流・情報発信の活動を展開している。https://www.spf.org/_opri/

シリーズ 海とヒトの関係学①

**日本人が魚を食べ続けるために**

---

2019年2月23日　初版第1刷発行

編著者　秋道智彌（あきみちともや）・角南篤（すなみあつし）

発行者　内山正之

発行所　株式会社　西日本出版社
〒564-0044　大阪府吹田市南金田1－8－25－402
［営業・受注センター］
〒564-0044　大阪府吹田市南金田1－11－11－202
TEL 06－6338－3078　fax 06－6310－7057
郵便振替口座番号　00980－4－181121
http://www.jimotonohon.com/

編　集　岩永泰造

ブックデザイン　尾形忍（Sparrow Design）

印刷・製本　株式会社シナノパブリッシングプレス

---



ISBN 978-4-908443-37-4

本書は、ボートレースの交付金による日本財団の助成を受けています。

**西日本出版社の本**

# シリーズ 海とヒトの関係学

いま人類は、海洋の生態系や環境に過去をはるかに凌駕するインパクトを与えている。そして、それは同時に国家間・地域間・国内の紛争をも呼び起こす現場ともなっている。このシリーズでは、それらの海洋をめぐって起こっているさまざまな問題に対し、現場に精通した研究者・行政・NPO関係者などが、その本質とこれからの海洋政策の課題に迫ってゆく。

---

第２巻

## 海の生物多様性を守るために

編著 秋道智彌・角南 篤

海の生物多様性を守るために
編著 秋道智彌・角南篤

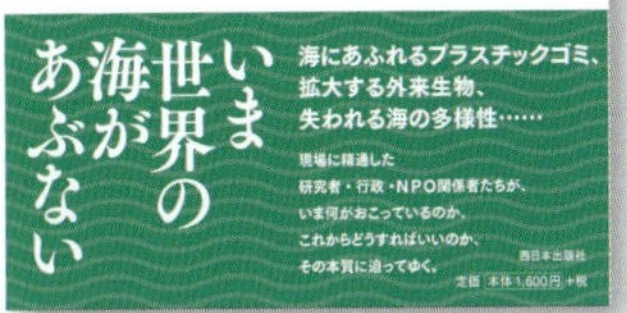


本体価格 1600円 判型A5版並製224頁
ISBN978-4-908443-38-1

### いま世界の海があぶない

**海にあふれるプラスチックゴミ、拡大する外来生物、失われる海の多様性……**

注視すべき問題は、深刻化する海洋の浮遊プラスチックである。浮遊プラスチックは元々、人類文明が産み出した人工物であり、世界中に商品として拡散し、廃棄されて海に漂うことになった。（中略）海の生態系の未来はわれわれの未来ともかかわっている。プラスチックゴミの悪循環を断ち切る英断がいまこそ必要だ。（本文より）

目次